U0350858

“十二五”国家重点图书

环境保护知识丛书

废水是如何变清的
——倾听地球的脉搏

顾莹莹　李鸿江　赵由才　主编

北　京

冶金工业出版社

2013

内 容 提 要

本书为介绍废水处理的科普读物，内容包括：废水及废水处理概述、处理指标；废水的一级处理；废水的生物处理；活性污泥法和生物膜法；废水厌氧生物处理；废水深度处理；污泥处理等。本书通过介绍废水处理的基本理论，结合大量图表和照片，生动地阐明废水处理工艺流程及相关技术指标，旨在让广大读者了解水污染的危害和废水中不同污染物的治理技术，并对废水处理工艺流程有一个全面清晰的理解。

图书在版编目(CIP)数据

废水是如何变清的：倾听地球的脉搏/顾莹莹，李鸿江，赵由才主编．—北京：冶金工业出版社，2012.4（2013.11 重印）

（环境保护知识丛书）

"十二五"国家重点图书

ISBN 978-7-5024-5892-8

Ⅰ．①废… Ⅱ．①顾… ②李… ③赵… Ⅲ．①废水处理—基本知识 Ⅳ．①X703

中国版本图书馆 CIP 数据核字（2012）第 053253 号

出 版 人　谭学余
地　　址　北京北河沿大街嵩祝院北巷39号，邮编100009
电　　话　(010)64027926　电子信箱　yjcbs@ cnmip. com. cn
责任编辑　程志宏　廖　丹　美术编辑　李　新　版式设计　孙跃红
责任校对　石　静　责任印制　张祺鑫
ISBN 978-7-5024-5892-8
冶金工业出版社出版发行；各地新华书店经销；北京慧美印刷有限公司印刷
2012 年 4 月第 1 版，2013 年 11 月第 2 次印刷
169mm×239mm；15.75 印张；300 千字；235 页
32.00 元
冶金工业出版社投稿电话：(010)64027932　投稿信箱：tougao@cnmip. com. cn
冶金工业出版社发行部　电话：(010)64044283　传真：(010)64027893
冶金书店　地址：北京东四西大街46号(100010)　电话：(010)65289081(兼传真)
（本书如有印装质量问题，本社发行部负责退换）

丛书序言

人类生活的地球正在遭受有史以来最为严重的环境威胁,包括陆海水体污染、全球气候暖化、疾病蔓延等。经相关媒体曝光,生活垃圾焚烧厂排放烟气对焚烧厂周边居民健康影响、饮用水水源污染造成大面积停水、全球气候变化导致的极端天气等,事实上都与环境污染有关。过去曾被人们认为对环境和人体无害的物质,如二氧化碳、甲烷等,现在被证实是造成环境问题的最大根源之一。

我国环境保护工作起步比较晚,对环境问题的认识也不够深入,环境保护措施和政策法规还不完善,导致我国环境事故频发。随着人们生活水平的不断提高,环境保护意识逐渐增强,民众迫切需要加强对环境保护知识的了解。长期以来,虽然出版了大量环境保护书籍,但绝大多数专业性很强,系统性较差,面向普通大众的环境保护科普读物却较少。

为了普及大众环境保护知识,提高环境保护意识,冶金工业出版社特组织编写了《环境保护知识丛书》。本丛书涵盖了环境保护的各个领域,包括传统的水、气、声、渣处理技术,也包括了土壤、生态保护、环境影响评价、环境工程监理、温室气体与全球气候变化等,适合于非环境科学与工程专业的企业家、管理人员、技术人员、大中专师生以及具有高中学历以上的环保爱好者阅读。

本丛书内容丰富,编写的过程中,编者参考了相关著作、论文、研究报告等,其出处已经尽可能在参考文献中列出,在此对文献的作者表示感谢。书中难免出现疏漏和错误,欢迎读者批评指正,以便再版时修改补充。

赵由才

2011 年 4 月

前　言

　　20世纪80年代以来，随着我国经济的飞速发展，人们的物质生活质量得到了前所未有的改善和提高，然而，经济活动对自然资源和生态环境造成的破坏却越来越严重，给人们的生存造成了极大危害。大自然中曾经的鸟语花香、青山绿水，如今都渐渐离我们远去。正如蕾切尔·卡逊在《寂静的春天》中写道"清晨早起，原来到处可以听到鸟儿的美妙歌声，而现在却只是异常寂静……"

　　水污染问题已成为我国乃至世界最严重的环境问题之一，也成为现阶段社会经济发展的重要制约因素。我国陆地大部分水体都受到不同程度的污染，对人们的生产、生活和身体健康带来了较大危害。虽然水环境问题已经引起政府和人们的极大关注，我国水环境恶化趋势尚未得到根本遏制，污染治理的速度仍滞后于污染物排放的速度，污染物负荷已超过水环境容量，污染防治前景极不乐观。因此，如何对废水进行有效处理，使其循环再生，是促进我国可持续发展和构建和谐社会的重要手段。

　　废水处理即是采用物理、化学和生物的方法对废水进行处理，去除其中的污染物质，使水质得到净化的过程。废水处理技术发展至今，从最初简单的物理沉淀和最原始的生物滤池，发展到现在的多种处理技术复合使用，已经有100余年的历史。废水处理方法的选择取决于废水中污染物的性质、组成、状态及对水质的要求。一般来说，废水处理的方法主要包括物理法、化学法和生物法。

　　废水的物理处理法是利用物理作用分离废水中主要呈悬浮状态的固体污染物质，在处理过程中不改变污染物的化学性质，如沉淀法去除废水中相对密度大于1的悬浮颗粒；气浮法去除乳状油滴；蒸发法浓缩废水中非挥发性物质等。

　　废水的化学处理法是利用化学反应来改变污染物的性质，降低其危害性或有利于污染物的分离去除，如调节废水的酸碱度、去除重金属离子、氧化某些有机物等。

　　废水的生物处理是利用特定微生物的代谢作用，使废水中呈溶解状态、胶体状态以及某些不溶解的有机污染物转换为稳定无害的物质，从而达到净化的目的。废水的生物处理技术可分为好氧生物法和厌氧生物法，其中好氧生物法是利用好氧微生物在有氧的条件下分解废水中的复杂有机污染物，处理的最终产物是二氧化碳、水、硫酸盐等稳定的无机物，具体处理方法有活性污泥法和生物膜法。厌氧生物法是利用厌氧微生物在厌氧或缺氧条件下降解废水中的有机污染物，主要用于处理高浓度有机废水。

污泥处理亦是废水处理行业必须面对且非常头痛的一件事，解决不好污泥的问题就不可能从根本上实现水环境的改善。因此，基于废水处理与污泥处理紧密关联，书中单独列出一章对其主要处理技术进行介绍。需要指出的是，污泥高含水率、高重金属含量严重限制了污泥的最终处置，而污泥的高含沙和含渣量，也严重影响了污泥厌氧发酵和焚烧技术的应用。污泥脱水达到 60% 以下后进行卫生填埋也是目前污泥最主要的处置方法之一。

本书为介绍废水处理的科普读物，通过介绍废水处理的基本理论，结合大量图表和照片，生动地阐明废水处理工艺流程及相关技术指标，旨在让广大读者了解水污染的危害和废水中不同污染物的治理技术，并对废水处理工艺流程有一个全面清晰的理解。

本书由顾莹莹、李鸿江、赵由才任主编。各章节分工如下：顾莹莹、李鸿江、赵由才（第 1 章）；丁年、唐圣钧、杨浪、李鸿江（第 2 章）；李青松、李鸿江、顾莹莹、黄晓鸣（第 3 章）；吴光学、贺凯、顾莹莹（第 4 章）；陈凌、赵由才、顾莹莹（第 5 章）；俞露、魏振宇、李鸿江（第 6 章）；顾莹莹、李鸿江、乔志香、赵由才（第 7 章）。顾莹莹、李鸿江、赵由才负责全书的协调统稿工作。本书的写作得到中国石油大学（华东）、深圳市水务（集团）有限公司、香港大学、同济大学、深圳市城市规划设计研究院、清华大学深圳研究生院、厦门理工学院水资源环境研究所、江苏省城市规划设计研究院、国家海洋局北海预报中心等多家机构的协助，在此表示感谢。

由于编者水平有限，书中的缺点和错误敬请各位读者多多提出宝贵意见和建议。

顾莹莹、李鸿江

2011 年 4 月

目 录

第1章 绪论 ·· 1

1.1 废水的性质及分类 ·· 1

1.1.1 废水定义 ··· 1

1.1.2 废水的来源和分类 ··· 1

1.2 废水中的污染物及危害 ·· 4

1.2.1 无机物 ··· 4

1.2.2 有机物 ··· 6

1.2.3 其他污染物 ·· 12

1.3 水污染公害事件 ·· 16

1.3.1 国外水污染公害事件 ·· 16

1.3.2 我国水污染公害事件 ·· 20

1.4 废水处理的目的和意义 ·· 26

1.5 废水处理的水质指标 ·· 26

1.5.1 物理性指标 ·· 27

1.5.2 化学性指标 ·· 27

1.5.3 生物性指标 ·· 29

第2章 废水的一级处理 ·· 30

2.1 基本原理 ··· 30

2.1.1 一级处理的定义 ··· 30

2.1.2 一级处理的作用 ··· 30

2.1.3 一级处理构筑物的种类 ·· 31

2.2 格栅与筛网 ·· 31

2.2.1 格栅的作用与种类 ·· 31

2.2.2 栅渣与格栅除污机 ·· 34

2.2.3 格栅的简单设计 ··· 36

2.2.4 筛网的作用与种类 ·· 39

2.3 沉沙池 ·· 40

2.3.1 沉沙池的作用 ··· 40

2.3.2 沉沙池的工作原理 ………………………… 41

2.3.3 沉沙池的种类 …………………………… 42

2.3.4 沉沙池的一般规定与简单设计 …………… 46

2.4 初次沉淀池 ………………………………… 48

2.4.1 初次沉淀池的作用 ……………………… 48

2.4.2 初次沉淀池工作原理 …………………… 49

2.4.3 初次沉淀池的种类 ……………………… 51

2.4.4 初次沉淀池的简单设计 ………………… 55

2.5 隔油池 ……………………………………… 56

2.5.1 含油废水的来源与特性 ………………… 56

2.5.2 隔油池的作用 …………………………… 57

2.5.3 隔油池的种类 …………………………… 58

2.5.4 隔油池的收油方式 ……………………… 61

2.6 气浮池 ……………………………………… 61

2.6.1 气浮池的作用 …………………………… 61

2.6.2 气浮池的工作原理 ……………………… 62

2.6.3 气浮池的类型 …………………………… 65

2.7 调节池 ……………………………………… 66

2.7.1 调节池的作用 …………………………… 66

2.7.2 调节池的工作原理 ……………………… 67

2.7.3 调节池的种类 …………………………… 68

2.7.4 调节池的适用范围 ……………………… 72

2.7.5 调节池的简单设计 ……………………… 72

第3章 废水的生物处理 ……………………… 77

3.1 生物处理原理 ……………………………… 77

3.1.1 污染水体的自净作用 …………………… 77

3.1.2 微生物的营养与营养类型 ……………… 78

3.1.3 微生物对污染物的降解与转化 ………… 85

3.1.4 污水生物处理原理 ……………………… 86

3.2 主要微生物种群 …………………………… 88

3.2.1 活性污泥中的细菌和菌胶团 …………… 89

3.2.2 活性污泥菌胶团 ………………………… 89

3.2.3 活性污泥中的原生动物和微型后生动物 … 91

3.2.4 活性污泥中的真菌和藻类 ……………… 95

3.3　微生物的生长繁殖 ……………………………………………… 101
　　3.3.1　微生物生长繁殖的概念 …………………………………… 101
　　3.3.2　研究微生物生长的方法 …………………………………… 101
　　3.3.3　微生物生长量的测定方法 ………………………………… 102
　　3.3.4　群体生长规律-生长曲线 ………………………………… 105
　　3.3.5　细菌生长曲线在污水生物处理中的应用 ………………… 108
3.4　废水生物处理的影响因素 ……………………………………… 108
　　3.4.1　氧气 ………………………………………………………… 109
　　3.4.2　氧化还原电位 ……………………………………………… 110
　　3.4.3　温度 ………………………………………………………… 110
　　3.4.4　pH 值 ……………………………………………………… 110
　　3.4.5　有毒有害化学物质 ………………………………………… 111
　　3.4.6　水分及渗透压 ……………………………………………… 111

第4章　活性污泥法和生物膜法 …………………………………… 113

4.1　活性污泥的性质 ………………………………………………… 113
　　4.1.1　活性污泥法的开发 ………………………………………… 113
　　4.1.2　活性污泥 …………………………………………………… 113
4.2　活性污泥法基本流程 …………………………………………… 115
　　4.2.1　反应器基本流程及基本概念 ……………………………… 115
　　4.2.2　去除碳类有机物的活性污泥法 …………………………… 116
　　4.2.3　去除氮类污染物的活性污泥法 …………………………… 117
　　4.2.4　去除磷类污染物的活性污泥法 …………………………… 118
　　4.2.5　活性污泥法运行控制 ……………………………………… 119
4.3　活性污泥法工艺类型 …………………………………………… 122
　　4.3.1　传统活性污泥法 …………………………………………… 123
　　4.3.2　阶段曝气活性污泥法 ……………………………………… 124
　　4.3.3　吸附-再生曝气活性污泥法 ……………………………… 125
　　4.3.4　延时曝气活性污泥法 ……………………………………… 125
　　4.3.5　高负荷活性污泥法 ………………………………………… 126
　　4.3.6　氧化沟 ……………………………………………………… 126
　　4.3.7　间歇式活性污泥处理系统（SBR） ……………………… 127
4.4　生物膜法的基本概念 …………………………………………… 128
　　4.4.1　生物膜的结构 ……………………………………………… 128
　　4.4.2　生物膜法主要特征 ………………………………………… 130

　　4.4.3　生物膜法处理污水 ……………………………………………… 131

　4.5　生物膜法工艺类型 …………………………………………………… 131

　　4.5.1　普通生物滤池 …………………………………………………… 132

　　4.5.2　高负荷生物滤池 ………………………………………………… 133

　　4.5.3　塔式生物滤池 …………………………………………………… 134

　　4.5.4　曝气生物滤池 …………………………………………………… 134

　　4.5.5　生物转盘 ………………………………………………………… 135

　　4.5.6　悬浮填料生物膜工艺 …………………………………………… 136

　　4.5.7　颗粒污泥 ………………………………………………………… 136

第5章　废水厌氧生物处理 …………………………………………………… 138

　5.1　厌氧生物处理的原理 ………………………………………………… 138

　　5.1.1　三阶段理论 ……………………………………………………… 138

　　5.1.2　影响厌氧生物处理的因素 ……………………………………… 142

　5.2　厌氧生物处理的优缺点 ……………………………………………… 146

　　5.2.1　厌氧生物处理的缺点 …………………………………………… 146

　　5.2.2　厌氧生物处理的优点 …………………………………………… 148

　　5.2.3　厌氧生物处理技术是我国水污染控制的重要手段 …………… 150

　5.3　主要厌氧生物处理工艺 ……………………………………………… 150

　　5.3.1　厌氧生物处理工艺主要发展阶段和工艺 ……………………… 151

　　5.3.2　厌氧消化池 ……………………………………………………… 152

　　5.3.3　厌氧接触法 ……………………………………………………… 158

　　5.3.4　厌氧生物滤池 …………………………………………………… 161

　　5.3.5　升流式厌氧污泥床反应器 ……………………………………… 165

　　5.3.6　复合厌氧法 ……………………………………………………… 171

　　5.3.7　厌氧膨胀床和厌氧流化床 ……………………………………… 172

　　5.3.8　厌氧生物转盘 …………………………………………………… 174

　　5.3.9　厌氧挡板反应器 ………………………………………………… 175

　　5.3.10　两相厌氧消化工艺 ……………………………………………… 176

　　5.3.11　厌氧水解处理工艺 ……………………………………………… 178

　5.4　工业废水处理 ………………………………………………………… 180

　　5.4.1　工业废水的分类 ………………………………………………… 180

　　5.4.2　工业废水的污染和基本处理方法 ……………………………… 180

　　5.4.3　工业废水的生物处理工艺 ……………………………………… 182

第6章　废水的深度处理 ……………………………………………………… 191

　6.1　深度处理的目的与意义 ……………………………………………… 191

6.2　废水深度处理分类 ………………………………………… 191
　6.2.1　去除悬浮物 ……………………………………………… 191
　6.2.2　去除溶解性有机物 ……………………………………… 191
　6.2.3　去除溶解性无机盐类 …………………………………… 192
　6.2.4　废水的消毒 ……………………………………………… 192
　6.2.5　脱磷除氮 ………………………………………………… 193
6.3　废水深度处理技术 ………………………………………… 193
　6.3.1　吸附法 …………………………………………………… 193
　6.3.2　离子交换法 ……………………………………………… 196
　6.3.3　混凝沉淀法 ……………………………………………… 197
　6.3.4　过滤 ……………………………………………………… 200
　6.3.5　膜分离技术 ……………………………………………… 201
6.4　再生水的应用前景 ………………………………………… 204

第7章　污泥处理 ……………………………………………… 208
7.1　污泥的分类与性质 ………………………………………… 208
　7.1.1　污泥的分类 ……………………………………………… 208
　7.1.2　污泥的性质 ……………………………………………… 209
7.2　污泥预处理 ………………………………………………… 213
　7.2.1　污泥浓缩工艺 …………………………………………… 213
　7.2.2　污泥调理工艺 …………………………………………… 215
　7.2.3　污泥脱水工艺 …………………………………………… 216
7.3　污泥资源化技术 …………………………………………… 221
　7.3.1　污泥能源化利用 ………………………………………… 221
　7.3.2　污泥建材化利用 ………………………………………… 226
　7.3.3　污泥土地利用 …………………………………………… 228
7.4　污泥最终处置 ……………………………………………… 229
　7.4.1　污泥改性 ………………………………………………… 229
　7.4.2　污泥卫生填埋场 ………………………………………… 231
　7.4.2　污泥填埋场中稳定化进程 ……………………………… 232

参考文献 ………………………………………………………… 234

第1章 绪 论

1.1 废水的性质及分类

1.1.1 废水定义

水是地球上一切生命不可缺少的基本物质，是人类社会赖以生存和发展的宝贵自然资源。由于人类活动导致的生产废水及生活污水排入江河、湖泊和大海，污染了众多水源。废水，通俗来说，就是在使用过程中由于被污染丧失了使用价值而被废弃外排的水（图1-1），主要包括工业废水、生活污水和初期雨水，如图1-2所示。

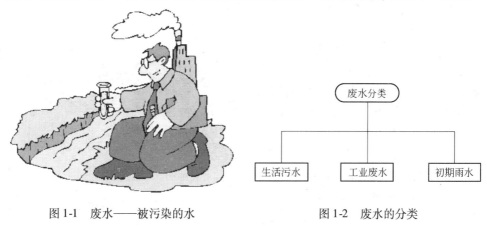

图 1-1 废水——被污染的水　　　　图 1-2 废水的分类

1.1.2 废水的来源和分类

1.1.2.1 废水的来源

水体污染源是指造成水体污染的污染物发生源，按污染物的来源不同可分为天然污染源和人为污染源两大类。

水体天然污染源是指自然界自行向水体释放有害物质或造成有害影响的源头，诸如岩石和矿物的风化和水解、火山喷发、水流冲蚀地表、大气飘尘的降水淋洗、生物（主要是绿色植物）在地球化学循环中释放物质等都属于天然污染物的来源。

水体人为污染源是指由于人类活动导致的污染源，是水污染防治的主要对象。人为污染源体系很复杂（图1-3），按人类活动方式可分为工业、农业、交通、生活等污染源；按排放污染物种类不同，可分为有机、无机、放射性、病原体等污染源以及同时排放多种污染物的混合污染源；按排放污染物的空间分布方式，可以分为点源和面源。

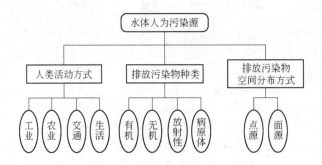

图 1-3　人为污染源分类体系

1.1.2.2　废水的分类

A　生活污水

生活污水是人类在日常生活中使用过并污染的水（图1-4），主要来自家庭、商业、机关、学校、旅游区及其他城市公用设施。生活污水的水质、水量随季节而变化，一般夏季用水相对较多，因此浓度低；冬季用水相应量少，导致浓度高。生活污水中主要含有纤维素、淀粉、糖类、脂肪、蛋白质等有机物（约占60%）及氮、磷、硫等无机盐类。

生活污水中一般不含有毒物质，但它含有大量的病原体（细菌总数在

图 1-4　生活污水

$10^5 \sim 10^6$ 个/L），同时有适合细菌生长繁殖的条件，从卫生学角度来看有一定的危害性。

B　工业废水

工业废水是在工业企业生产过程中产生的废水（图1-5）。按工业企业的产品和加工对象可分为造纸废水、纺织废水、制革废水、农药废水、冶金废水和炼油废水等。按废水中所含污染物的主要成分可分为无机废水、有机废水、重金属废水、含放射性物质的废水、造成热污染的废水等。

工业废水主要有两大特点：

（1）由于受产品、原料、药剂、工艺流程、设备构造、操作条件等多种因素的综合影响，工业废水所含的污染物质成分极为复杂，而且在不同时间段内水质也会有很大差异。例如电力、矿山等部门的废水主要含无机污染物，而造纸和食品等工业的废水中有机物含量很高，BOD_5 常常超过 2000mg/L。

（2）除间接冷却水外，其他工业废水中都含有多种同原材料有关的物质，而且在废水中的存在形态往往各不相同，如氟在玻璃工业废水和电镀废水中一般呈氟化氢或氟离子形态，而在磷肥厂废水中是以四氟化硅的形态存在。

上述的工业废水特点增加了其处理净化的难度。

图 1-5 工业废水

C 初期雨水

在降雨初期，雨滴对云层到地表这个空间段的空气具有洗涤过程，而且降水冲刷了地表累积的各种污染物，导致初期雨水的污染程度很高，即地表径流会较"脏"。基于这一考虑，故将初期雨水（图 1-6）作为废水的一类。

图 1-6 初期雨水

第 1 章 绪 论

1.2 废水中的污染物及危害

1.2.1 无机物

1.2.1.1 悬浮性固体物质

悬浮性固体物质能够使水浑浊，在污水中可见，属于感官性污染指标。悬浮物在水体中可能产生以下危害：

(1) 降低太阳光的穿透能力，减少光合作用并妨碍水体的自净；

(2) 可能堵塞鱼鳃，导致鱼的死亡；

(3) 悬浮物作为各种污染物的载体，协助污染物的扩散。

1.2.1.2 酸和碱

污染水体中的酸主要来自冶金、金属加工、化纤、制酸、农药等工厂酸废水及矿山排水。污染水体中的碱主要来源于碱法造纸、化学纤维、制碱、制革及炼油等工业废水。酸或碱污染水体时，会使水体的 pH 值发生变化，破坏原有的缓冲体系，消灭或抑制微生物生长，妨碍水体自净。如长期遭受酸碱污染，水体水质逐渐恶化，周围土壤酸碱化，危害农业生产。

1.2.1.3 氮和磷

水体中过量的氮和磷主要来自农田施肥、农业废弃物、城市生活污水和某些工业废水。据国外有关资料报道，一个机械化奶牛场，400 头母牛每天可产生约 14 吨固体废物和 4.5 吨液体废物；一个自动化养鸡场，每 10 万只家禽每天可产生 5 吨废物，在所有这些废物中含有丰富的植物养分——氮和磷等。城市市区的雨水径流，常挟带狗猫屎尿、落叶尘埃、草坪上的化肥等，也含有大量的氮和磷。

随着氮、磷大量而连续地进入湖泊、水库及海湾等缓流水体，促进各种水生植物的活性，刺激它们异常繁殖（主要是藻类），这样就会造成水体的"富营养化"。饮用水中如果硝酸盐或亚硝酸盐含量过高，也会对人体产生直接或间接的危害。

> **小贴士**：水体"富营养化"是指在人类活动的影响下，生物所需的氮、磷等营养物质大量进入湖泊、河口、海湾等缓流水体，引起藻类及其他浮游生物迅速繁殖，水体溶解氧量下降，水质恶化，鱼类及其他生物大量死亡的现象。富营养化是湖泊分类和演化的一种概念，在自然条件下，湖泊也会从贫营养状态过渡到富营养状态，沉积物不断增多，先变为沼泽，后变为陆地。这种自然过程非常缓慢，常需几千年甚至上万年。而人为排放含营养物质的工业废水和生活污水所引起的水体富营养化现象，可以在短期内出现。

小贴士：硝酸盐与亚硝酸盐的危害

硝酸盐进入人体后，不仅容易诱发糖尿病，对肾脏造成的损害也十分严重。如果人们摄取了高浓度的硝酸盐，会加重肾脏的负担，容易引起溶血性贫血。另外，硝酸盐在人的胃中可能还原为亚硝酸盐，亚硝酸盐可以与人体血液作用，形成高铁血红蛋白，从而使血液失去携氧功能，使人缺氧中毒，轻者头昏、心悸、呕吐、口唇青紫，重者神志不清、抽搐、呼吸急促，抢救不及时可危及生命。不仅如此，亚硝酸盐在人体内与仲胺类作用形成亚硝胺类，它在人体内达到一定剂量时是致癌、致畸、致突变的物质，可严重危害人体健康。

1.2.1.4　氰化物

水体中的氰化物主要来源于电镀废水、焦炉和高炉的煤气洗涤冷却水、某些化工厂的含氰废水及金、银选矿废水等。

氰化物是剧毒物质，人只要口服 $0.3 \sim 0.5mg$ 就会致死，急性中毒时会抑制细胞呼吸，造成人体组织严重缺氧。氰化物对许多生物有害，只要浓度达到 $0.1mg/L$ 就能杀死大部分虫类；浓度达到 $0.3mg/L$ 能杀死水体赖以自净的微生物。

1.2.1.5　重金属

重金属主要指汞、镉、铅、铬、镍、锌、铜、锡等，也包括类金属砷等生物毒性显著的元素。重金属污染物主要来自矿业冶炼、电镀工业、石油化工、冶金工业、陶瓷工业、皮革工业等。

重金属与一般的耗氧有机物不同，在水体中不能为微生物所降解，只能在不同形态之间的相互转化或者分散和富集，这个过程称之为重金属的迁移。重金属在水体中的迁移主要与沉淀、络合、螯合、吸附和氧化还原等作用有关。重金属污染的特点列于图 1-7。

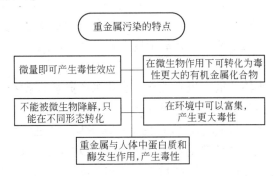

图 1-7　重金属污染的特点

重金属对人体有较大的危害，一直以来是环境治理关注的重点。以下列举一些重金属对人体的伤害：

（1）铅，对肾脏、神经系统造成危害；

（2）镉，对肾脏有急性伤害；

（3）汞，主要伤害肾脏和中枢神经系统；

（4）硒，高浓度会危害肌肉及神经系统；

（5）砷，三价砷的毒性大大高于五价砷，属于累积性中毒的毒物。

1.2.2 有机物

1.2.2.1 常规有机物

这一类物质多属于碳水化合物、蛋白质、脂肪等自然生成的有机物，它们易于生物降解。有氧条件下，在好氧微生物作用下进行转化，这一转化进程快，产物一般为 CO_2、H_2O 等稳定物质。无氧条件下，则在厌氧微生物的作用下进行转化，这一进程较慢，而且分阶段进行：

（1）首先在产酸菌的作用下，形成脂肪酸、醇等中间产物；

（2）继之在甲烷菌的作用下形成 H_2O、CH_4、CO_2 等稳定物质，同时放出硫化氢、硫醇、粪臭素等具有恶臭的气体。

需氧污染物主要来自生活污水、牲畜污水以及屠宰、肉类加工、罐头等食品工业和制革、造纸、印染、焦化等工业废水。从排水量来看，生活污水是需氧污染物质的最主要来源。未经处理的生活污水，其 BOD_5 值平均为 200mg/L 左右，牲畜饲养场污水的 BOD_5 值可能高于生活污水 5 倍左右。企业生产污水的 BOD_5 值差别很大，焦化厂的污水 BOD_5 值可达 1400 ~ 2000mg/L；一般以动植物为原料加工生产的工业企业，如乳品、制革、肉类加工、制糖等，其废水的 BOD_5 值都可能在 1000mg/L 以上。

一般情况下，进行的都是好氧微生物起作用的好氧转化，由于好氧微生物的呼吸要消耗水中的溶解氧，因此这类物质在转化过程中都要消耗一定数量的氧，故可称之为耗氧物质或需氧污染物。当水体中有机物浓度过高时，微生物分解消耗大量的氧，往往会使水体中溶解氧浓度急剧下降，甚至耗尽，使水体恶化乃至丧失使用价值。

有机污染物对水体的危害也表现在对渔业水产资源的破坏。水中含有充足的溶解氧是保证鱼类生长繁殖的必要条件之一，某些鱼类，如鳟鱼对溶解氧的要求特别严格，必须达 8 ~ 12mg/L，鲤鱼为 6 ~ 8mg/L，我国特有的优良饲养鱼种，如草鱼、鲢鱼、青鱼、鳙鱼等对溶解氧含量要求在 5mg/L 以上。一旦水中溶解氧下降，各种鱼类就要产生不同的反应。当溶解氧不能满足这些鱼类的要求时，它们将力图游离这个缺氧地区；而当溶解氧降至 1mg/L 时，大部分的鱼类就要窒息而死（图 1-8）。当水中溶解氧耗尽时，厌氧菌大量繁殖，在厌氧菌的作用下有机物可能分解放出甲烷和硫化氢等有毒气体，更不适于鱼类生存。

图 1-8　溶解氧不足导致鱼类死亡（图片来源：CRI Online）

1.2.2.2　有机有毒物

这一类物质主要来源于石油化学工业的合成生产过程及相关产品的使用过程，大部分属于人工合成的有机物质，如农药（DDT、六六六）、醛、酮、酚以及聚氯联苯、芳香族氨基化合物、高分子聚合物（塑料、合成橡胶、人造纤维）、染料等。有机有毒物的主要污染特点如图 1-9 所示。

有机有毒物质种类繁多，其中危害最大的有两类：有机氯化合物和多环有机化合物（图 1-10）。

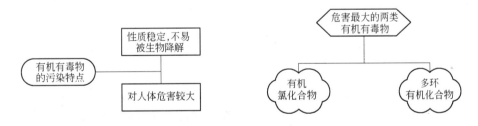

图 1-9　有机有毒物的污染特点　　　图 1-10　毒害最大的两类有机有毒物

A　有机氯化合物

人们使用的有机氯化合物有几千种，其中污染广泛且引起普遍关注的是多氯联苯和有机氯农药。

a　多氯联苯

多氯联苯（Polychlorinated biphenyls，PCBs）是一种无色或浅黄色的油状物质，难溶于水，易溶于脂肪和其他有机化合物中。多氯联苯具有良好的阻燃性，低电导率，良好的抗热解能力，良好的化学稳定性，抗多种氧化剂。多氯联苯相对密度大于 1，大部分会沉积于水底。

多氯联苯作为典型的持久性有机污染物，主要具备四大特性：

（1）难生物降解性，研究表明，多氯联苯的半衰期在水中大于 2 个月，在土壤和沉积物中大于 6 个月，在人体和动物体内则为 1 到 10 年，因此，即使是 10 年前使用过的多氯联苯，在许多地方依然能够发现残留物。

（2）生物毒性，即具有致癌性、生殖毒性和神经毒性。

（3）生物蓄积性，由于多氯联苯具有亲脂憎水性，可通过生物富集过程在生物体内聚集，通过食物链的逐级放大，最终影响处于食物链顶端的人类及其他动物（图 1-11）。

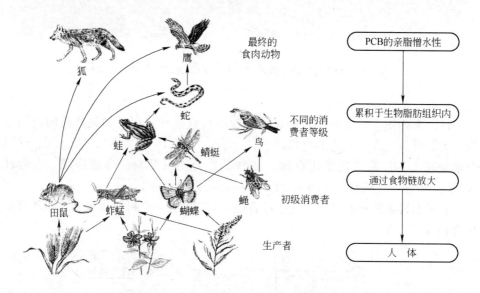

图 1-11　多氯联苯通过食物链的累积效应

（4）远距离迁移性，由于多氯联苯具有半挥发性，能够从水体或土壤中以蒸汽形式进入大气环境或被大气颗粒物吸附，通过大气环流远距离迁移。在较冷的地方或者受到海拔高度影响时会重新沉降到地球上；而后在温度升高时，它们会再次挥发进入大气，进行迁移。这也就是所谓的"全球蒸馏效应"或"蚱蜢跳效应"。这种过程可以不断发生，使得多氯联苯可沉积到地球偏远的极地地区，导致全球范围的污染传播。如今在地球两极以及珠穆朗玛峰都已监测到多氯联苯。多氯联苯的远距离迁移性使其在全球范围内扩散，通过食物链扩大，直接或间接地进入人体（图 1-12）。

多氯联苯的毒性主要表现为：影响皮肤、神经系统、肝脏，破坏钙的代谢，导致骨骼、牙齿的损害，并有亚急性、慢性致癌和致遗传变异等可能性。

图 1-12　多氯联苯的全球迁移

b　有机氯农药

有机氯农药是疏水性亲油物质，能够为胶体颗粒和油粒所吸附并随其在水中扩散。水生生物对有机氯农药同样有很强的富集能力，在水生生物体内的有机氯农药含量可比水中的含量高几千到几百万倍，通过食物链进入人体，累积在脂肪含量高的组织中，达到一定浓度后，即将显示出对人体的毒害作用。有机氯农药的污染是世界性的，从水体中的浮游生物到鱼类，从家禽、家畜到野生动物体内，几乎都可以测出有机氯农药。

B　多环芳烃

多环芳烃（Polycyclic Aromatic Hydrocarbons，PAHs）是指两个以上苯环以稠环形式相连的化合物，是目前环境中普遍存在的污染物质，其分子构型如图 1-13所示。

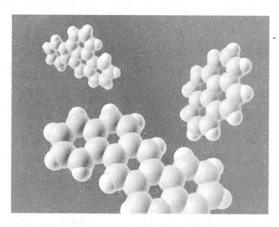

图 1-13　多环芳烃分子模拟图

多环芳烃存在于石油和煤焦油中，能够通过废油、含油废水、煤气站废水、柏油路面排水以及淋洗了空气中煤烟的雨水而径流入水体中，造成污染。我国主要河流中也都不同程度地受到 PAHs 的污染，在黄河、辽河、岷江等水体都发现严重的 PAHs 污染。

PAHs 在环境中的存在虽然是微量的，但其不断地生成、迁移、转化和降解，并通过呼吸道、皮肤、消化道进入人体，极大地威胁着人类的健康。多数 PAHs 均具有致癌性，在目前已知的 500 种致癌性化合物种，有 200 多种为 PAHs 及其衍生物。流行病学研究表明，PAHs 通过皮肤、呼吸道、消化道等均可被人体吸收，有诱发皮肤癌、肺癌、直肠癌、膀胱癌等作用，而长期饮用含有 PAHs 的水，则会造成慢性中毒。

C 酚

酚污染物主要来源于焦化、冶金、炼油、合成纤维、农药等工业企业的含酚废水，其水量和水质随生产工艺、原料性质、设备条件及管理水平等因素而变化。一般来说，含酚废水除含酚之外，还含有油、氰化物、硫化物、悬浮物、氨氮等。

酚排入水体后，会严重影响水质及水产品的产量和质量。水体中低浓度的酚能够影响鱼类的回游繁殖，酚浓度为 $0.1 \sim 0.2 \mathrm{mg/L}$ 时鱼肉有酚味而无法食用，高浓度酚时能引起鱼类大量死亡，甚至绝迹。酚的毒性还会大大抑制水体其他生物的自然生长速度，甚至使生物停止生长。含酚废水对农业也有一定的影响，用未经处理的含酚废水直接灌溉农田，会使农作物减产或枯死。人类长期饮用受酚污染的水，可能引起头昏、出疹、瘙痒、贫血和各种神经系统症状。据有关报道，酚还可以和其他有毒物质相互作用产生协同效应，导致毒性更大且更易致癌。

1.2.2.3 石油类污染物

近些年来，石油事业发展迅速。在石油开采、储运、炼制和使用过程中，排出的废油和含油废水使水体遭受污染，在各类水体中以海洋受到油污染的问题尤为严重。

A 水体中油污染的来源

据估计，全球石油总储量为 3000 亿吨，而海底石油将近 1000 亿吨，占总储量的 1/3。目前有 70 多个国家正在进行海上石油勘探，其中有 23 个国家正在进行海上油气生产。海底油田的开发，特别是发生事故时的油井井喷，会把大量石油喷入海洋，造成十分严重的海洋污染。

据国外资料显示，船舶特别是运油船对水体的污染也是十分严重的。目前石油总产量的 60% 需经海上运输，尽管各国对运油船的洗舱水、压舱水和其他含油废水进行浓缩回收，但仍有可观的油由船舶带入海中。

工业生产中产生的油污染也不可低估，许多国家的大城市和工业区都设在沿海、沿河地区，故排放出大量的含油废水。例如，日本的东京湾，临近川畸、东京、横滨、横须贺等港口城市，其油污染问题极为严重。据统计，全世界工业企业每年排入海洋和河流的石油大约 300～500 万吨。

B 海洋石油污染的危害

石油进入海洋后造成的危害是很明显的，不仅影响海洋生物的生长、降低海滨环境的使用价值、破坏海岸设施，还可能影响局部地区的水文气象条件和降低海洋的自净能力。

据实测，每滴石油在水面上能够形成 0.25m² 的油膜，每吨石油可能覆盖5 × 10⁶m² 的水面。油膜使大气与水面隔绝，破坏正常的复氧条件，将减少进入海水的氧的数量，从而降低海洋的自净能力。油膜覆盖海面阻碍海水的蒸发，影响大气和海洋的热交换，改变海面的反射率和减少进入海洋表层的日光辐射，对局部地区的水文气象条件可能产生一定的影响。

海洋石油污染的最大危害是对海洋生物的影响。水中含油 0.01～0.1ml/L 时对鱼类及水生生物就会产生有害影响。油膜和油块能粘住大量鱼卵和幼鱼或使鱼卵死亡，更使破壳出来的幼鱼畸形，并使其丧失生活能力。因此，石油污染对幼鱼和鱼卵的危害最大。石油污染短期内对成鱼危害不明显，但石油对水域的慢性污染会使渔业受到较大的危害。同时，海洋石油污染还能使鱼虾类产生石油臭味，降低海产品的食用价值。

2010 年 4 月 20 日晚，位于墨西哥湾中部的巨大深海钻油台深水地平线号（Deepwater Horizon）发生爆炸并引发大火，导致海下受损油井漏油不止。源源不断喷出的黑色原油以每天 5000 桶的数量肆无忌惮地流入海洋，沿岸生态环境和居民生活遭到严重破坏，"墨西哥湾漏油事件"很快升级为美国国家灾难（图 1-14）。

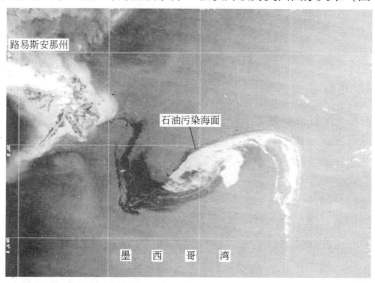

图 1-14 美国墨西哥湾石油污染（图片来源：中国气象局国家卫星气象中心）

由于泄漏的石油浮在海水面不断扩散，不但污染了海水，使得野生动物处于危险状态，而且威胁那些生活在海湾边的人们。2010年5月，美国国家海洋和大气管理局为了避免人们吃到被污染的鱼类，宣布25%的海湾污染区域禁止捕鱼。

2010年5月底，美国路易斯安那州海岸边出现了被石油浸湿的褐鹈鹕（图1-15）。海岸边和海岸边的沼泽地都积满了石油，这些浮在海面上的石油不断冲洗着海岸。尽管抢救的工作人员使用不同的方法清理泄漏的石油：在墨西哥海湾，很少一部分浮在海水面上的石油被直接点燃烧掉；BP公司则采用巨大的拱形装置来搜集海面上的石油或采用化学分散剂，把石油分解来降低污染对环境的破坏。但在5月底，这些方法都失败了，石油继续扩散到海湾海域。控制海面上的石油扩散是非常麻烦的，海洋暖流可能会促进这些海面上的石油的扩散，每年的6月和10月飓风可能会把这些石油污染带到海岛沼泽地。据专家估计，这样的环境破坏需要几年才能被清理干净。

图1-15 被石油浸湿的褐鹈鹕

1.2.3 其他污染物

1.2.3.1 放射性物质

放射性元素在水体中构成一种特殊的污染，它们总称放射性污染。放射性物质能够自发地从原子核内部放出粒子或射线，同时释放出能量（图1-16）。含有放射性物质的废水主要来自原子能工业中核燃料的提炼、精制和核燃料元件的制造。在核电厂日益增多的今日，一旦管理不善，就可能造成核电站渗漏等事件，产生严重的污染。图1-17为日本福岛核电站爆炸发生的核泄漏事件。

废水的放射性物质可以由多种途径进入人体，它们发出的射线会破坏机体内的大分子结构，甚至直接破坏细胞和组织结构，给人体造成损伤。少量累积照射会引起慢性放射病，使造血器官、心血管系统、内分泌系统和神经系统等受到损害，发病过程往往延续几十年。高强度辐射会灼伤皮肤，引发白血病和各种癌

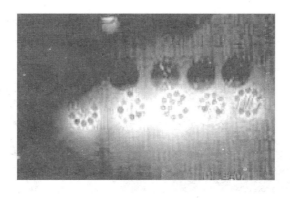

图 1-16 放射性元素

图 1-17 日本核电站爆炸造成核泄漏事件

症，破坏人的生殖系统，严重的能在短期内致死。更为严重的是，废水中的放射性物质能够危及生物的生存，且很难消除其污染损害，只能随时间的推移靠自然衰变减少对环境的危害。

污染水体最危险的放射性物质为 ^{90}Sr、^{137}Cs 等，这类物质的半衰期长，化学性质与组成人体的主要元素 Ca、K 相似，进入人体后能在一定部位累积，增加对人体的内辐射。

1.2.3.2 热污染

火力发电厂、核电站、金属冶炼厂、石油化工厂等工业，会排放大量生产冷却水，这些直接排入的水温度较高，会使原有一定范围内的水体温度升高，造成所谓的"热污染"。热污染会影响水生生物的生存及对水资源的利用。

A 对水生植物的直接影响和危害

水体热污染主要通过两方面引起水生植物群落组成的改变。

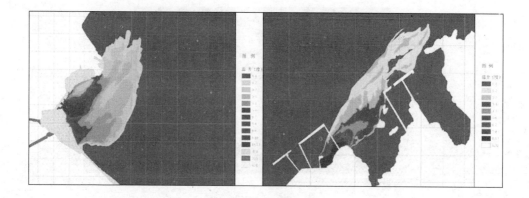

图 1-18　电厂温排水

(1) 水体热污染会减少藻类种群的多样性，随着水温的升高，不耐高温的种类将迅速消失，使藻类种群的多样性明显减少；

(2) 水体热污染会加速藻类种群的演替，不同藻类对水温由低到高的适应顺序是：硅藻、绿藻、蓝藻，因此，随着水温的升高，硅藻在水温为 25℃ 时，即会被绿藻代替，水温为 33~35℃ 时，绿藻又会为蓝藻所代替；

(3) 水体增温对大多数水生维管束植物有着不良影响，尤其可使某些浮水植物在增温区全部消失。

B　对水生动物的直接影响和危害

水生动物绝大部分是变温动物，随水温的升高，体温也会随之升高。当体温超过一定温度时，会引起水生动物的酶系统失活，代谢机能失调，直至死亡。许多昆虫的幼虫等对热污染的忍耐力都很差，一般水生动物的温度上限为 33~35℃。对底栖动物生态结构产生影响的水温上限约为 12℃。

鱼类有广温种和狭温种两类，前者对热污染的适应性较强，后者适应性较差。一般认为 40℃ 是鱼类能够忍受的最大限度。鱼类在繁殖时期对水温的要求非常严格。因为水温上升会阻止营养物质在生殖腺中的积累，从而限制卵的成熟。在热污染的水体中，春季产卵种类将提前产卵，秋季产卵种类产卵时期将会推迟。一些鱼种在胚胎发育时期对水温变化的幅度要求很严，江鳕胚胎的正常发育必须保持在 0.5~1.0℃，超过 1.5℃ 就会引起胚胎死亡。

C　对水生生物的间接影响和危害

水温增高会使溶于水体的一些毒物的毒性增高，如氰化钾由 8℃ 升高到 18℃ 时，对鱼类的毒性将增加一倍；锌离子由 13.5℃ 增高到 21.5℃ 时，对虹鳟鱼的毒性将增加一倍；狄氏剂对鲤鱼的 48 小时致死浓度，在水温为 7~8℃ 时为 0.14ppm（即 $0.14 \times 10^{-4}\%$）；当水温升高到 27~28℃ 时，仅为 0.005ppm（即 $0.005 \times 10^{-4}\%$）。

从另一方面来说，水温升高又会加速微生物对有机物的分解，从而消耗大量的溶解氧。而一般水生动物随水温升高 10℃，呼吸耗氧量将增加一倍。所以，水体热污染导致溶解氧的减少，也是对水生生物的一个致命的危害。随着水温的升高，一些致病微生物的活性增强，而水生动物的抗病力却相对减弱，染病率增加，导致大量水生动物的死亡。

1.2.3.3 病原体污染物

病原体是能引起疾病的微生物和寄生虫的统称（图 1-19），微生物占绝大多数，包括病毒、衣原体、立克次体、支原体、细菌、螺旋体和真菌；寄生虫主要有原虫和蠕虫。

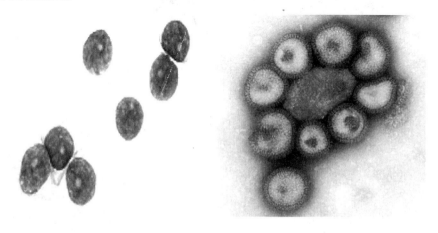

图 1-19 病原体

病原体属于寄生性生物，所寄生的自然宿主为动植物和人。能感染人的微生物超过 400 种，它们广泛存在于人的口、鼻、咽、消化道、泌尿生殖道以及皮肤中。病原体污染的特点如图 1-20 所示。

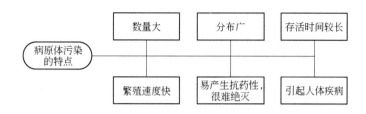

图 1-20 病原体污染的特点

生活污水、畜禽饲养场污水以及制革、洗毛、屠宰业和医院等排出的废水，常含有各种病原体，如病毒、病菌、寄生虫。水体受到病原体的污染会传播疾病，如血吸虫病、霍乱、伤寒、痢疾、病毒性肝炎等。历史上流行的瘟疫，有的

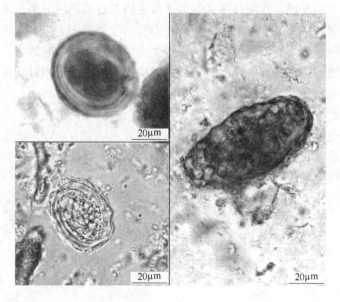

图 1-21 蛔虫卵

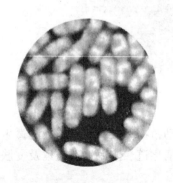

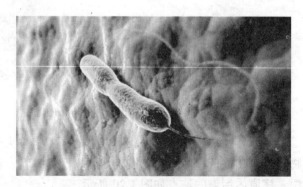

图 1-22 伤寒病毒 　　　　　　　　图 1-23 霍乱病毒

就是水媒型传染病。如 1848 年和 1854 年英国两次霍乱流行，死亡万余人；1892 年德国汉堡霍乱流行，死亡 750 余人；1988 年上海的"甲肝事件"，均是由水污染引起的。

1.3 水污染公害事件

1.3.1 国外水污染公害事件

1.3.1.1 世纪梦魇——痛痛病

1931 年，日本的富山县神通河畔出现了一种怪病，病症表现为腰、手、脚等关节疼痛。病症持续几年后，患者全身各部位会发生神经痛、骨痛现象，行动困难，甚至呼吸都会带来难以忍受的痛苦。到了患病后期，患者骨骼软化、萎缩，四肢弯曲，脊柱变形，骨质松脆，就连咳嗽都能引起骨折。患者不能进食，疼痛无比，常常大叫"痛死了！痛死了！"有的人因无法忍受痛苦而自杀。这种病由此得名为"痛痛病"。

这种怪病的罪魁祸首就是工业企业中的含镉废水排入河流，农民用含有镉污染物的河水浇灌稻米，导致镉在稻米中富集，通过食物链进入人体造成的。

图 1-24 "痛痛病"污染

1.3.1.2 为了忘却的纪念——水俣病

1956 年，日本水俣湾附近发现了一种奇怪的病。这种病症最初出现在猫身上，被称为"猫舞蹈症"。病猫步态不稳、抽搐、麻痹，甚至跳海死去，成为"自杀猫"。随后不久，此地也发现了患这种病症的人。患者由于脑中枢神经和末梢神经被侵害，轻者口齿不清、步履蹒跚、面部痴呆、手足麻痹、感觉障碍、视觉丧失、震颤、手足变形，重者精神失常，或酣睡、或兴奋，身体弯弓高叫，直至死亡。据统计，有数十万人食用了水俣湾中被甲基汞污染的鱼虾而致病。

经过调查和研究，确定水俣病的发生是由于附近工厂把没有经过任何处理的

图1-25 水俣病（图片来源：尤金·史密斯）

含汞废水排放到水俣湾中。当汞离子在水中被鱼虾摄入体内后转化成甲基汞（一种主要侵犯神经系统的有毒物质），而这些被污染的鱼虾又被动物和人类食用。甲基汞进入人体后，会导致神经衰弱综合症，重者可致急性肾功能衰竭，此外还可以损害心脏、肝脏。

1.3.1.3 欧洲母亲河的泪水——莱茵河水污染事故

巴塞尔位于莱茵河湾和德法两国交界处，是瑞士第二大城市，也是瑞士的化学工业中心，三大化工集团都集中在巴塞尔。1986年11月1日深夜，位于瑞士巴塞尔市的桑多兹（Sandoz）化学公司的一个化学品仓库发生火灾，装有约1250吨剧毒农药的钢罐爆炸，硫、磷、汞等有毒物质随着大量的灭火用水流入下水

图1-26 莱茵河

道，排入莱茵河。桑多兹公司事后承认，共有1246吨各种化学品被扑火用水冲入莱茵河，其中包括824吨杀虫剂、71吨除草剂、39吨除菌剂、4吨溶剂和12吨有机汞等。有毒物质形成70公里长的微红色飘带向下游流去。翌日，化工厂用塑料塞封堵下水道。8天后，塞子在水的压力下脱落，几十吨有毒物质流入莱茵河后，再一次造成污染。

　　同年11月21日，德国巴登市的苯胺和苏打化学公司冷却系统故障，又使2吨农药流入莱茵河，使河水含毒量超标准200倍。这次污染使莱茵河的生态受到了严重破坏。事故造成约160公里范围内多数鱼类死亡，约480公里范围内的井水受到污染影响不能饮用。污染事故警报传向下游瑞士、德国、法国、荷兰四国沿岸城市，沿河自来水厂全部关闭，改用汽车向居民定量供水。由于莱茵河在德国境内长达865公里，是德国最重要的河流，因而遭受的损失最大。接近海口的荷兰，将与莱茵河相通的河闸全部关闭。

1.3.1.4　都是金矿惹的祸——罗马尼亚金矿氰化物污染事件

　　2000年1月30日，罗马尼亚境内一处金矿污水沉淀池，因积水暴涨发生漫坝，10多万升含有大量氰化物、铜和铅等重金属的污水冲泄到多瑙河支流蒂萨河，并顺流南下，迅速汇入多瑙河向下游扩散，造成河鱼大量死亡，河水不能饮用。匈牙利等国深受其害，国民经济和人民生活都遭受一定的影响，严重破坏了多瑙河流域的生态环境，并引发了国际诉讼。这起金矿场氰化物废水泄漏事故，也演变成为一起国际性的污染事件，美丽的多瑙河成了死亡之河。

图1-27　金矿污染导致河鱼死亡

1.3.1.5　重演的生态灾难——匈牙利铝厂泄漏事件

　　2010年10月4日下午，匈牙利铝生产销售公司位于维斯普雷姆州奥伊考的有毒废水池发生泄漏事故，大约100万立方米含有铅等重金属的有毒废水涌向附近村镇和河流，截至8日已造成7人死亡、1人失踪、至少150人受伤。总部设

图 1-28　匈牙利铝厂毒物泄漏（图片来源：新浪网）

图 1-29　被毁坏的家园（图片来源：新浪网）

在日内瓦的世界自然基金会 6 日对匈牙利一炼铝厂有毒废水泄漏事件做出初步评估，认为有毒物质将长期污染周边生态环境。欧盟和环境部门官员担忧，一旦废水污染了多瑙河，造成的环境灾难将影响多瑙河沿岸至少 10 个国家。

1.3.2　我国水污染公害事件

　　目前我国正处于经济快速发展，国民经济的基础正由农业向工业转变的过程，工业的高速发展已经给自然环境造成巨大的危害。

　　据绿色和平组织报道，截至 2005 年，中国总共发生 1406 宗环境污染事件，其中水污染占一半（49.2%），达 693 宗，见图 1-30。

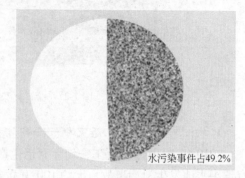

水污染事件占49.2%

图 1-30　水污染事件占总环境污染事件的比例

小贴士：绿色和平组织

绿色和平组织（Greenpeace）属于一个国际性的非政府组织，以环保工作为主，总部设在荷兰的阿姆斯特丹。目前有超过 1330 名工作人员，分布在 30 个国家的 43 个分会。其使命是："保护地球、环境及其各种生物的安全及持续性发展，并以行动作出积极的改变。"

1971 年，12 名怀有共同梦想的人从加拿大温哥华起航，驶往安奇卡岛，去阻止美国在那里进行的核试验。他们在渔船上挂了一条横幅，上面写着"绿色和平"。尽管在中途遭到美国军方阻拦，他们的行动却触发了舆论和公众的声援。次年，美国放弃在安奇卡岛进行核试验。在此后的 30 多年里，绿色和平逐渐发展成为全球最有影响力的环保组织之一。他们继承了创始人勇敢独立的精神，坚信以行动促成改变。同时，通过研究、教育和游说工作，推动政府、企业和公众共同寻求环境问题的解决方案。

绿色和平在世界环境保护方面已经贡献良多。在其中一些环节更是扮演关键角色：禁止输出有毒物质到发展中国家；阻止商业性捕鲸；制订一项联合国公约，为世界渔业发展提供更好的环境；在南太平洋建立一个禁止捕鲸区；50 年内禁止在南极洲开采矿物；禁止向海洋倾倒放射性物质、工业废物和废弃的采油设备；停止使用大型拖网捕鱼和全面禁止核子武器试验，这是绿色和平最早和永远的目标。

1.3.2.1 久治不愈——淮河水污染事件

1994 年 7 月，淮河上游的河南境内突降暴雨，颍上水库水位急骤上涨超过防洪警戒线，因此开闸泄洪将积蓄于上游一个冬春的 2 亿立方米污水放了下来。水经之处河水泛浊，河面上泡沫密布，顿时鱼虾死亡。下游一些地方居民饮用了河水后，出现恶心、腹泻、呕吐等症状。经取样检验证实上游来水水质恶化，沿河各自来水厂被迫停止供水达 54 天之久，百万淮河民众饮水告急，不少地方花高价远途取水饮用，有些地方出现居民抢购矿泉水的场面。

1.3.2.2 污染警报——沱江特大水污染事件

2004 年 3 月，地处成都市青白江区的川化集团违法排污，大量高浓度氨氮废水直接流入沱江，造成特大污染事故。沱江特大污染事故导致沿江简阳、资中、内江三地百万群众饮水被迫中断，四川五个市区近百万老百姓顿时陷入了无水可用的困境，还导致 50 万公斤网箱鱼死亡，直接经济损失在 3 亿元左右。据专家估计，被破坏的生态环境需要 5 年时间才能恢复。

图 1-31　川化集团违法排污

1.3.2.3　我拿什么拯救你，水污染——河南濮阳多年喝不上放心水

自 2004 年 10 月以来，河南省濮阳市黄河取水口发生持续 4 个多月的水污染事件，城区 40 多万居民的饮水安全受到威胁，濮阳市被迫启用备用地下水源。据记者了解，自 1997 年以来，濮阳市黄河取水口已连续 8 年遭污染，城市饮用水源每年约有 4 到 5 个月受污染影响。

濮阳市环保局局长介绍，濮阳市黄河取水口污染主要是由天然文岩渠污染引发的。天然文岩渠是一条半人工开挖的排灌渠，渠系流域包括河南新乡、原阳、延津、封丘、长垣等县，在濮阳汇入黄河。由于濮阳市黄河取水口位于天然文岩渠下游 800 米处，每到冬春黄河水少时，天然文岩渠的污水就直接灌入濮阳市引黄闸。

1.3.2.4　一条大河波浪宽——松花江水污染事件

2005 年 11 月 13 日，吉林省吉林市的中国石油吉林石化公司双苯厂一车间发

图 1-32　松花江水污染航拍（图片来源：网易网）

生爆炸。爆炸发生后，约 100 吨苯类物质（苯、硝基苯等）流入松花江，造成了江水严重污染，沿岸数百万居民的生活受到影响。同年 11 月 22 日，哈尔滨市政府连续发布 2 个公告，证实上游化工厂爆炸导致了松花江水污染，动员居民储水。同年 11 月 23 日，国家环保总局向媒体通报，受中国石油吉林石化公司双苯厂爆炸事故影响，松花江发生重大水污染事件。

当时该污染事故造成的危害不仅仅在国内，同时也给俄罗斯造成了重大的污染，导致当时俄罗斯沿江流域全部封闭，河内鱼类等大量死亡。

1.3.2.5　偷排，又见偷排——广东北江水污染事件

2005 年 12 月，广东省环保部门监测发现，该省北江韶关段近年出现镉超标现象，经跟踪监测，镉超标的高峰值沿江下移，从孟洲坝电站断面到高桥断面全部超过标准，12 月 15 日高桥断面镉超标近 10 倍，严重威胁下游饮用水源安全。经广东省环保厅联合调查组初步确认，此次北江韶关段镉严重超标，是由韶关冶炼厂设备检修期间超标排放含镉废水所致，是一次由企业违法超标排放导致的严重环境污染事故。

图 1-33　广东北江流域污染事故地图（图片来源：环保网）

小贴士：镉，化学符号 Cd，原子序数 48，原子量 112.411，属周期系 ⅡB 族。镉是银白色有光泽的金属，熔点 320.9℃，沸点 765℃，相对密度 8.642。镉在自然界中都以化合物的形式存在，主要矿物为硫镉矿。镉中毒可使肌肉萎缩关节变形，骨骼疼痛难忍，不能入睡，发生病理性骨折，以致死亡。

1.3.2.6 阴霾难散——湖南省镉污染事件

2005 年 12 月 23 日，株洲市水利投资有限公司开始霞湾港清淤工程导流渠施工。2006 年 1 月 4 日下午 5 点，开始截流等水务工程。由于导流水汇入两湖，再排入老霞湾港，致使两湖的含镉废水在 1 月 4 日 17 点以后集中排入了湘江，造成了湘江水中镉超标事故。

2009 年 8 月，湖南省浏阳市发生镉污染事件，造成 500 余人尿镉超标，厂区周边土壤、农田、林地等被污染。经调查，长沙湘和化工厂是这一区域镉污染的直接来源，生产过程中多途径的镉污染是镉污染的直接原因。

1.3.2.7 敲响生态警钟——白洋淀死鱼事件

2006 年 2 月和 3 月，素有"华北明珠"美誉的华北地区最大淡水湖泊白洋淀，相继发生大面积死鱼事件。调查结果显示，水体污染较严重、水中溶解氧过低而造成鱼类窒息是此次死鱼事件的主要原因。这次事件造成任丘市所属 9.6 万亩水域全部污染，水色发黑，有臭味，网箱中养殖鱼类全部死亡，淀中漂浮着大量死亡的野生鱼类，部分水草发黑枯死。造成白洋淀水体污染的来源是：保定市及有关县（市、区）污水处理厂建设严重滞后，大量未经处理的工业和生活污水长期直接进入白洋淀。

1.3.2.8 触目惊心的真相——湖南岳阳砷污染事件

2006 年 9 月 8 日，湖南省岳阳县城饮用水源地新墙河发生水污染事件，砷超标 10 倍左右，8 万居民的饮用水安全受到威胁和影响。最终经核查发现，污染发生的原因为河流上游 3 家化工厂的工业污水日常性排放，致使大量高浓度含砷废水流入新墙河所致。

1.3.2.9 大自然的惩罚——无锡太湖蓝藻暴发水污染事件

2007 年 5 月 29 日上午，在高温的环境条件下，太湖无锡流域突然发生了水

图 1-34　太湖蓝藻（图片来源：中国环保网）

体"富营养化"，大面积的蓝藻暴发使供给无锡市的饮用水源迅速被蓝藻污染。现场虽然进行了打捞等措施，无奈蓝藻暴发太严重而无法控制局面。遭到蓝藻污染的饮用水通过管道流进了无锡市的千家万户，导致城区的大批市民家中自来水水质突然发生变化，并伴有难闻的气味，无法正常饮用，各大超市出现纯净水抢购一空的场面，很多平时供水的货架都空了，街头的散装桶装水由原来的8元涨到了15元一桶。整个城市陷入水源危机，引发一片恐慌。

> **小贴士**："富营养化"一词来自湖沼学。湖沼学家认为，富营养化是湖泊衰老的一种表现。湖泊中植物营养元素含量增加，导致水生植物的大量繁殖，主要是各种藻类的大量繁殖，使鱼类生活的空间愈来愈少。藻类的种类数逐渐减少，而个体数则迅速增加。通常藻类以硅藻、绿藻为主转为以蓝藻为主，而蓝藻有不少种有胶质膜，有一些是有毒的。藻类过度生长繁殖还将造成水中溶解氧的急剧变化。在自然界物质的正常循环过程中，也有可能使某些湖泊由贫营养湖发展为富营养湖，进一步发展为沼泽和干地。水体富营养化现象除发生在湖泊、水库中，也发生在海湾内。
>
> 水体中氮、磷含量的高低与水体富营养化程度有密切关系。在人类活动的干预下，排放入河流的污水中含有大量氮、磷物质，使本来需很长时间才会发生的富营养化现象加速形成，进而对人类饮用水造成污染。

1.3.2.10   水污染问题几时休——江苏沭阳水污染事件

2007年7月2日下午3时，江苏省沭阳县地面水厂监测发现，短时间、大流量的污水侵入到位于淮沭河的自来水厂取水口，城区生活供水水源遭到严重污染，水流出现明显异味。经过水质检测，取水口的水氨氮含量为每升28毫克左右，远远超出国家取水口水质标准。由于水质经处理后仍不能达到饮用水标准，城区供水系统被迫关闭，城区20万人口吃水、用水受到不同程度影响。直至7月4日上午，因饮用水源污染而关闭的自来水厂取水口重新开启，沭阳城区全面恢复正常供水，整个沭阳县城停水超过40小时。

1.3.2.11   矿泉水一定安全吗——桶装水污染事件

2008年3月31日贵阳市南明区疾控中心接到贵州省人民医院报告贵阳学院2名学生临床诊断甲型肝炎的疫情报告后，从4月8日起，白云区贵州铝厂、云岩区中天北京四中、修文县城关二小陆续出现聚集性甲肝病人，截至4月14日16时，全市（含贵阳学院202例）共报告甲肝病人269例，确诊246例（贵阳学院198例），疑似23例（贵阳学院4例），形成甲肝爆发疫情。

贵州省卫生部门4月8日发布消息称，发生在贵阳学院甲型肝炎疫情病源已

图1-35　"竹源"牌桶装矿泉水受到污染

（图片来源：浙江在线健康网）

基本查明，系部分学生饮用的"竹源"牌桶装矿泉水引发了疫情。据贵阳市卫生局新闻发言人介绍，经贵州省疾病预防控制中心组织省、市、区有关专家调查，形成《贵阳学院甲型病毒性肝炎爆发疫情危险因素调查报告》，确认此次贵阳学院的甲肝疫情与饮用"竹源"牌桶装水有流行病学联系，是造成贵阳学院甲型病毒性肝炎疫情的直接原因。

专家分析认为，贵阳市地处喀斯特岩溶地貌，地质结构和地下水系较为复杂，2月下旬为历史罕见的雪凝灾害天气末期，凝冻融化，加上同期为持续阴雨天气，地表水渗入或地下水污染导致贵阳南明竹源天然矿泉饮料有限公司水源水在2月下旬至3月上旬期间受到污染，同时该厂在生产过程中消毒不严，成品水质量达不到卫生标准要求，饮用"竹源"牌桶装水是造成此次甲型病毒性肝炎疫情的直接原因。

1.4　废水处理的目的和意义

废水处理的目的和意义，从根本上说，就是去除水中的污染物，改善水质，满足后续的排放标准或使用要求。废水的处理过程，亦可以看做是废水的重生循环，通过这个流程，转化为新的水源。整个废水重生的流程如图1-36所示。

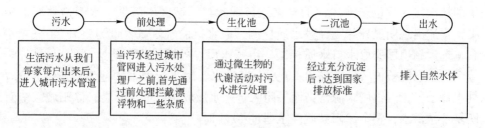

图1-36　废水重生记

1.5　废水处理的水质指标

废水所含的污染物质千差万别，可对废水进行分析检测以反映其含有的污染物质，表征废水的危害程度。分析检测指标可分为物理性指标、化学性指标和生物性指标三大类。

1.5.1 物理性指标

1.5.1.1 温度

废水的水温与其物理、化学及生物性质有密切关系，水温影响着水生生物的生命活动过程，还可影响可溶性有机物和盐类在水中的溶解度。

1.5.1.2 色度

色度是一项感官性指标。将有色污水用蒸馏水稀释后与参比水样对比，一直稀释到二水样色差一样，此时污水的稀释倍数即为其色度。

水的颜色分为表色和真色。真色是指去除悬浮物后水的颜色，没有去除的水具有的颜色称表色。对于清洁的或浊度很低的水，真色和表色相近，对于着色深的工业废水和污水，真色和表色差别较大，而水的色度一般指真色。

一般纯净的天然水是清澈透明的，亦即无色的，但带有金属化合物或有机化合物等有色污染物的污水呈现各种颜色，给人以感官不悦。

1.5.1.3 嗅和味

嗅和味，同色度一样也是感官性指标，可定性反映特定污染物的多少。天然水是无嗅无味的，当受到污染后会产生异样的气味。

水的异臭主要来源于还原性硫和氮的化合物、挥发性有机物和氯气等污染物质。另外，不同盐分会给水带来不同的异味。如氯化钠带咸味、硫酸镁带苦味、铁盐带涩味、硫酸钙略带甜味等。

1.5.1.4 固体物质

水中所有残渣的总和称为总固体（Total Solid，TS），主要包括溶解性固体（Dissolved Solid，DS）和悬浮性固体（Suspended Solid，SS）。

水样经过滤后，滤液蒸干所得的固体即为溶解性固体（DS），过滤的滤渣经烘干后即是悬浮性固体（SS）。溶解性固体表示水中盐类的含量，悬浮性固体表示不溶于水的固态物质量。水体含盐量多将影响生物细胞的渗透压和生物的正常生长。悬浮固体将可能造成水道淤塞。

1.5.2 化学性指标

1.5.2.1 有机化合物

废水中所含的碳水化合物、蛋白质、脂肪等有机化合物在微生物作用下最终分解为简单的无机物质、二氧化碳和水等。这些有机物在分解过程中需要消耗大量的氧，故属于耗氧污染物。耗氧有机污染物是致使水体污染的主要因素之一。

在实际工作中，一般采用生化需氧量（Biochemical Oxygen Demand，BOD）、化学需氧量（Chemical Oxygen Demand，COD）、总有机碳（Total Organic Carbon，TOC）、

总需氧量(Total Oxygen Demand,TOD)等指标来反映水中需氧有机物的含量。

A 生化需氧量（BOD）

水中有机污染物被好氧微生物分解时所需的氧量称为生化需氧量，反映了在有氧的条件下，水中可生物降解的有机物的量。生化需氧量愈高，表示水中需氧有机污染物愈多。

一般生活污水中的有机物需 20 天左右才能基本上完成分解氧化过程，即测定生化需氧量至少需 20 天时间，但这在实际工作中很不方便。因此，目前以 5 天作为测定生化需氧量的标准时间，简称 5 日生化需氧量（用 BOD_5 表示）。

B 化学需氧量（COD）

化学需氧量是用化学氧化剂氧化水中有机污染物时所消耗的氧化剂量。化学需氧量愈高，也表示水中有机污染物愈多。

测定 COD 时常用的氧化剂主要是重铬酸钾和高锰酸钾，以高锰酸钾作氧化剂时，测得的值称为 COD_{Mn}；以重铬酸钾作氧化剂时，测得的值称为 COD_{Cr}。

C 总有机碳（TOC）与总需氧量（TOD）

总有机碳（TOC）包括水样中所有有机污染物质的含碳量，也是评价水样中有机污染质的一个综合参数。

有机物中除含有碳外，还含有氢、氮、硫等元素，当有机物全都被氧化时，碳被氧化为二氧化碳，氢、氮及硫则被氧化为水、一氧化氮、二氧化硫等，此时需氧量称为总需氧量（TOD）。TOC 和 TOD 都是燃烧化学氧化反应，前者测定结果以碳表示，后者则以氧表示。

D 油类污染物

油类污染物有石油类和动植物油脂两种。工业含油污水所含的油大多为石油或其组分，含动植物油的污水主要来源于人的生活过程和食品工业。

1.5.2.2 无机性指标

A 植物营养元素

污水中的氮、磷为植物营养元素，从农作物生长角度看，植物营养元素是植物生长发育所需要的养料，但过多的氮、磷进入天然水体却易导致“富营养化”。

代表氮素化合物的水质指标有：总氮、氨氮、凯氏氮、亚硝酸盐、硝酸盐；代表含磷化合物的指标为磷酸盐和总磷。

B pH 值

主要是指示水样的酸碱性，pH <7 是酸性；pH >7 是碱性，一般要求处理后污水的 pH 值在 6～9 之间。天然水体的 pH 值一般为 6～9，当受到酸碱污染时 pH 值发生变化，消灭或抑制水体中生物的生长，妨碍水体自净，还可腐蚀船舶。若天然水体长期遭受酸、碱污染，将使水质逐渐酸化或碱化，从而对正常生态系统产生影响。

C 重金属

重金属主要指汞、镉、铅、铬、镍，以及类金属砷等生物毒性显著的元素，也包括具有一定毒害性的一般重金属，如锌、铜、钴、锡等。

重金属是构成地壳的物质，在自然界分布非常广泛。重金属在自然环境的各部分均存在着本底含量，在正常的天然水中重金属含量均很低，汞的含量介于 0.001~0.01mg/L 之间，铬含量小于 0.001mg/L，在河流和淡水湖中铜的含量平均为 0.02mg/L，钴为 0.0043mg/L，镍为 0.001mg/L。

我国《污水综合排放标准》（GB 8978—1996）将重金属污染物分为两种：第一类污染物包括总汞、烷基汞、总镉、总铬、六价铬、总砷、总铅、总镍、总铍、总银；第二类污染物包括总铜、总锌、总锰，各自按照要求执行不同的排放标准。

D 有毒有害有机物

有毒有害有机物大多是难生物降解的，且对人体有较大的危害，主要包括石油类、阴离子表面活性剂、有机氯、有机磷农药、多氯联苯、多环芳烃、高分子合成聚合物、染料等。

1.5.3 生物性指标

受病原体污染后的水体，微生物激增，其中许多是致病菌、病虫卵和病毒，它们往往与其他细菌和大肠杆菌共存，所以通常规定用细菌总数和总大肠菌群为病原体污染的直接指标。

1.5.3.1 细菌总数

水中细菌总数反映了水体受细菌污染的程度。细菌总数不能说明污染的来源，必须结合大肠菌群数来判断水体污染的来源和安全程度。

1.5.3.2 大肠菌群

大肠菌群被视为最基本的粪便污染指示菌群，其值可表明水样被粪便污染的程度，间接表明有肠道病菌（伤寒、痢疾、霍乱等）存在的可能性。

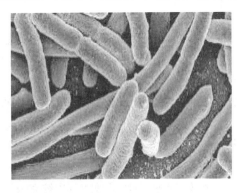

图 1-37 大肠杆菌

第2章 废水的一级处理

按照处理的程度和出水的性质，废水处理的流程一般可以分为三个环节：一级处理（primary treatment）、二级处理（secondary treatment）和三级处理（tertiary treatment）。按照水处理业界的共识，一级处理、二级处理和三级处理在大部分情况下可以简单理解为物理处理、生化处理和深度处理。其中，一级处理是废水在被收集并输送到废水处理系统后首先将经历的处理环节。

2.1 基本原理

2.1.1 一级处理的定义

一级处理，通常也可称作预处理（pre-treatment）或初级处理（primary treatment），是指通过过滤、沉淀、浮选等物理作用分离废水中呈漂浮、悬浮状态的固态污染物，或通过混合、搅拌等方法调节水量与水质的过程。在处理的过程中，废水中污染物的化学性质一般并不发生改变。因此，在水处理学科中，一级处理也经常被称作物理处理。

图 2-1 上海崇明某污水处理厂一级处理系统流程示意图

2.1.2 一级处理的作用

由于废水来自居民生活、工业生产、商业办公、交通运输、餐饮服务等众多活动，来源广、过程长，因此其中往往混杂着各种物理、化学性质不一的污染物，例如泥土、砂粒、纸张、塑料、树枝、油脂、油类等。这些污染物随废水一同被排入管网并输送到废水处理系统，如果不能预先将它们有效地截留或处理，将会对后续的二级处理（即生化处理）或三级处理（即深度处理）造成严重影响——处理构筑物堵塞，微生物活性减弱，处理效率降低，出水水质变差，严重时甚至会出现活性污泥大量死亡、处理设施被直接穿透的现象。因此，一级处理对于废水处理系统的安全与稳定运行非常重要。

废水经过一级处理后，漂浮物与悬浮固体的去除率可以达到70%～80%，能确保后续处理设施的稳定运行，但 BOD 去除率只有 20%～40%，胶体和溶解污染物的去除也很少，一般达不到排放标准。因此，一级处理一般不能单独用来作为一种废水处理方法，而主要是用于为后续的二级处理、三级处理准备适宜的水量条件和水质条件。

2.1.3 一级处理构筑物的种类

一级处理的构筑物有格栅、筛网、沉沙池、初次沉淀池、调节池、隔油池、气浮池等，它们所对应的基本原理如表2-1所示。

表 2-1 一级处理构筑物

序 号	构 筑 物	工 作 原 理
1	格 栅	过 滤
2	筛 网	
3	沉沙池	沉 淀
4	初次沉淀池	
5	隔油池	浮 选
6	气浮池	
7	调节池	混 合

一级处理系统一般由上述构筑物中的部分或全部串联组成，应针对不同废水中存在的不同污染物选用相对应的一级处理构筑物，图2-2 是某石油化工厂污水处理厂的一级处理系统流程。

图 2-2 某石油化工厂污水处理厂一级处理系统流程示意图

2.2 格栅与筛网

2.2.1 格栅的作用与种类

去除废水中各种各样的垃圾及漂浮物是废水处理的第一道工序。为保证后续工序的顺利进行并保护其他机械设备，在废水处理流程的最初必须设置格栅。格栅具有简单、高效、不加化学药剂、运行费低、占地面积小及维修方便等优点。

2.2.1.1 格栅的作用

由于雨水的冲刷和面源污染的存在，废水中通常会存在一些由树枝、水草、塑料袋、布条、纸片、纤维等组成的较大尺寸的漂浮物和悬浮物。这些污染物如果不能及时去除，将可能堵塞管道、沟渠、阀门或损坏水泵、搅拌器等机械设备。因此，必须在废水进入其他构筑物之前就将这些污染物去除，以保护后续处理构筑物的正常运转。

格栅就是一种用于去除这些较大尺寸漂浮物和悬浮物的构筑物。它一般由一组或多组平行且具有固定间隔的金属栅条制成，通常斜置在污水处理系统进水泵站集水井之前的重力流来水主渠道上，其结构示意如图 2-3 所示。

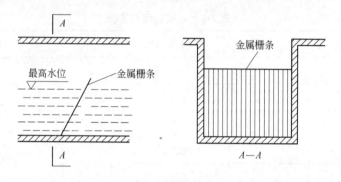

图 2-3　格栅结构示意图

格栅的工作原理可以简单概括为"筛滤截留"，这与住宅卫生间下水道上安装的滤盖或道路两侧设置的雨水箅类似，当废水流经这些金属栅条时，尺寸大于金属栅条间隔的漂浮物或悬浮物就自然被截留了下来，形成栅渣并被及时清除。格栅所能截留污染物的数量，随所选用的栅条间距和废水的性质而有很大的区别，一般以不堵塞进水水泵和后续的处理构筑物为原则。利用格栅可以去除废水中的树枝等较大物质以及大部分粒径在 0.1mm 以上的颗粒物质。

格栅的栅条断面形状有多种形式，如方形、矩形、圆形、半圆矩形等，如表 2-2 所示，可根据实际情况的需要灵活选用。圆形的水力条件较方形好但刚度较差，目前多采用断面形式为矩形的栅条。

表 2-2　格栅的栅条断面形状及尺寸

栅条断面形状	常用尺寸/mm	栅条断面形状	常用尺寸/mm
方　形	20　20　20　20	迎水面为半圆形的矩形	10　10　10　50

栅条断面形状	常用尺寸/mm	栅条断面形状	常用尺寸/mm
矩　形	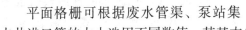	迎水面、背水面均为半圆矩形	
圆　形			

污水处理厂内应至少设有两套平行的格栅，以便于日常检修和维修工作的需要。或者，也可为格栅修筑一条旁通路，在格栅被严重堵塞或发生机械故障时作为废水的应急通道。污水处理厂在用地条件充足时应设置单独的格栅间，以减少栅渣散发的臭味对周边环境的影响，提高厂区管理人员的工作环境质量。

2.2.1.2　格栅的种类

根据形状和功能的不同，格栅可以分为多种类别。

A　按形状分

按照形状的不同，格栅可以分为平面格栅和曲面格栅。

平面格栅，顾名思义是指整个结构位于同一个平面之上的格栅。平面格栅的结构较为简单，一般由外框架和多根栅条直接焊接组成，外框架的材料多采用型钢，当格栅长度超过1m时，外框架上还应增加横向肋条。平面格栅通常可表示为"PGA－$B \times L - e$"，其中PGA代表A型平面格栅（B型平面格栅相应为PGB，A型与B型平面格栅的区别在于前者的栅条布置在框架的外侧，而后者的栅条布置在框架的内侧），B代表格栅宽度，L代表格栅长度，e代表格栅的间隙净宽。平面格栅的基本形式如图2-4所示。

图2-4　平面格栅

平面格栅可根据废水管渠、泵站集水井进口管的大小选用不同数值，其基本参数与尺寸的选用范围如表2-3所示。

表 2-3　平面格栅的基本参数与尺寸

序　号	基本参数	尺寸/mm
1	格栅宽度 B	$600 \sim 4000$（间隔200），用移动式格栅清污机时，$B > 4000$
2	格栅长度 L	$600 \sim$ 水深（间隔200）
3	间隙净宽 e	$10 \sim 30$（间隔5），$30 \sim 60$（间隔10），80，100

　　曲面格栅，顾名思义即是指形状为曲面、整个结构不在同一平面之上的格栅。曲面格栅一般又可分为固定曲面格栅和旋转鼓筒式格栅，如图 2-5 所示。

　　B　按栅条净间隙分

　　按照栅条净间隙的大小，格栅可以分为粗格栅、中格栅和细格栅，它们可以用于截留不同尺寸的污染物。

　　粗格栅的栅条净间隙在 50mm 以上，最大尺寸为 150mm 左右，一般用来作为中格栅和细格栅的保护装置，以避免大尺寸的固态污染物损坏中格栅与细格栅，如在大雨期间冲入污水管渠的

图 2-5　曲面格栅

大块木料。中格栅的栅条净间隙通常为 $10 \sim 40$mm，一般作为粗格栅和细格栅之间的一个过渡。细格栅的栅条净间隙通常小于 10mm，一般用于截留较为细小的悬浮物和漂浮物。由于细格栅的栅条相应也较细，因此容易被外力损坏。

　　格栅是一级处理的重要构筑物之一，因此，新设计的污水处理厂一般采用粗、中两道格栅，甚至粗、中、细三道格栅。

　　C　按间隔能否调节分

　　按照栅条间的间隔是否可以调节，格栅可以分为固定格栅和活动格栅。

　　固定格栅一般由间隔固定的金属栅条构成，污水从间隙中流过，栅条经常做成有一渐变的横截面，用最宽一侧面面对着污水流向，以防止固体物质在间隙中被卡住。活动格栅则由间隔可以调节的金属栅条构成，可根据废水中悬浮物和漂浮物的尺寸灵活调整栅条间隔，以便在截留这些物体的前提下将水头损失降到最小。

2.2.2　栅渣与格栅除污机

2.2.2.1　栅渣的产生、清除与处置

　　格栅上拦截的污染物一般称为栅渣。栅渣的含水率约为 $70\% \sim 80\%$，容重约为 $750 \sim 960$kg/m^3。当栅条净间隙为 $16 \sim 25$mm 时，10^3m^3 废水的栅渣截留量为 $0.05 \sim 0.10$m^3。当栅条间距为 40mm 左右时，10^3m^3 废水的栅渣截留量为 $0.01 \sim 0.03$m^3。

在希望减少栅渣量时，可加设破碎机将废水中较大的漂浮物或悬浮物破碎成较小的、较均匀的碎块，使其随废水留至后续污水处理构筑物进行处理。破碎机应设置在沉沙池后，以免大的无机颗粒损坏破碎机。此外，大的破布和织物在粉碎前应先去除。

清除栅渣可采用人工方式或机械方式。中小型城市的生活污水处理厂或所需截留的污染物量较少时，可选择人工方式清渣的格栅。这类格栅是用直钢条制成，一般与水平面成45°~60°倾角安放，倾角小时，清理时较省力，但占地则较大。人工清渣的格栅，其设计面积应采用较大的安全系数，一般不小于进水管渠有效面积的 2 倍，以免清渣过于频繁。在污水泵站前集水井中的格栅，应特别注重有害气体对操作人员的危害，并应采取有效的防范措施。格栅间应设置操作平台。当栅渣量较大时（$>0.2m^3/d$），一般应采用机械清除方法，并配以传送带、脱水机及自控设备，以改善管理人员的劳动与卫生条件。机械清渣的格栅，倾角一般为60°~70°，有时为90°。机械清渣格栅的过水面积，一般应不小于进水管渠有效面积的 1.2 倍。

常规的栅渣处置方法是把它们运至卫生填埋场与生活垃圾一同填埋或运至焚烧发电厂与生活垃圾一同焚烧，当有回收利用价值时也可将它们送至粉碎机或破碎机磨碎后再利用，但近年来已倾向于先在打浆机中把栅渣打成碎屑，然后将它们送回格栅下游的污水槽。有时在栅渣被处置之前先经水洗，水洗物回到污水槽，这样可提高废水后续的可生化性。

2.2.2.2 格栅除污机

格栅除污机是用机械的方法把拦截到格栅上的栅渣清理出水面的设备。格栅除污机，一般不宜少于两台，如为一台时应设人工清除格栅作为备用。常用的格栅除污机如图 2-6 所示。

图 2-6 格栅除污机

格栅除污机的种类很多，按照运动部件的不同大致可分为链条式、伸缩臂式、回转式和钢绳牵引式等四类，它们的适用范围和优缺点对比如表 2-4 所示。

表 2-4　各类格栅除污机的区别

类　型	适用范围	优　点	缺　点
链条式	深度不大的中小型格栅	构造简单、制造方便、占地面积小	杂物进入链条和链轮之间时容易卡住；套筒滚子链造价高，耐腐蚀性差
伸缩臂式	中等深度的宽大格栅	维护检修方便，可不停水检修，使用寿命长	需三套电动机、减速器，构造较复杂
回转式	深度较浅的中小型格栅	构造简单，制造方便，动作简单，容易检修	需配置圆弧形格栅，制造较困难，且占地面积大
钢绳牵引式	深度较大的中小型格栅	无水下固定部件的设备，维护检修方便	钢丝绳干湿交替易腐蚀；由于有水下固定部件的设备，维护检修需停水

2.2.3　格栅的简单设计

利用格栅从废水中去除污染物的效率主要取决于以下三个方面的因素：一是废水的性质；二是格栅的空隙大小；三是污染物的尺寸。当格栅的空隙小于废水中大多数污染物的尺寸时，格栅的处理效率相应就高；当格栅的空隙大于废水中大多数污染物的尺寸时，格栅的处理效率相应就低。因此，格栅的去除效率与格栅的设计关系很大。

格栅的设计内容包括尺寸计算、水力计算、栅渣量计算以及清渣机械的选用等。图 2-7 为格栅的设计计算图。

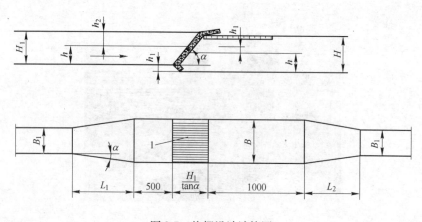

图 2-7　格栅设计计算图

2.2.3.1 废水过栅流速

格栅前沟渠宽度设置要适当，应使水流保持适当的流速，通常采用 0.4 ~ 0.9m/s，一方面泥沙不至于沉积在沟渠底部，另一方面截留的污染物又不至于冲过格栅。为了防止栅条间隙堵塞，污水通过栅条间距的流速一般采用 0.6 ~ 1.0m/s，最大流量时可超过 1.2 ~ 1.4m³/s。

为满足此要求，有时在一些较大的污水处理厂设置另一格栅作为旁路，如图 2-8 所示。此格栅靠筛滤室入口处的自动控制动力水门来控制，仅在大雨期间运转。在小型污水处理厂中，上述流速很难达到，于是一些不需要的物质将淤积下来，所以必须有去除它的设置。

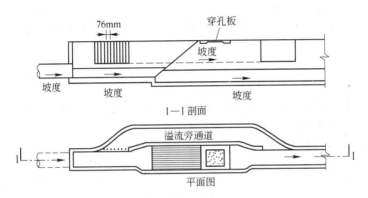

图 2-8 带溢流旁通道的格栅

此外，为了防止格栅前渠道出现阻流回水现象，一般在设置格栅的渠道与栅前渠道的联结部，应有一展开角 $\alpha = 20°$ 的渐扩部位。

2.2.3.2 格栅间隙数

格栅的间隙数 n 可由下式确定：

$$n = \frac{Q_{\max} \sqrt{\sin\alpha}}{ehv \times 10^{-3}}$$

式中　$Q_{\max}$——最大设计流量，m³/s；

　　　　α——格栅的倾角，(°)，机械格栅一般为 60° ~ 70°，人工格栅一般为 30° ~ 60°；

　　　　h——栅前水深，m；

　　　　e——栅条净间隙，mm；

　　　　v——过栅流速，m/s。

2.2.3.3 格栅栅条数

格栅栅条数 m 可由下式确定：

$$m = n - 1$$

2.2.3.4　格栅的宽度

格栅的宽度 B 可由下式确定：

$$B = [S(n - 1) + en] \times 10^{-3}$$

式中　S——栅条宽度，mm。

2.2.3.5　格栅的水头损失

通过格栅的水头损失 h' 由下式确定：

$$h' = k\xi \frac{v^2}{2g}\sin\alpha$$

式中　k——经验修正系数，格栅被污染物堵塞后造成废水水头损失增大的倍数，
一般取 3；

ξ——阻力系数，与栅条断面形状断面形状有关，$\xi = \beta\left(\dfrac{S}{e}\right)^{4/3}$，当为圆形

时，$\beta = 1.79$，当为锐边矩形时，$\beta = 2.42$；

g——重力加速度，m/s²。

2.2.3.6　栅后槽总高度

栅后槽总高度 H 由下式确定：

$$H = h + h' + h''$$

式中　h——栅前水深，m；

h''——栅前渠道超高，m，一般取 0.3m。

2.2.3.7　栅槽总长度

栅槽总长度 L 由下式确定：

$$L = l_1 + l_2 + 1.0 + 0.5 + \frac{H'}{\tan\alpha}$$

式中　l_1——进水渠道渐宽部分长度，m，$l_1 = 1.37(B - B_1)$；

l_2——栅槽与出水渠连接渠的渐缩长度，m；

H'——栅前槽高，m，$H' = h + h''$；

B_1——进水渠道宽度，m。

2.2.3.8　每日栅渣量

每日栅渣量 W 由下式确定：

$$W = \frac{Q_{max}w \times 86400}{K_{总} \times 1000}$$

式中　w——栅渣产生指标，m³/1000m³，一般取 0.01～0.1，粗格栅取小值，细
格栅取大值；

$K_{总}$——废水流量总变化系数，可参照表2-5取值。

表 2-5　生活污水流量变化系数取值表

平均流量 /L·(s·d)$^{-1}$	4	6	10	15	25	40	70	120	200	400	750	1600
$K_{总}$	2.3	2.2	2.1	2.0	1.89	1.80	1.69	1.59	1.51	1.40	1.30	1.20

2.2.4　筛网的作用与种类

由于生产过程中工艺副产物的进入，在一些工业废水中含有部分非常细小的悬浮物，如纤维、纸浆、藻类等。它们不能被格栅截留，也难以用重力沉淀法去除，为了去除这类污染物，工业上常用筛网作为预处理设施。筛网的去除效果，可相当于初次沉淀池的作用，家庭厨房洗菜池出水口上安置的过滤器也可看做是一种筛网。

选用不同尺寸的筛网，能去除和回收不同类型和大小的悬浮物。筛网过滤装置很多，目前应用于废水处理或短小纤维回收的筛网主要有两种形式，即振动筛网和水力筛网。

振动筛网一般由振动筛和固定筛组成，如图2-9所示。废水由管渠流到振动筛网上，在这里进行水和悬浮物的分离，并利用机械振动，将呈倾斜面的振动筛网上截留的纤维等杂质卸到固定筛网上，以进一步滤去附在纤维上的水滴。

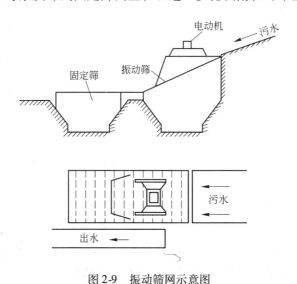

图 2-9　振动筛网示意图

水力筛网也是由运动筛网和固定筛网组成，如图2-10所示。运动筛网呈截顶圆锥形，中心轴呈水平状态，锥体则呈倾斜方向。废水从圆锥体的小端进入，

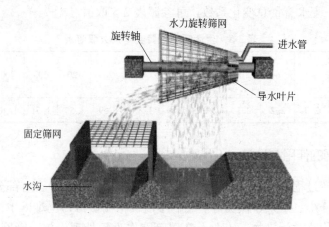

图 2-10　水力筛网示意图

水流在从小端到大端的流动过程中，纤维状污染物被筛网截留，水则从筛网的细小孔中流入集水装置。由于整个筛网呈圆锥体，被截留的污染物沿筛网的倾斜面卸到固定筛上，以进一步滤去水滴。这种筛网的旋转动力依靠进水的水流作为动力，因此在水力筛网的进水端一般不用筛网，而用不透水的材料制成壁面，必要时还可在壁面上设置固定的导水叶片，但需注意不可因此而过多地增加运动筛的重量。此外，进水管的设置位置与出口的管径亦要适宜，以保证进水有一定的流速射向导水叶片，以利用水的冲击力和重力作用产生运动筛网的旋转运动。

2.3　沉沙池

沉淀法是水处理中最基本的方法之一，它是利用水中悬浮颗粒在重力作用下会产生明显的下沉效应来实现固液分离的目的。实现悬浮颗粒与水分离的构筑物或设备统称为沉淀池，而沉沙池顾名思义是用于分离沙砾等无机物颗粒的一种沉淀池。

2.3.1　沉沙池的作用

城市生活污水中和一些工业废水（如制革厂、屠宰场等）常含有无机颗粒；化工废水中虽然一般不含无机颗粒，但由于清洗地面或废水输送过程中泥沙跌落，也会形成废水挟带泥沙现象。这些无机颗粒如果不被清除，必将在废水处理装置中沉积或引起磨损，造成设备运行故障，或者是无机颗粒同化学沉淀物、生物沉淀物共同沉淀，混杂在一起，影响活性污泥的处理与利用。为了保证系统能正常工作，应在废水处理前预先除去无机颗粒。沉沙池的作用就是通过重力沉淀的方法去除废水中所挟带的相对密度大于 1.5 且粒径在 $150\mu m$ 以上的无机颗粒。

图 2-11 沉沙池

　　沉沙池能通过控制池内的废水流速在去除无机颗粒的同时不让较轻的有机颗粒沉淀，这样就实现了无机颗粒和有机颗粒的有效分离与分别处置。沉沙池一般设于进水泵站和倒虹管前，以减轻无机颗粒对水泵与管道的磨损。

2.3.2 沉沙池的工作原理

　　沉淀是利用水和悬浮物质的密度不同，在近似静止的水流中通过悬浮物质的沉降运动来实现悬浮物质和废水的分离。根据悬浮物质的性质、浓度以及絮凝性能，沉淀可分为自由沉淀、絮凝沉淀、区域沉淀和压缩沉淀四种类型。废水中的悬浮物在沉沙池的沉淀过程多属于自由沉淀，此过程可以用牛顿第二定律与斯托克斯公式描述。

$$G - F_{浮} = F_{摩}$$

$$u = \frac{g(\rho_s - \rho)}{18\mu}d^2$$

式中　G——悬浮颗粒所受的重力；

　　$F_{浮}$——悬浮颗粒在水中所受浮力；

　　$F_{摩}$——悬浮颗粒在下沉过程中所受摩擦力；

　　u——悬浮颗粒在水中的沉降速度；

　　ρ_s——悬浮颗粒的密度；

　　ρ——水的密度；

　　g——重力加速度；

　　d——悬浮颗粒的直径；

　　μ——水的黏度。

上述公式表明：

（1）沉降速度与悬浮颗粒同水的密度差成正比，密度差越大，则沉降速度越快，当密度差为零时，悬浮颗粒既不下沉也不上浮；

（2）沉降速度与悬浮颗粒直径的平方成正比关系，直径越大，沉降速度越快，因此通过混凝处理增大悬浮颗粒的粒径可以提高悬浮颗粒的沉降速度；

（3）沉降速度与水的黏度成反比关系，由于黏度与温度成反比，因此提高温度有利于沉淀处理的加速。

 小贴士：表 2-6 为水温在 15℃ 时，沙粒在静水中的沉速与沙粒平均粒径的关系。

表 2-6　沙粒在静水中的沉速与沙粒平均粒径的关系

沙粒平均粒径/mm	沉速/mm·s^{-1}	沙粒平均粒径/mm	沉速/mm·s^{-1}
0.20	18.7	0.35	35.1
0.25	24.2	0.40	40.7
0.30	29.7	0.50	51.6

2.3.3　沉沙池的种类

常见的沉沙池有平流式沉沙池、曝气沉沙池、多尔沉沙池和钟式沉沙池，它们各自的优点如表 2-7 所示。其中，应用较多的是平流式沉沙池和曝气沉沙池。近年来，多尔沉沙池和钟式沉沙池等也在国内有了许多应用。

表 2-7　沉沙池的类型及优点

类　型	优　点
平流式沉沙池	平流沉沙池是最常用的形式,具有结构简单、处理效果好的特点
曝气沉沙池	曝气沉沙池是在池的一侧通入空气,使污水沿池旋转前进。优点是可以通过调节曝气量从而控制污水的旋流速度,沉沙效果稳定;同时对污水起预曝气作用
多尔沉沙池	分离出的沙粒比较纯净,有机物含量仅 10% 左右,含水率也较低
钟式沉沙池	利用水力涡流达到除沙的目的,具有基建、运行费用低和除沙效果好的特点,应用广泛

2.3.3.1　平流式沉沙池

平流式沉沙池的效率较高、应用较为广泛,通常由入流渠、出流渠、闸板、过水部分及贮沙斗等部分组成,具体构造如图 2-12 所示。平流式沉沙池的过水部分是一条明渠,渠的两端用闸板控制水量,渠底有贮沙斗,斗数一般为两个。贮沙斗下部设带有闸门的排沙管,以排除贮沙斗内的积沙。

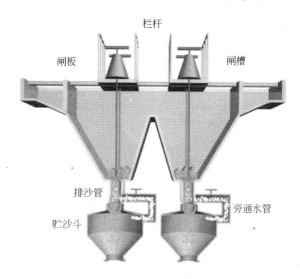

图 2-12　平流式沉沙池

平流式沉沙池是沉沙池中最常用的一种形式,它的截留效果好、工作稳定,结构也简单,但同时也存在一个最大的缺点——尽管控制了水流速度及停留时间,废水中一部分有机悬浮物仍然会在沉沙池内沉积下来,或者由于有机物附着在沙粒表面,随沙粒沉淀而沉积下来,使沉沙的后续处理困难。

2.3.3.2　曝气沉沙池

为了克服废水中一部分有机悬浮物会在沉沙池内沉积下来的缺点,常采用曝气沉沙池。曝气沉沙池的常见构造如图 2-13 所示,它一般呈矩形,通过在池的一侧充入空气使废水沿池旋转前进,从而产生与主流垂直的横向恒定速率,使流速不因流量变化而变化。

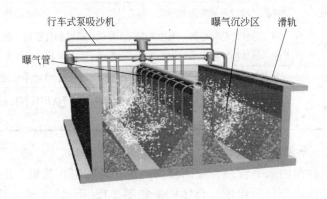

图 2-13 曝气沉沙池

沙粒在曝气沉沙池中的运动轨迹如图 2-14 所示。废水在池中水平流动,由于在池的一侧有曝气作用,因而在池的横断面上产生旋转运动,整个池内水流产生螺旋状前进的流动形式。旋转速度在过水断面的中心处最小,而在池的周边则为最大。空气的供给量应保证在池中污水的旋流速度达到 0.25~0.3m/s 之间。由于曝气以及水流的螺旋转作用,污水中悬浮颗粒相互碰撞、摩擦,并受到气泡上升时的冲刷作用,使黏附在沙粒上的有机污染物得以去除,沉于池底的沙粒较为纯净。

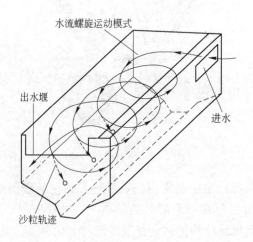

图 2-14 沙粒在曝气沉沙池中的运动轨迹

曝气沉沙池从 20 世纪 50 年代开始试用,目前已普遍应用。它具有以下优点:

（1）通过调节曝气量，可以控制水流的旋转速度，使除沙率较稳定；

（2）沙中含有机物的量低于5%，长期搁置也不至于腐化；

（3）由于池中设有曝气设备，它还具有预曝气、脱臭、防止废水厌氧分解、除泡作用以及加速废水中油类物质的分离等作用；

（4）可同时在侧面设置一条静止的渠道，起到去除废水中浮油的目的。

2.3.3.3 多尔沉沙池

多尔沉沙池于1984年由美国科学家提出，一般由废水入流口、整流器、沉沙池、出水溢流堰、刮沙机、排沙机、洗沙机、有机物回流机、回流管以及排沙坑等组成，具体结构如图2-15所示。

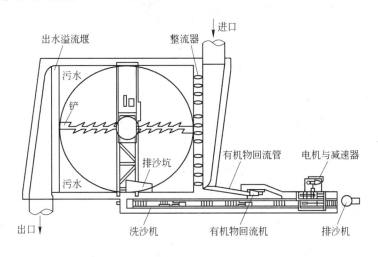

图 2-15　多尔沉沙池

在多尔沉沙池中，沉沙被旋转刮沙机刮到排沙坑，用往复齿耙把有机物洗掉，洗下来的有机物随污水一起回流到沉沙池。

2.3.3.4 钟式沉沙池

钟式沉沙池于1984年由英国科学家提出，通常也称作涡流沉沙池、旋流沉沙池。它是利用可调速的转盘和叶片控制水流流态与流速，形成螺旋状环流，加速沙粒的沉淀并使有机物随水流带走的沉沙装置。钟式沉沙池一般由入流口、出流口、沉沙区、贮沙斗及带变速箱的电动机、传动齿轮、压缩空气输送管、沙提升管以及排沙管组成，具体如图2-16所示。

污水从入流口切线方向流入沉沙区，利用电动机及传动装置带动转盘和斜坡式叶片，由于所受离心力的不同，把沙粒甩向池壁，掉入沙斗，有机物则被送回污水中。通过调整转速，可以达到最佳沉沙效果。沉沙用压缩空气经提升管、排沙管清洗后排除，清洗水回流至沉沙区，排沙达到清洁沙标准。

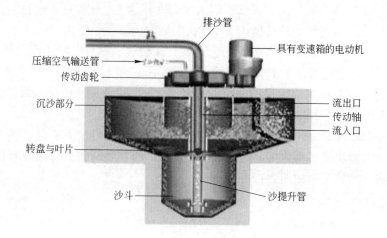

图 2-16　钟式沉沙池

2.3.4　沉沙池的一般规定与简单设计

2.3.4.1　一般规定

城市污水处理厂一般均应设置沉沙池，工业污水是否要设置沉沙池，应根据水质情况而定。城市污水处理厂的沉沙池的只数或分格数应不少于 2，并按并联运行原则考虑。

在城市污水处理中，沉沙池宜设置在细格栅之后、初沉池或生物处理之前；而在工业废水处理中，沉沙池宜设置在调节池之前。

2.3.4.2　简单设计

以平流式沉沙池为例，简要介绍沉沙池的设计方法。

平流式沉沙池的设计参数一般是按照去除密度为 2.65g/cm³、粒径大于 0.2mm 的沙粒确定的。主要参数有：设计流量、水平流速与停留时间、有效水深与超高、沉沙量、水面面积、过水断面积、总宽度、池长。同时，沉沙池的形状应尽可能不产生偏流和死角，在沙槽上方宜安装纵向挡板，防止产生短流。

A　设计流量

（1）当废水自流进入处理系统时，应按最大设计流量计算；

（2）当废水用水泵抽升进入处理系统时，应按工作水泵的最大组合流量计算；

（3）在合流制处理系统中，应按降雨时的设计流量计算。

B　水平流速

为了保证平流式沉沙池能很好地沉淀沙粒，又使密度较小的有机悬浮物颗粒不被截留，应严格控制水流速度。平流式沉沙池的水平流速在 0.15 ~ 0.3m/s 之间为宜，停留时间不少于30s，一般为30～60s。

C 有效水深与超高

设计有效水深应不小于1.2m，一般采用0.25～1.0m。沉沙池超高应大于0.3m。

D 沉沙量

生活污水每10万立方米可按3立方米的沉沙量计算。沉砂的含水率约为60%，容重约为1500kg/m³。当废水中的含沙量过大时，沉沙池贮沙斗的设计容量应按不超过两日沙量计算。为了能使泥沙在贮沙斗内自动滑行，贮沙斗的坡角应不小于55°，下部排泥管径应不小于200mm。

E 水面面积

沉沙池水面面积可按下式计算：

$$A = \frac{Q_{max}}{u} \times 1000$$

式中 A——水面面积，m^2；

Q_{max}——最大设计流量，m^3/s；

u——沙粒平均沉淀速度，mm/s，$u = \sqrt{u_0^2 - \omega^2}$；

u_0——沙粒在静水中的沉淀速度，mm/s，可采用斯托克斯公式计算；

ω——由于池内紊流形成的竖向分速，mm/s，一般采用 $\omega = 0.05v$；

v——沉沙池内水平流速，mm/s。

F 过水断面积

过水断面积可按下式计算：

$$F = \frac{Q_{max}}{v} \times 1000$$

式中 F——过水断面积，m^2。

G 总宽度

池的总宽度可按下式计算：

$$B = \frac{F}{h'}$$

式中 B——池的总宽度，m；

h'——最大设计流量时沉沙池的有效水深，m。

H 池长

沉沙池池长可按下式计算：

$$L = \frac{A}{B}$$

式中　L——沉沙池池长，m。

小贴士：美国平流式沉沙池的设计标准如表 2-8 所示。

表 2-8　美国平流式沉沙池的设计标准

项　目		美国通用单位			国际单位		
		单位	范围	典型值	单位	范围	典型值
停留时间		s	45～90	60	s	45～90	60
水平速度		ft/s	0.8～1.3	1.0	m/s	0.25～0.4	0.3
去除颗粒的 沉降速度	0.21mm 的颗粒	ft/min	3.2～4.2	3.8	m/min	1.0～1.3	1.15
	0.15mm 的颗粒	ft/min	2.0～3.0	2.5	m/min	0.6～0.9	0.75
控制部位水头损失①		%	30～40	36	%	30～40	36
由于进出口的湍流 而允许增加的长度		%	25～50	30	%	25～50	30

① 以水流通道深度的百分率表示。

2.4　初次沉淀池

用于一级处理的沉淀池，通称初次沉淀池。初次沉淀池与二次沉淀池的区别在于初次沉淀池一般设置在污水处理厂的沉沙池之后、曝气池之前，而二次沉淀池一般设置在曝气池之后、深度处理或排放之前。初次沉淀池是一级污水处理厂的主体构筑物，或作为二级污水处理厂的预处理构筑物设在生物处理构筑物的前面。

2.4.1　初次沉淀池的作用

废水经过格栅截留大尺寸的漂浮物和悬浮物，并经过沉沙池去除密度大于 $1.5g/cm^3$ 的悬浮颗粒后，仍存在许多密度稍小或颗粒尺寸较小的悬浮颗粒，这些颗粒的成分以有机物为主。如果这些物质直接进入生物处理环节会增加曝气池的有机负荷，甚至影响微生物对有机物的氧化分解和硝化的效果，影响二次沉淀池的出水水质。

初次沉淀池的主要作用包括：

（1）去除废水中密度较大的固体悬浮颗粒，减轻后续处理设施的负荷；

（2）使细小的悬浮颗粒絮凝成较大的颗粒，强化了固液分离效果；

图 2-17　沉淀池

（3）对胶体物质有一定的吸附去除作用；

（4）有些废水处理工艺会将部分二次沉淀池的污泥回流到初次沉淀池，通过二沉污泥的生物絮凝作用可吸附更多的溶解性和胶体态有机物，提高初次沉淀池的去除效率。

初次沉淀池用于处理城市生活污水时，沉淀时间一般为 1.5 ~ 2h，对进水中悬浮物质和 BOD_5 的去除率分别可以达到 40% ~ 50% 和 20% ~ 30%，可改善后续化学处理或生物处理构筑物的处理条件并降低其 BOD_5 负荷。初次沉淀池中沉淀的物质称为初次沉淀污泥。

许多人常有一种误解，认为初次沉淀池也可起均量或均质的作用，实际上初次沉淀池的作用主要是分离固体，既不能均量，均质的作用也很小，且无保证。

2.4.2　初次沉淀池工作原理

2.4.2.1　理想沉淀池的概念

由于废水在初次沉淀池中的实际流动情况非常复杂，为便于介绍初次沉淀池的工作原理以及分析水中悬浮颗粒在初次沉淀池内的运动规律，水处理业界通常引入一个称为"理想沉淀池"的重要概念。

"理想沉淀池"的概念是由德国化学家 Haen 和 Camp 首先提出，他们将沉淀池划分为进口区域、沉淀区域、出口区域、污泥区域等四个部分，并作了一些假定：

（1）沉淀区域过水断面上各点的水流速度均相等，为推流式水平流动；

（2）水流中的悬浮颗粒均匀分布在整个过水断面上，悬浮颗粒在沉淀区域匀速下沉；

（3）悬浮颗粒沉到池底即认为被除去。

符合上述假定条件的沉淀池即为理想沉淀池。

根据上述假定，悬浮颗粒在理想沉淀池中的下沉迹线可用图 2-18 表示。

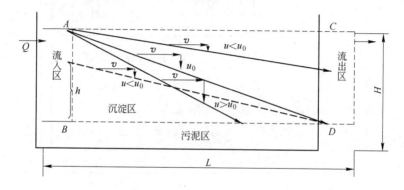

图 2-18　悬浮颗粒在理想沉淀池内的沉淀状态

当某一悬浮颗粒进入理想沉淀池后，一方面它会随着水流在水平方向流动，另一方面它会在重力作用下沿垂直方向下沉。设其入流时的高度为 h、池高为 H、水平运动速度为 v、竖直沉降速度为 u，可以判断出，沉速大于或等于临界值 u_0 的悬浮颗粒可以在理想沉淀池中全部去除，而沉速小于临界值 u_0 的悬浮颗粒则只能去除一部分（注：u_0 是指正好在沉淀池末端被去除的悬浮颗粒的沉降速度），去除比例为 h/H 或 u/u_0。结合 $u_0 t = H$、$ut = h$、$Q = vBH$、$t = H/u = L/v$，因此有：

$$u_0 = \frac{H}{t} = \frac{Q}{LB} = \frac{Q}{A}$$

式中　t——沉淀时间，s；

　　　A——沉淀池的表面积，m^2。

其中的 $\dfrac{Q}{A}$ 为沉淀池单位表面积单位时间内所处理的废水水量，一般称之为表面负荷或过流率。由此可见，理想沉淀池的截留速度 u_0 等于其表面负荷，也就是说理想沉淀池的处理效率主要取决于沉淀池的表面负荷，与沉淀池的池深、容积和停留时间等均无关。

2.4.2.2 实际沉淀池与理想沉淀池的区别

实际运行的初次沉淀池与理想沉淀池是有区别的，主要是由于进水口及出水口构造的局限，使水流速度在整个横断面上很难做到均匀分布，一些初次沉淀池内还存在死水区或由于水温、悬浮物浓度的变化导致进入的废水在池中形成潜流、浮流。这将导致沉淀处理构筑物的容积不能得到充分利用，且由于池内水流达不到层流状态，悬浮颗粒的沉淀将由于紊流扩散和水流脉动受到干扰。

由于实际沉淀处理构筑物受各种因素的影响，采用沉淀试验数据时，应考虑相应的放大系数。一般来说，实际沉淀处理构筑物的设计表面负荷应为试验值的 0.59~0.80 倍，沉淀时间应为试验值的 1.5~2.0 倍。

2.4.3 初次沉淀池的种类

按照池内水流方向的不同，初次沉淀池可分为平流式沉淀池、竖流式沉淀池、辐流式沉淀池和斜板斜管沉淀池。

2.4.3.1 平流式沉淀池

平流式沉淀池的工作原理与平流式沉沙池类似，池形呈长方形，由进水装置、出水装置、沉淀区、缓冲区、污泥区及排泥装置等组成，如图 2-19 所示。废水从平流式沉淀池的一端进入，从另一端流出，水流在池内做水平运动，池平面形状呈长方形，可以是单格或多格串联。池的进口端底部设污泥斗，贮存沉积下来的污泥。

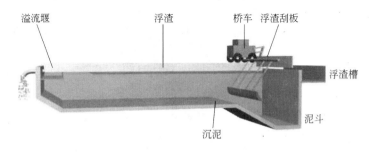

图 2-19 平流式沉淀池

进水区的作用是使入流废水均匀分布在进水截面上，一般做法是控制入流流速并通过穿孔墙外加挡板布水。当进水穿孔墙为侧面穿孔时，挡板宜为竖向；当进水穿孔槽为底部穿孔时，挡板宜为横向，大致在 1/2 池深处。

出口区一般采用溢流堰，以防止池内大块漂浮物流出，堰前应加设挡板。溢流堰的设置对池内水流的均匀分布影响极大，为了确保池内水流的均匀，应尽可能减少单位堰长的过流量，以减少池内向出口方向流动的行进流速。溢流堰大多采用锯齿形堰，采用钢板制成，易于加工及安装，出水比平堰均匀。为适应水流的变化或构筑物的不均匀沉降，在堰口处需设置使堰板能上下移动的调整装置。

影响平流式沉淀池沉淀效果的因素有：

（1）进水的惯性作用；

（2）出水堰产生的水流抽吸；

（3）较冷或较重的进水产生的异重流；

（4）风浪引起的短流；

（5）池内存在的导流壁和刮泥设施等。

2.4.3.2　竖流式沉淀池

竖流式沉淀池一般由进水管、集水槽、中心管、反射板、出水管和排泥管组成，具体结构如图 2-20 所示。废水从进水管进入沉淀池的中心管，并从中心管的下部流出，经过反射板的阻拦向四周均匀分布，沿沉淀区的整个断面上升，处理后的废水由四周集水槽收集，然后自出水管排出。集水槽一般采用自由堰或三角形锯齿堰。为了避免漂浮物溢出池外，应在水面设置挡板。

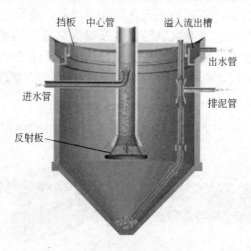

图 2-20　竖流式沉淀池

竖流式沉淀池水流方向与颗粒沉淀方向相反，其截留速度与水流上升速度相等。当悬浮物发生自由沉淀时，其沉淀效果比在平流式沉淀池低很多；当悬浮物具有絮凝性时，则上升的小颗粒与下沉的大颗粒之间相互接触、碰撞而絮凝，使悬浮物粒径增大，沉速加快；另一方面，沉降速度等于水流上升速度的悬浮物将在池中形成一个悬浮层，对上升的小颗粒形成拦截和过滤的作用，因而沉淀效率将比平流式沉淀池更高。

为了保证废水能均匀地自下而上垂直流动，要求竖流式沉淀池的直径与沉淀区深度的比值一般不超过3∶1。在这种尺寸比例范围内，悬浮物颗粒能在下沉过程中相互碰撞、絮凝，提高表面负荷。但是，由于采用中心管布水，难以使水流分布均匀，所以竖流式沉淀池应限制池直径，一般不超过8m。

2.4.3.3 辐流式沉淀池

辐流式沉淀池亦称辐射式沉淀池，一般为较大的圆池，直径一般为20～30m，最大直径可达100m，具体结构如图2-21所示。池的进、出口布置基本上与竖流池相同，进口在中央，出口在周围。但池径与池深之比，辐流池比竖流池大许多倍。水流在池中呈水平方向向四周辐射流，由于过水断面面积不断变大，故池中的水流速度从池中心向池四周逐渐减慢。

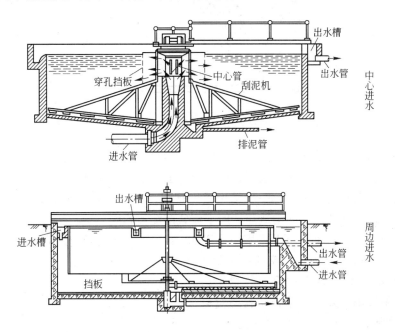

图 2-21 辐流式沉淀池

辐流式沉淀池大多采用机械刮泥，尤其是在池直径大于20m时，几乎都用机械刮泥。刮泥机将全池的沉积污泥收集到中心泥斗，再借静压力或污泥泵排除。刮泥机一般都采用桁架结构，绕中心旋转，刮泥刀安装在桁架上，可中心驱动或周边驱动。

2.4.3.4 斜板斜管沉淀池

从理性沉淀池的特性分析可知，沉淀池的处理效率仅与颗粒沉淀速度和表面负荷有关，与池的深度无关。因此，若将沉淀池分为 n 层浅池，每个浅池的流量和深度减少为原流量和池深的 $1/n$，但每个浅池表面积仍然与沉淀池的表面积相等，因此临界沉速减少为原本的 $1/n$，沉淀效率大大提高，n 个浅池的总处理能力提高为原来的 n 倍。

斜板斜管沉淀池就是根据理想沉淀池原理，在沉淀池中加设斜板或蜂窝斜管以提高沉淀效率的一种新型沉淀池，它由斜板（管）沉淀区、进水配水区、清水出水区、缓冲区和污泥区组成，具体结构如图 2-22 所示。

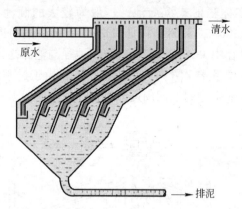

图 2-22   斜板斜管沉淀池

斜板斜管沉淀池按水流方向，可分为同向流、异向流、侧向流三种形式。其中，以升流式异向流应用得最广，即水流向上流动、悬浮颗粒形成的污泥向下滑入污泥斗。斜板斜管沉淀池一般采用重力排泥，每日排泥次数至少 1~2 次或连续排泥，污泥斗及池底的构造与一般平流式沉淀池相同。

斜板（管）之间的间距一般不小于 50mm，废水在斜管内的流速视不同废水而定，如处理生活污水，流速一般为 0.5~0.7mm/s。斜板大多采用聚氯乙烯平板或波纹板，斜管则大多采用粘合塑料蜂窝管（图 2-23），常以一种组合的形式安装。斜板（管）的长度一般为 1.0~1.2m，倾角一般为 60°。

斜板斜管沉淀池具有沉淀面积大、沉淀效率高、停留时间短、占地面积小等优点。需要挖掘原有沉淀池潜力或建造沉淀池面积受限制时，常用到斜板斜管沉淀池，且一般用于初次沉淀池、不宜用于二次沉淀池。斜板斜管沉淀池在选矿水尾矿浆的浓缩、炼油

图 2-23   六角蜂窝填料

厂的含油废水的隔油等已有较成功的经验，在印染废水处理和城市污水处理中也有应用。

2.4.3.5 沉淀池类型的选择

废水处理系统应根据废水水量、悬浮物沉降性能、用地条件、地质条件等的不同选用合适的沉淀池类型，具体可根据表2-9确定。

表2-9 沉淀池类型的选择方法

条 件		平流式沉淀池	竖流式沉淀池	辐流式沉淀池	斜板斜管沉淀池
废水水量	大	√		√	
	小		√		√
悬浮物质沉降性能	密度大	√		√	
	黏性大	√	√	√	
地下水位	高	√			
用地条件	有限		√		√
投资经费	有限	√			
运行管理水平	高			√	
	一般	√	√		√

2.4.4 初次沉淀池的简单设计

2.4.4.1 平流式沉淀池的简单设计

初次沉淀池功能设计的内容包括设计流量、沉淀池的数量、沉淀区的尺寸和污泥区尺寸等。

A 设计流量

平流式沉淀池的设计流量与沉沙池的设计流量相同。在合流制的污水处理系统中，当废水是自流进入沉淀池时，应按最大流量作为设计流量；当用水泵提升时，应按水泵的最大组合流量作为设计流量。在合流制系统中应按降雨时的设计流量校核，但沉淀时间应不小于30min。

B 沉淀池的数量

对城市污水处理厂，平流式沉淀池的数量应不少于2个。

C 沉淀池的几何尺寸

平流式沉淀池超高不少于0.3m；缓冲层高采用0.3~0.5m；贮泥斗斜壁的倾角，方斗不宜小于60°，圆斗不宜小于55°；排泥管直径不小于200mm。

D 沉淀池出水部分

一般采用堰流，在堰口保持水平。出水堰的负荷为：对初沉池，应不大于2.9L/(s·m)；对二次沉淀池，一般取1.5~2.9L/(s·m)。有时亦可采用多槽出水布置，以提高出水水质。

E　贮泥斗的容积

一般按不大于 2 日的污泥量计算。对二次沉淀池，按贮泥时间不超过 2 小时计。

F　排泥部分

平流式沉淀池一般采用静水压力排泥，静水压力数值如下：初次沉淀池应不小于 14.71kPa；活性污泥法的二沉池应不小于 8.83kPa；生物膜法的二沉池应不小于 11.77kPa。

2.4.4.2　竖流式沉淀池的简单设计

竖流式沉淀池的平面可为圆形、正方形或多角形。池的直径或池的边长一般不大于 8m，通常为 4~7m，也有超过 10m 的。为了降低池的总高度，污泥区可采用多个污泥斗的方式。

竖流式沉淀池中心管内流速对悬浮物的去除有很大影响。在无反射板时，中心管流速应不大于 30mm/s，有反射板时，可提高到 100mm/s。废水从反射板到喇叭口之间流出的速度应不大于 40mm/s。

其余各部分的设计与平流式沉淀池相似。

2.5　隔油池

石油炼制、石油化工、钢铁、焦化、机械加工等工业企业在生产过程中，都会产生大量的含油废水，如果不对这些废水进行及时回收处理，不仅会造成很大的浪费，而且油类物质排入水体会对环境造成严重的污染。为保护环境和确保二级生化处理的稳定运行，必须对含油废水中的油类污染物进行回收或处理，相应的处理构筑物我们称之为隔油池。

2.5.1　含油废水的来源与特性

2.5.1.1　含有废水的来源

含油废水的来源非常广泛。除了石油开采及加工工业排出大量含油废水外，还有固体燃料热加工、纺织工业中的洗毛废水、轻工业中的制革废水、铁路及交通运输业、屠宰及食品加工以及机械工业中车削工艺中的乳化液等，其中石油工业及固体燃料热加工工业排出的含油废水为其主要来源。此外，即使在一般的生活污水中，油类和油脂也占到总有机质的 10%，每人每天产生的油类和油脂可按 0.015kg 估算。

石油工业含油废水主要来自石油开采、石油炼制及石油化工等过程。石油开采过程中的废水主要来自带水原油的分离水、钻井提钻时的设备冲洗水、井场及油罐区的地面降水等。石油炼制、石油化工含油废水主要来自生产装置的油水分离过程以及油品、设备的洗涤、冲洗过程。固体燃料热加工工业排出的焦化含油废水，主要来自焦炉气的冷凝水、洗煤气水和各种贮罐的排水等。

含油废水中的油类污染物，其比重一般都小于1，但焦化厂或煤气发生站排出的重质焦油的比重可高达1.1。

2.5.1.2 含油废水对环境的危害

含油废水的危害主要表现在对土壤、植物和水体的严重影响：

（1）含油废水能浸入土壤孔隙间形成油膜，产生堵塞作用，致使空气、水分不能渗入土中，不利于农作物的生长，甚至使农作物枯死；

（2）含油废水排入水体后将在水面上产生油膜，阻碍空气中的氧分向水体迁移，会使水生生物因处于严重缺氧状态而死亡；

（3）含油废水排入城市污水管道，对管道、附属设备及城市污水处理厂都会造成不良影响，采用生物处理法时一般规定石油和焦油的含量不超过50mg/L。

2.5.1.3 含油废水中油的分类

油类在废水中的存在形式可分为浮油、乳化油和溶解油等三类。

A 浮油

浮油是指含油废水静置一段时间后会缓慢自动浮上水面形成油膜或油层的油类物质。浮油是含油废水中油类物质的主要成分，以炼油厂废水为例，浮油可占含油量的60%～80%左右。浮油的油滴粒径较大，一般在10μm以上。

浮油易浮于水面，是含油废水的主要油组分；油珠粒径较大，一般大于100μm，易浮于水面形成油膜或油层。

B 乳化油

乳化油是指含油废水中长期静置也难以从废水中分离出来、必须先经过破乳处理转化为浮油然后才能加以分离的油类物质。这种状态的油类物质由于油滴表面有一层由乳化剂形成的稳定薄膜，阻碍了油滴合并，因此一般不能用静沉法从废水中分离出来。乳化油的油珠粒径较小，一般在0.1～2μm之间。

C 溶解油

溶解油是指废水中以分子状态溶解于水中，只能通过化学或生化方法才能将其分解去除的油类物质。溶解油在水中的溶解度非常低，通常每升只有几毫克。溶解油的油珠粒径比乳化油还小，有的可小到几纳米，是溶于水的油微粒。

2.5.2 隔油池的作用

隔油池是利用油滴与水的密度差产生上浮作用来去除含油废水中可浮性油类物质的一种废水预处理构筑物。隔油池能去除废水中处于漂浮和粗分散状态的、密度小于1.0g/cm³的石油类物质，但隔油池的出水一般仍含有一定数量的乳化油和附着在悬浮固体上的油分，处理效率为60%～80%，出水含油量为100～200mg/L。

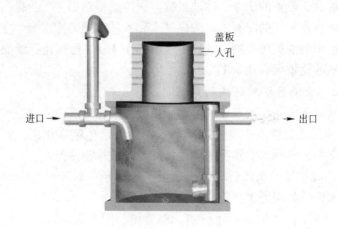

图 2-24　隔油池

隔油池的浮渣，以油为主，也含有水分和一些固体杂质。当用于处理石油工业废水时，隔油池浮渣的含水率有时可高达 50%，其他杂质一般在 1%～20% 左右。对于铁路运输、化工等行业使用的小型隔油池，其撇油装置是依靠水与油的密度差形成液位差而达到自动撇油的目的。

隔油池四周一定范围内要确定为禁火区，并配备足够的消防器材和其他消防手段。隔油池内防火一般采用蒸汽，常见做法是在池顶盖以下 200mm 处沿池壁设有一圈蒸汽消防管道。

寒冷地区的隔油池应采取有效的保温措施，以防污油凝固。为确保污油流动顺畅，可在集油管及污油输送管下设加热器。

2.5.3　隔油池的种类

隔油池的构造与沉淀池类似，目前常用的有平流式隔油池和斜板（管）式隔油池。

2.5.3.1　平流式隔油池

普通平流式隔油池与沉淀池相似，废水从池的一端进入，从另一端流出，由于池内水平流速很小（2～5mm/s），流动过程中进水中的轻油滴在浮力作用下上浮，并且聚积在池的表面。在池的出水端设置集油管（DN200～300mm），沿长度在管壁的一侧开弧宽为 60° 或 90° 的槽口。集油管可以绕轴线转动。排油时将集油管的开槽方向转向水平面以下以收集浮油，并将浮油导出池外，浮油一般可以回用。为了能及时排油及排除底泥，在大型隔油池还应设置刮油刮泥机。刮油刮泥机的刮板移动速度一般应与池中的废水流速相近，以减少对水流的影响。收集在排泥斗中的污泥由设在池底的排泥管借助静水压力排走。

平流式隔油池的进水端一般采用穿孔墙进水，在出水端则一般采用溢流堰排水。

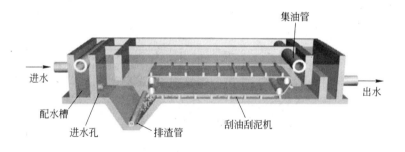

图 2-25 普通平流式隔油池

普通平流式隔油池的优点在于其构造简单、便于运行管理、除油效果稳定，可去除的最小油珠粒径为 $100 \sim 150 \mu m$，可将废水中含油层从 $400 \sim 1000 mg/L$ 降至 $150 mg/L$ 以下，去除效率达 $60\% \sim 70\%$，但存在池体较大、占地面积大等缺点。近年来，在普通平流式隔油池的基础上，研究人员又开发了平行板式隔油池等新类型，如图 2-26 所示。

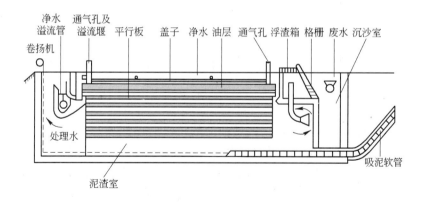

图 2-26 平行板式隔油池

2.5.3.2 斜板（管）式隔油池

根据浅池理论发展而来的斜板（管）式隔油池，其工作原理与斜板（管）沉淀池类似，是一种异向流分离构筑物——其水流方向与油珠的运动方向相反。在斜板（管）式隔油池中，废水沿隔油池的板面向下流动并从出水堰排出，而水中密度小于 $1.0 g/cm^3$ 的油珠沿板的下表面向上流动，然后用集油管汇集排出。水中其他相对密度大于 $1.0 g/cm^3$ 的悬浮颗粒则沉降到斜板上表面，再沿着斜板滑落到池底部经穿孔排泥管排出，如图 2-27 所示。

斜板（管）式隔油池的优点在于其占地面积小，与同样处理能力的平流式隔油池相比，占地面积一般为后者的 $\dfrac{1}{4} \sim \dfrac{1}{3}$。同时，由于提高了单位池容的分离

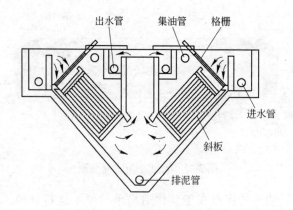

图 2-27　斜板（管）式隔油池

表面，斜板（管）式隔油池可去除油珠的最小直径可以达到 $60\mu m$，除油效率反而高出 20% 左右。此外，含油废水在斜板（管）式隔油池中的停留时间一般不大于 $30min$，为平流式隔油池的 $\frac{1}{4} \sim \frac{1}{2}$。

需要注意的是，在斜板（管）式隔油池的运行中常会出现斜板积油现象，应定期用蒸汽及水冲洗以防止斜板间堵塞。废水含油量大时，可采用较大的板间距（或管径），含油量小时，间距可以减小。

2.5.3.3　比较

平流式隔油池与斜板（管）式隔油池的特性对比如表 2-10 所示，应根据用地条件、去除效率要求等条件具体选用。

表 2-10　平流式隔油池与斜板（管）式隔油池的特性比较

项　目	平　流　式	斜　板　式
除油效率/%	60～70	70～80
占地面积（处理量相同时）	1	$\frac{1}{4} \sim \frac{1}{3}$
可能除去的最小油滴粒径/μm	100～150	60
最小油滴的浮上速度/$mm \cdot s^{-1}$	0.9	0.2
分离油的去除方式	刮板及集油管集油	集油管集油
泥渣除去方式	刮泥机将泥渣集中到泥渣斗	重力排泥
平行板的清洗	没有	定期清洗
防火防臭措施	浮油与大气相通，有着火危险，臭气散发	有着火危险，臭气比较少
附属设备	刮油刮泥机	没有
基建费	低	较低

2.5.4 隔油池的收油方式

隔油池分离出的浮油必须及时排除，这样才能发挥隔油池的隔油效果。因此，在隔油池中的浮油蓄积到一定程度后，必须采取合理的方式将其导入集油池中集中处理。目前，常用的收油方式有固定式集油管收油、移动式集油装置收油、自动收油罩收油和刮油机收油等四种。

2.5.4.1 固定式集油管收油

固定式集油管一般采用DN300mm左右的钢管制成，设置在隔油池的出水口附近。固定式集油管通常以蜗轮蜗杆为传动系统，既可顺时针转动，也可逆时针转动，平时切口向上，当浮油达到一定厚度时，集油管绕轴线转动使切口浸入到水面浮油层以下，然后浮油溢入集油管并沿集油管流到集油池。

固定式集油管收油一般适用于小型隔油池。

2.5.4.2 移动式集油装置收油

当隔油池的面积较大时，可根据浮油的漂浮和分布情况使用移动式集油装置灵活地移动收油。移动式收油装置内通常有许多疏水亲油的吸油带，通过吸油带在废水中的转动把浮油富集并带出水面，然后再通过挤压把油排入集油槽中，吸油带再放入隔油池中吸取浮油。

2.5.4.3 自动收油罩收油

当固定式集油管收油效果不好时，可在隔油池中安装自动收油罩收油。出油堰口的标高和自动收油罩的安装位置应根据拟回收油品的性质具体确定。

2.5.4.4 刮油机收油

刮油机的形式与气浮池的刮渣机相似，有时兼具刮泥功能而成为刮油刮泥机。平流式隔油池通常在分离段设置刮油刮泥机，刮油刮泥机将浮油和污泥分别刮到出水端和进水端；斜板（管）式隔油池则只需要在分离段设刮油机。

刮油机一般适用于大型隔油池，通过利用刮油机将浮油刮到集油管。

2.6 气浮池

经过隔油池处理之后，含油废水中大部分的油类物质都被去除，水质得到净化，但由于隔油池自身的局限性，出水中仍然含有一定量的油类物质，不能满足排放标准。这些油类物质以乳化油为主，一般都是粒径在50μm以下的油珠，单一运用重力上浮原理很难去除。因此，在废水处理系统中一般会在隔油池之后加设一级处理构筑物——气浮池，利用油类物质疏水、易黏附于气泡上、可随气泡一同上浮的原理去除废水中剩余的油类物质。

2.6.1 气浮池的作用

气浮池，也称为浮选池，是一种利用高度分散的微小气泡作为载体去黏附废水中的悬浮污染物，使其视密度小于水而上浮到水面实现"固-液"和"液-液"分离的水处理构筑物。气浮池主要用来处理废水中靠自然沉降或上浮难以去除的乳化油或相对密度接近于 1 的微小悬浮颗粒。以含油废水为例，经过隔油池的处理之后的出水一般仍然含有 50～150mg/L 的乳化油。如果增加一级气浮池处理，可将出水的含油量降到 30mg/L 左右；再经过二级气浮池处理，出水的含油量可降到 10mg/L 以下。

除含油废水之外，气浮池还可应用于多种废水处理领域：

（1）分离地面水中的细小悬浮物、藻类及微絮体；

（2）分离工业废水中的有用物质，如造纸厂废水中的纸浆纤维等；

（3）代替二次沉淀池，分离和浓缩剩余活性污泥；

（4）浓缩化学混凝处理产生的絮状化学污泥；

（5）分离回收以分子或离子状态存在的目的物，如表面活性物质和金属离子。

气浮池与沉沙池、初次沉淀池、隔油池都是利用重力沉降或上浮的原理去除污染物，但与它们相比，气浮池还具有一些不同的特性：

（1）既适用于处理难以用沉淀法处理的污染物，又适用于能用沉淀法处理的污染物，均具有良好的处理效果；

（2）表面负荷可提高到 10～12m³/（m²·h），相应废水在气浮池中的停留时间只需要 10～20min，且池深只需要 2m 左右，因此占地面积较小，只需要相应处理能力初次沉淀池的 $\frac{1}{8}$～$\frac{1}{2}$，池容积也只需要初次沉淀池的 $\frac{1}{8}$～$\frac{1}{4}$，节省了投资造价；

（3）除了具有去除悬浮物的作用外，还具有预曝气、脱色、去除一部分 COD 的作用；

（4）浮渣含水率一般低于 96%，相应比初沉池的污泥体积少了 2～10 倍，能大大节约污泥处置费用；

（5）出水和浮渣中都含有一定量的氧气，这有利于后续处理，且污泥不易腐败变质；

（6）所需药剂量与初次沉淀池相比要少，且所需反应时间较短；

（7）电耗较大，处理 1t 废水所需的电量比初次沉淀池多 0.02～0.04kW·h；

（8）目前常用的溶气水减压释放器容易堵塞；

（9）如果设置在室外，浮渣受天气影响大，特别在风雨较大时，形成的浮渣易被打碎后重新回到水中。

2.6.2　气浮池的工作原理

气浮池的工作原理是通过将空气以微小气泡的形式送入水中，使微小气泡与水中的悬浮物质黏附，形成"水-气-悬浮物质"三相混合体，在界面张力、气泡上升浮力和静水压力差等多种力的共同作用下使混合体的密度小于水从而浮出水面，实现分离。以粒径为 $1.5\mu m$ 的油珠为例，它在废水中的自然上浮速度一般在 $0.001mm/s$ 以上，但黏附在大小合适的气泡上后上浮速度可以达到 $0.9mm/s$，较黏附之前增加近900倍。因此，实现气浮必须满足以下三个基本条件：

（1）必须向水中提供足够数量的微小气泡，气泡的理想尺寸为 $15\sim30\mu m$；

（2）必须使废水中的污染物质能形成悬浮状态；

（3）悬浮物质与气泡之间必须要产生黏附作用。

三个基本条件缺少任何一个，都无法实现气浮分离的目的。

2.6.2.1 气泡的产生

产生微气泡的方法主要有电解法、分散空气法和溶解空气再释放法等三种。

A 电解法

电解法是将正负相间的多组电极浸泡在废水中，向水中通入 $5\sim10V$ 的直流电，废水电解产生 H_2、O_2 和 CO_2 等气泡。电解法产生的气泡小于其他方法产生的气泡，直径约 $10\sim60\mu m$，浮升过程中不会引起水流紊动，因此特别适用于脆弱絮凝体的分离。电解法如采用铝板或钢板作阳极，则电解溶蚀产生的 Fe^{2+} 和 Al^{3+} 离子经过水解、聚合及氧化，生成具有凝聚、吸附及共沉作用的多核羟基络合物和胶状氢氧化物，有利于水中悬浮物的去除。但由于存在电耗较高，电极板易结垢等问题，目前该法主要用于中小规模的工业废水处理。

B 分散空气法

常用分散空气的方法有三种：

（1）通过由粉末冶金、素烧陶瓷或塑料制成的微孔板（管），将压缩空气分散为小气泡，这种方法简单易行，但产生的气泡较大（直径 $1\sim10mm$），微孔板（管）易堵塞；

（2）将空气引入一个高速旋转的叶轮附近，通过叶轮的高速剪切运动，将空气吸入并分散为小气泡（直径 $1mm$ 左右），这种方法适用于悬浮物浓度较高的废水，如用于洗煤废水及含油脂、羊毛等废水的处理，也用于含表面活性剂的废水泡沫浮上分离，设备不易堵塞；

（3）利用射流器或水泵吸入和分散空气，这类方法设备简单，但受设备工作特性的限制，吸气量不大，一般不超过进水量的10%（体积比）。

分散空气法常用于矿物浮选，也用于含油脂、羊毛等污水的初级处理及含有大量表面活性剂的污水。

C 溶气气浮法

溶气气浮法是使空气在一定压力下溶于水中并呈饱和状态，然后使废水压力骤然降低，这时溶解的空气便以微小的气泡从水中析出并进行气浮。用这种方法产生的气泡直径约为 $20 \sim 100 \mu m$，并且可人为地控制气泡与废水的接触时间，因而净化效果比分散空气法好，应用广泛。根据气泡从水中析出时所处的压力不同，溶气气浮又可分为两种方式：一种是空气在常压或加压下溶于水中，在负压下析出，称为溶气真空气浮；另一种是空气在加压下溶入水中，在常压下析出，称为加压溶气气浮。后者广泛应用于含油废水的处理，通常作为隔油后的补充处理和生化处理前的预处理。

溶气真空气浮的主要特点是气浮池在负压下运行，因此空气在水中易呈过饱和状态，析出的空气量取决于溶解空气量和真空度。这种方法的优点是溶气压力比加压溶气法低，能耗较小，但其最大缺点是气浮池构造复杂，运行维护都有困难，因此在生产中应用不多。

加压溶气气浮按溶气进水不同有全部进水溶气、部分进水溶气和部分处理水溶气三种基本流程：

（1）全部进水溶气是将全部入流废水进行加压溶气，再经过减压释放装置进入气浮池进行固液分离的一种流程，这种流程的缺点是能耗高，溶气罐较大。若在气浮之前需经混凝处理时，则已形成的絮体势必在压缩和溶气过程中破碎，因此混凝剂耗量较大。当进水中悬浮物过多时，则易堵塞释放器。其除油流程如图 2-28 所示。

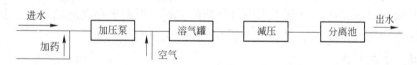

图 2-28　全部废水加压溶气气浮除油流程

（2）部分进水溶气是将部分入流废水进行加压溶气，其余部分直接进入气浮池。该法比全溶气式流程节省电能，同时因加压水泵所需加压的溶气水量与溶气罐的容积比全溶气方式小，故可节省一些设备。但是由于部分溶气系统提供的空气量亦较少，因此，如欲提供同样的空气量，部分溶气流程就必须在较高的压力下运行。其除油流程如图 2-29 所示。

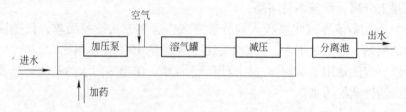

图 2-29　部分废水加压溶气气浮除油流程

（3）部分处理水溶气是只对部分澄清液进行回流加压，入流废水则直接进入气浮池，用于加压溶气的水量只分别占总水量的10%～20%。因此，在相同能耗的情况下，溶气压力可大大提高，形成的气泡更小、更均匀，也不会破坏絮凝体。其除油流程如图2-30所示。

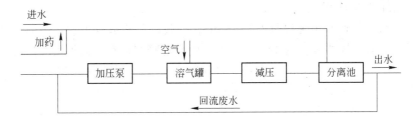

图2-30　部分废水回流加压溶气气浮除油流程

2.6.2.2　悬浮物与气泡附着

当水中升起的气泡与疏水悬浮物质颗粒接近时，如果能穿透包围悬浮物质颗粒的水层与其黏着，就能实现上浮作用将悬浮物质带至水面形成浮渣。悬浮物与气泡附着有三种基本形式：气泡在颗粒表面析出、气泡与颗粒吸附以及絮体中裹挟气泡。

气泡能否与悬浮颗粒发生有效附着主要取决于颗粒的表面性质。如果颗粒易被水润湿，则称该颗粒为亲水性的，如颗粒不易被水润湿，则是疏水性的。颗粒的润湿性程度常用气液固三相间互相接触时所形成的接触角的大小来解释。在静止状态下，当气、液、固三相接触时，在气-液界面张力线和固液界面张力线之间的夹角（对着液相的）称为平衡接触角，用 θ 表示。$\theta < 90°$者为亲水性物质，$\theta > 90°$者为疏水性物质。

若要用气浮法分离亲水性颗粒（如纸浆纤维、煤粒、重金属离子等），就必须投加合适的药剂，以改变颗粒的表面性质，这种药剂通常称为浮选剂。浮选剂大多数由极性-非极性分子所组成，其极性端含有—OH、—COOH、—SO$_3$H、—NH$_2$等亲水基团，而非极性端主要是烃链。例如肥皂中的有用成分硬脂酸C$_{17}$H$_{35}$COOH，它的—C$_{17}$H$_{35}$是非极性端、疏水的，而—COOH是极性端、亲水的。在气浮过程中，浮选剂的极性基团能选择性地被亲水性物质所吸附，非极性端则朝向水，从而使亲水颗粒表面变为疏水表面。

浮选剂的种类很多，如松香油、石油及煤油产品，脂肪酸及其盐类，表面活性剂等。对不同性质的废水应通过试验，选择合适的品种和投加量，必要时可参考矿冶工业浮选的资料。

2.6.3　气浮池的类型

常用的气浮池有平流式和竖流式两种。

2.6.3.1　平流式气浮池

平流式气浮池是目前最常用的一种形式，其反应池与气浮池合建。废水进入反应池完全混合后，经挡板底部进入气浮接触室以延长絮体与气泡的接触时间，然后由接触室上部进入分离室进行固-液分离。池面浮渣由刮渣机刮入集渣槽，清水由底部集水槽排出。

气浮池的有效水深通常为 2.0 ~ 2.5m，一般以单格宽度不超过 10m，长度不超过 15m 为宜。废水在反应池中的停留时间与混凝剂种类、投加量、反应形式等因素有关，一般为 5 ~ 15min。为避免打碎絮体，废水经挡板底部进入气浮接触室时的流速应小于 0.11m/s。废水在接触室中的上升流速一般为 10 ~ 20mm/s，停留时间应大于 60s。废水在气浮分离室的停留时间一般为 10 ~ 20min，其表面负荷率约为 6 ~ 8m³/(m²·h)，最大不超过 10m³/(m²·h)。

平流式气浮池的优点是池身浅、造价低、构造简单、运行方便。缺点是分离部分的容积利用率不高等。

2.6.3.2　竖流式气浮池

竖流式气浮池的基本工艺参数与平流式气浮池相同。其优点是接触室在池中央，水流向四周扩散，水力条件较好。缺点是与反应池较难衔接，容积利用率较低。

有经验表明，当处理水量大于 150 ~ 200m³/h，废水中的可沉物质较多时，宜采用竖流式气浮池。

2.7　调节池

2.7.1　调节池的作用

废水的水量、水质（包括污染物浓度、酸碱度、温度等特性）往往会随着排水时间的推移而波动——生活废水的水量、水质随居民生活作息规律的不同而变化，工业废水的水量、水质随生产工艺和生产过程的变化而变化。这种变化对废水处理系统的运行，特别是生物处理设施正常发挥其净化功能是非常不利的——它们面对的处理对象始终是在变化之中，因而不能在最佳的工艺条件下运行，水量和水质的波动越大，它们的处理效果就越不稳定，严重时甚至会使处理设施本身遭受严重破坏。

为了避免或减少这种现象的发生、确保污水处理系统的稳定运行，污水处理系统的运营管理人员往往会在二级处理环节之前设置一些容积巨大、用于存放不同时段废水、并使废水在其中能实现混合均匀的构筑物。这种用于存放不同时段废水、实现废水水量和水质均衡的构筑物，就称之为调节池，如图 2-31 所示。

调节池的作用包括：

（1）提供对废水来水量的缓冲能力，减少后续处理设施的流量波动；

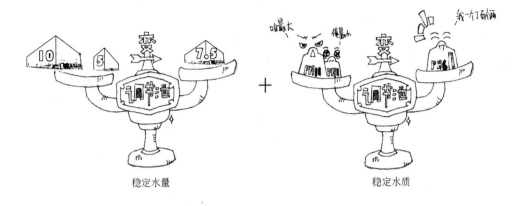

稳定水量　　　　　　　　　稳定水质

图 2-31　调节池的作用

（2）提供对有机污染物负荷的缓冲能力，可消除冲击负荷或使冲击负荷降至最低，防止后续生物处理构筑物污染负荷的急剧变化；

（3）能稀释抑制物质、稳定 pH 值，减少后续处理中为调节 pH 值而投加的药剂用量；

（4）能减少出水过滤的表面面积，改善过滤器的性能，同时较低的水力负荷能使过滤器反冲洗的周期比较稳定；

（5）能改善浮选、沉淀或后续化学处理中化学药剂的投加控制，使得工艺过程更加可靠、化学品添加速率更适合加料设备的定额；

（6）可结合实施预曝气，提高废水的可生化性。

2.7.2　调节池的工作原理

调节池的工作原理包括水量调节与水质调节。

2.7.2.1　水量调节

水量调节是指单纯地对废水流量进行调节，减少废水流量的变化，通俗地说就是"削峰填谷"——既要避免进水量过高时废水从处理设施中溢出，又要防止在进水量过低时处理设施因废水过少而空转。

水量调节有两种基本方式：一为线内调节，一为线外调节。

线内调节也称为在线调节，是指调节池设置在废水处理工序的干路上，调节池与其他处理构筑物的关系为串联，所有废水都必须先经过调节池才能进入后续处理设施，进水一般采用重力自流方式，如图 2-32 所示。

线外调节是指调节池设置在废水处理工序的旁路上，调节池与其他处理构筑物的关系为并联，只有在入流流量高于设计流量时才用水泵将多余废水抽入调节池中，大部分废水不经过调节池，当入流流量低于设计流量时，则用水泵从调节池中抽出一部分废水回流至集水井中，如图 2-33 所示。

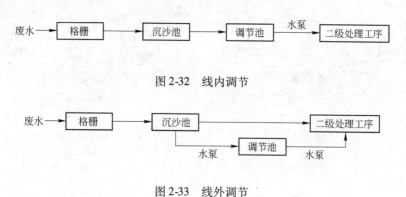

图 2-32　线内调节

图 2-33　线外调节

2.7.2.2　水质调节

水质调节是指对不同时间或不同来源的废水进行混合，使出流废水的水质比较稳定，污染物浓度、pH 值、水温等指标都较为均一。

水质调节也有两种基本方式：一为外力搅拌，一为水力混合。

外力搅拌是指利用水泵强制循环、布设穿孔管曝气、安装机械搅拌设备等外加动力实现对废水的搅拌与混合。这种水质调节方式混合效果较好，设备也较简单，但这种方式所需的调节池容积较大，因搅拌设施需要消耗动力导致运行费用较高，适用于废水的流量和水质变化都较大的情况。

水力混合是指利用差流方式通过对进、出水槽的合理设计使不同时间、不同浓度的废水在穿孔导流槽内实现充分混合。水力混合方式适用于废水的流量变化不大，仅是污染物的浓度变化较大的情况。这种水质调节方式基本不需要消耗动力，但会出现水中杂质在调节池中积累的现象，而且对穿孔导流槽的设计要求较高、设备较为复杂。

2.7.3　调节池的种类

根据调节作用的不同，调节池一般可分为：均量池、均质池、均化池、间歇式均化池和事故调节池。

2.7.3.1　均量池

均量池是指主要起均衡水量作用的调节池。

常用的均量池实际是一座变水位的贮水池，废水以平均流量进入后续处理构筑物，多余的废水暂存在池中，当上游来水量低于平均流量时再补充到泵的集水井。均量池适用于两班生产而污水处理系统需要 24 小时连续运行的情况。均量池的最高水位受限于来水管的设计水位，水深一般 2m 左右，最低水位为死水位，如图 2-34 所示。

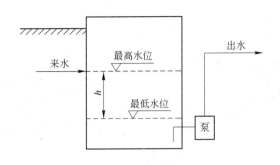

图 2-34　均量池

均量池一般设置在沉沙池或初次沉淀池之后。在有三级处理时，也可设置在二级处理之后设置均量池，以调节三级处理的入流流量。

2.7.3.2　均质池

均质池是指主要起均化水质作用的调节池。

常用的均质池为异程式均质池，它是一个恒水位贮水池，利用多点进水、单点出水的基本原理和用进、出水槽布置形式的巧妙配合，使不同时程的水质得到很好的混合，从而取得随时均质的理想效果。有时还设置搅拌装置，以促进混合均匀。这种调节池出水若是用水泵抽出，则池子可以兼具水量调节功能，若是采用出水堰，则只具有水质调节功能。

由于均质的机理有很大的随机性，因此均质池的池型也有多样，包括同心圆平面布置方式、矩形平面布置方式、方形平面布置方式、结合沉淀池的沿程进水式和回流式等，具体如图 2-35 所示。

2.7.3.3　均化池

均化池是指结合了均量池和均质池的特点，既能均量又能均质的调节池。

均化池中一般要设置搅拌装置，出水流量用仪表控制。池前须设置格栅、沉沙池，以去除沙砾及其他杂质，池后可接二级或三级处理。水中杂质较多时，均化池也可设在初次沉淀池之后。

结合水量调节的基本原理，均化池与其他处理设施的组合一般有以下两种形式。

A　线内设置

均化池设置在废水处理流程的主干线上，如图 2-36 所示。废水必须先经过调节池才能进入后续处理设施，因此可对废水的组成和流量进行大幅度调节。

B　线外设置

均化池设置在废水处理流程的旁通线上，如图 2-37 所示。只有在实际流量高于设计流量时才用水泵将多余废水抽入调节池中，因此只能对废水的组成和流量产生轻微的缓冲和调节作用。均化池设在线外时，废水泵房的主泵一般按平均

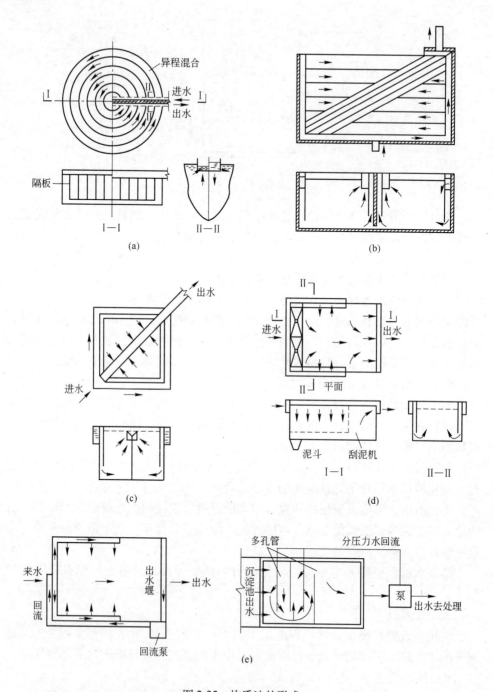

图 2-35　均质池的形式

（a）同心圆平面布置均质池；（b）矩形平面布置均质池（对角线出水）；

（c）方形平面布置方式；（d）均质沉淀结合式；（e）回流式均质池

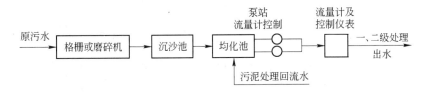

图 2-36 线内设置均化池

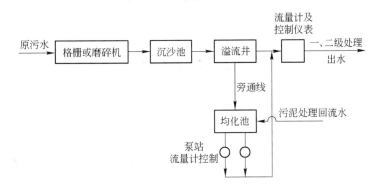

图 2-37 线外设置均化池

流量配置,多余的水量用辅助泵抽入均化池,在来水量低于平均流量时再回流入泵房集水井。

线外设置的优点是均化池不受来水管高程限制,一般为半地上式,施工和维护排渣均较方便;缺点是均质效果较差,且均化池内水量需两次抽升,增加了能源的消耗。

2.7.3.4 间歇式均化池

当废水量规模较小时,可以设间歇贮水、间歇运行且兼具水量调节、水质调节功能的调节池,这种调节池称作间歇式均化池。

间歇式均化池一般有多个池体或一池多格,交替使用,池中设搅拌装置。池的总容量可根据具体情况,按 1~2 个周期设置。

间歇式均化池效果可靠,但不适合大流量的废水。

2.7.3.5 事故调节池

事故调节池实际上是均质池的一种特殊类型,它是用于水质出现剧烈变化、有破坏污水处理系统正常运行时贮留事故出水的一种特殊构筑物。许多化工、石化等排放高浓度废水的工厂废水处理系统都设置有事故调节池,因为这些工厂一方面出现生产事故后在退料的过程中部分废料会混入排水系统;另一方面恢复生产前需要对生产装置进行酸洗或者碱洗,所以可能在短时间内会排出大量浓度极高且 pH 值波动很大的有机废水。这样的废水如果直接进入废水处理系统,对正在运行的生物处理的影响往往是致命的和不可挽回的。

为了避免生产事故中排放的废水对废水处理系统造成严重影响，许多专门的工业废水处理系统都设置了容积很大的事故调节池，用于贮存事故排水。在生产恢复正常后，再逐渐将事故调节池中寄存的高浓度废水连续或间断地以较小的流量引入到生物处理环节中。因此，事故调节池一般设置在污水处理系统主流程之外，有效容积在 10000m³ 以上。

事故调节池的进水阀门必须和排水系统连锁，并通过水质在线监测分析仪实现自动控制，当发现废水水质突变时能及时将事故排水切入事故调节池。否则，如果没有及时发现废水水质突变的情况，等废水处理系统已经有被冲击的迹象时再采取措施，活性污泥往往已经受到严重的伤害。

事故调节池平时必须保持空池状态，以提供最大的贮水容量，因此利用率较低。

2.7.4　调节池的适用范围

调节池从严格意义上来讲并不是一种处理设施，因为它对废水中的漂浮物、悬浮物以及有机污染物没有明显的去除效果，仅仅是实现了不同时间进入处理系统的废水水量与水质的均衡。

一般认为，调节池多应用在工业废水处理系统，而对大、中型城市污水处理厂而言，因为它们的服务面积大，区域内往往分布有居住、商业、办公、工业等不同功能的建筑物，虽然它们之间的排水变化规律各不相同，但具有明显的互补作用，因此不需设置调节池，废水在管网中就已经实现了水量、水质的均衡作用。

2.7.5　调节池的简单设计

调节池主要由进水口、配水槽、隔板、水池、储泥斗和出水口等组成。调节池的设计主要涉及调节池的设置位置、调节池的工作方式与调节池的容积。需要注意的是，如果废水中含有挥发性气体或有机物时，调节池一定要加盖密闭，并设置排风系统定时或连续将挥发出来的有害气体（搅拌时产生得更多）高空排放。

2.7.5.1　调节池的设置位置

调节池的设置位置应根据各个废水处理系统中废水的特性、用地面积、主体处理工艺等条件的不同而具体确定（见图 2-38）。在大多数情况下，调节池应设置在一级处理之后、二级处理之前，这样污泥和浮渣的问题会少一些。如果将调节池设置在一级处理之前，在设计中就必须考虑设置足够混合设备以防止悬浮物沉淀和废水浓度的变化，有时还应该曝气以防止产生气味。

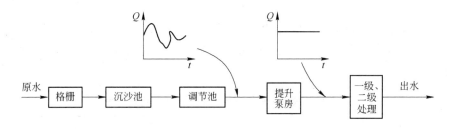

图 2-38 调节池的设置位置

2.7.5.2 调节池的工作方式

调节池的工作方式是指将调节池设置在线内还是线外。一般来说，对于水质较为均一的废水，以采用线外调节为主；对于水质变化较大的废水，则采用线内调节为主。

2.7.5.3 调节池的容积设计

A 计算法

调节池的容积应能满足容纳水质变化一个周期所排放的全部废水并确保废水的调节均和程度达到预期要求。因此，调节池的容积取决于废水的浓度和流量变化规律以及要求的调节均和程度。

废水经过一定调节时间后其平均浓度为：

$$c = \frac{\sum q_i c_i t_i}{\sum q_i c_i}$$

式中　q_i——t_i 时段内的废水流量，m^3/s；

　　　c_i——t_i 时段内的污染物浓度，g/m^3。

而调节池所需容积可按下式确定：

$$V = \sum q_i t_i$$

因此，当废水浓度无周期性地变化时，必须按最不利情况即浓度和流量在高峰时的区间计算。当废水浓度呈周期性变化时，调节时间即为一个变化周期的时间。如某车间一个工作班排浓液，另一个工作班排稀液，调节时间就应该为两个工作班的工作时间之和。

如需控制出水的污染物浓度在某一具体范围之内，应根据废水中主要污染物浓度的变化曲线用试算的方法确定所需的调节时间。设各时段的废水流量和浓度分别为 q_i 和 c_i，则各相邻两个时段内的平均浓度为 $(q_i c_i + q_{i+1} c_{i+1})/(q_i + q_{i+1})$。如果要求达到的出流浓度 c' 大于任意相邻两个时段内的平均浓度，则需要的调节时间为 $2\sum t_i$；否则再比较出流浓度 c' 与任意相邻三个时段内的平均浓度，若 c' 大于各平均值，则需要的调节时间为 $3\sum t_i$；依次类推，直到符合要求为止。

B　图解法

以某废水处理站调节池的设计容积计算为例说明。

某废水处理站的废水入流流量和主要污染物水质变化统计资料如表 2-11 所示。

表 2-11　废水流量与主要污染物水质变化统计表

序　号	时　间	流量/$m^3 \cdot s^{-1}$	BOD_5/$mg \cdot L^{-1}$
1	0am ~ 1am	0.275	150
2	1am ~ 2am	0.220	115
3	2am ~ 3am	0.165	75
4	3am ~ 4am	0.130	50
5	4am ~ 5am	0.105	45
6	5am ~ 6am	0.100	60
7	6am ~ 7am	0.120	90
8	7am ~ 8am	0.205	130
9	8am ~ 9am	0.355	175
10	9am ~ 10am	0.410	200
11	10am ~ 11am	0.425	215
12	11am ~ 12am	0.430	220
13	12am ~ 1pm	0.425	220
14	1pm ~ 2pm	0.405	210
15	2pm ~ 3pm	0.385	200
16	3pm ~ 4pm	0.350	190
17	4pm ~ 5pm	0.325	180
18	5pm ~ 6pm	0.325	170
19	6pm ~ 7pm	0.330	175
20	7pm ~ 8pm	0.365	210
21	8pm ~ 9pm	0.400	280
22	9pm ~ 10pm	0.400	305
23	10pm ~ 11pm	0.385	245
24	11pm ~ 12pm	0.345	180
25	平　均	0.307	170.4

根据表 2-11 中的统计数据，在 0am 到 1am 的时间段内流入调节池的废水量 $V_{0-1} = 0.275 \times 3600 \times 1.0 = 990 \mathrm{m^3}$，该时段终了时调节池中累积的废水量为 $V_1 = 990 \mathrm{m^3}$；在 1am 到 2am 的时间段内流入调节池的废水量 $V_{1-2} = 0.220 \times 3600 \times 1.0 = 792 \mathrm{m^3}$，该时段终了时调节池中累积的废水量为 $V_2 = 990 + 792 = 1782 \mathrm{m^3}$；其余各终了时调节池中累积的废水量均用同样的方法求得，如表 2-12 所示。

表 2-12　各时段调节池中废水累积量与污染负荷计算结果

序　号	时　间	废水累积量/$\mathrm{m^3}$	BOD_5 负荷/$\mathrm{kg \cdot h^{-1}}$
1	0am~1am	990	149
2	1am~2am	1792	91
3	2am~3am	2376	45
4	3am~4am	2844	23
5	4am~5am	3222	17
6	5am~6am	3582	22
7	6am~7am	4014	39
8	7am~8am	4752	96
9	8am~9am	6030	223
10	9am~10am	7506	295
11	10am~11am	9036	329
12	11am~12am	10584	341
13	12am~1pm	12114	337
14	1pm~2pm	13572	306
15	2pm~3pm	14958	277
16	3pm~4pm	16218	239
17	4pm~5pm	17388	211
18	5pm~6pm	18558	199
19	6pm~7pm	19746	208
20	7pm~8pm	21060	276
21	8pm~9pm	22500	403
22	9pm~10pm	23940	439
23	10pm~11pm	25308	335
24	11pm~12pm	26550	224
25	平　均		213

绘制各时段进入调节池的废水量如图 2-39 所示，并从原点至累积曲线末端作一条直线，该直线的斜率就是调节池的控制出水流量。在该图中等于 0.307m³/s。

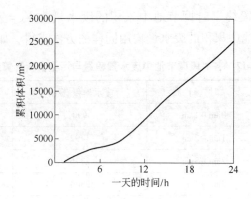

图 2-39　各时段废水量累积曲线

作一条与调节池控制出水流量直线平行，并与废水量累积曲线最低点相切的直线。从切点至调节池控制出水流量直线的竖向距离就是所需的调节池所需容积。从图 2-39 中可以得出，调节池的设计容积 $V = 4110\text{m}^3$。

第3章 废水的生物处理

3.1 生物处理原理

自然环境中存在着数量庞大的微生物，它们繁殖速度快，容易变异，代谢类型多样，具有分解有机物的巨大能力。微生物的这些特点，使其在消除废水中的有害物质、甚至变废为利方面显示出独特的能力。

废水的生物处理就是利用自然环境中生物的净化原理，在人工创造的有利于微生物生命活动的环境中，使微生物大量繁殖，进而对废水中有机物进行分解的一种方法。

3.1.1 污染水体的自净作用

废水进入河流，其中的污染物质经物理、化学和生物的作用，污染物浓度降低或总量减少，受污染水体部分或全部恢复到未受污染状态的现象称为水体自净或水体净化。如果排放进入水体的污染物数量超过水体自净能力或容纳能力时，就会导致水体污染。

有家难回

图 3-1　河流受到污染

水体自净过程是一个非常复杂的过程，主要通过以下三方面的作用来实现：

（1）物理净化。水体中的污染物通过稀释混合、固体沉降、挥发等物理过程，使浓度降低的过程。主要影响因素包括河水流量与废水流量之比、排污口位置及其排放方式、河段的水文、地质和地理条件等。

（2）化学净化。水体中的污染物通过氧化还原、酸碱反应、分解化合反应、离子交换、吸附凝聚等化学过程，使其存在形态发生变化而浓度降低。氧化还原是水体化学净化的主要作用，水体中的溶解氧可与某些污染物发生氧化反应。

（3）生物净化。水体中的污染物通过水生生物特别是微生物的生命活动使污染物降解、使有机物无机化和无害化的过程。

> 🍁 **小贴士**：水体自净过程中最重要的是生物作用，即生物有机体对无机物和有机化合物的同化和异化作用。大量的有机物质通过微生物，特别是细菌的新陈代谢而去除。生物作用往往又会与物理、化学作用同时发生，相互影响并交织进行。

水体的水质很大程度取决于溶解氧浓度，溶解氧浓度随温度的升高而降低，如表3-1所示。正因如此，夏季受有机物污染的水体更容易发生黑臭现象。水体的自净容量受水中溶解氧的制约，当水中的溶解氧被好氧菌代谢所大量消耗时，便会造成水体的缺氧，这时，好氧微生物的活动受到抑制，厌氧菌的生命活动活跃起来。厌氧微生物对有机物的厌氧发酵使有机物不彻底氧化，产生许多具恶臭气味的发酵中间物，于是水质发黑发臭。

表3-1　标准大气压下水中饱和溶解氧量与温度的关系

温度/℃	0	5	10	15	20	25	30	35	40
饱和溶解氧含量/mg·L^{-1}	14.62	12.80	11.33	10.15	9.17	8.38	7.63	7.10	6.60

3.1.2　微生物的营养与营养类型

微生物从外界环境中不断地摄取营养物质，经过一系列的生物化学反应，转变成细胞的组分，同时产生废物并排泄到体外，这个过程称为新陈代谢。新陈代谢主要包括同化作用和异化作用，二者相辅相成：异化作用为同化作用提供物质基础和能量；同化作用为异化作用提供基质。

3.1.2.1　微生物的营养

营养或营养作用是指生物体从外部环境吸收生命活动所必需的物质和能量，以满足其生长和繁殖需求的一种生理功能。参与营养过程并具有营养功能的物质称为营养物，营养物是一切微生物新陈代谢的物质基础。

图3-2　黑如墨汁的河水

A 微生物的化学组成

微生物的化学构成与各成分含量基本反映了微生物生长繁殖所需求的营养物的种类与数量。因此，分析微生物的化学组成与各成分含量，是了解微生物营养需求的基础。人们借助现代的理化方法，分析微生物细胞化学成分，以了解微生物机体必需的营养物质。

> **小贴士**：微生物体内，70%～90%为水分，10%～30%为干物质。干物质中又以蛋白质为主，还有核酸、脂肪、糖类等组成。

B 微生物的营养物质及其功能

a 水

水在微生物机体中具有重要的功能，是维持微生物生命活动最基本的物质。水是微生物体内和体外的溶媒，只有在水溶液中，营养物质才能溶解和被细胞吸收，代谢废物也只有通过水才能排泄到体外；水是原生质胶体的结构部分，保证代谢活动的正常进行，当含水量减少时，原生质由溶胶变为凝胶，生命活动大大减缓，如原生质失水过多，引起原生质胶体破坏，会导致菌体死亡；水有利于调节细胞温度和保持环境温度的恒定。

b 碳源

可被微生物用来构成细胞物质或代谢产物中的含碳有机物称作碳源。大多数细菌的碳源往往同时又是能源，故碳源不仅需求量大，也是最基本的营养物。微生物能利用的碳源种类远远超过动植物，至今人类已发现的能被微生物利用的含碳有机物有700多万种，形式极其广泛多样。

> 小贴士：微生物的碳源种类：（1）对自养型微生物来说，主要是无机碳化合物，如碳酸盐、二氧化碳等；（2）对异养型微生物来说，主要是有机碳化合物，如糖类、醇类、有机酸、脂类、烃类芳香族化合物及各种含碳有机物。糖类通常是许多微生物最广泛利用的碳源和能源物质。

c 氮源

可被微生物用来构成微生物细胞组成成分或代谢产物中氮素的营养物质通称为氮源。氮是微生物细胞需求量仅次于碳的元素。氮源的主要功能是提供细胞原生质和其他结构物质中的氮素，一般不作为能源使用。

实验室培养微生物常以铵盐、硝酸盐、蛋白胨和肉汤等作为氮源。

d　无机盐

无机盐为微生物生长提供必需的矿质元素，是微生物生命活动不可缺少的物质。相对有机元素来说，微生物对它的需要量不大，微生物细胞中的矿质元素约占细胞干重的3%～10%，但却起着十分重要的作用。无机盐的主要功能如图3-3所示。

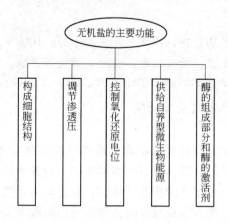

图3-3　无机盐的主要功能

小贴士： 微生物对于各种微量元素的需要量都极少，过量反而会对微生物造成毒害。

e　生长因子

有些微生物在具有适量的水分、无机盐类、碳源和氮源的条件下，仍不能生长或生长不好。但如果加入少量的酵母浸出液、麦芽浸出液或动物肝的浸出液，生长就正常了。这些微生物生长所必需的，但其自身又不能合成的，需外界提供且需要量很少的有机物质统称为生长因子，如某些氨基酸、维生素、组成核酸的嘌呤和吡啶等。生长因子的功能主要是作辅酶的组成成分，所以在数量上对它的需求远比碳源、氮源少。

C　碳氮磷比

水、碳源、氮源、无机盐及生长因子为微生物共同需要的物质。不同的微生物细胞的元素组成比例不同，对各营养元素的比例要求也不同。为了保证废水生物处理效果，要按碳氮磷比配给营养，一般城市生活污水能满足活性污泥的营养要求；有的工业废水缺某种营养，应供给或补足。

小贴士：废水生物处理中好氧微生物群体（活性污泥）要求碳氮磷比为 $BOD_5 : N : P = 100 : 5 : 1$，厌氧消化中的厌氧微生物群体对碳氮磷比要求为 $BOD_5 : N : P = (350 \sim 500) : 5 : 1$。

3.1.2.2 微生物对营养物质的吸收方式

环境中的营养物质只有吸收到细胞内，才能被微生物逐步利用。营养物质进入细胞的过程叫运输。大多数微生物没有专门的摄食器官，微生物细胞对营养物质的吸收，主要依靠原生质膜的作用，原生质膜对跨膜运输的物质具有选择性。根据营养物质进入细胞的特点，可将物质的运输方式分为单纯扩散、促进扩散、主动运输、基团转位。

A 单纯扩散

单纯扩散模式如图 3-4 所示。

单纯扩散又称自由扩散或被动扩散。原生质膜是一种半透膜，营养物质可以通过原生质膜上的含水小孔，由高浓度的一侧向低浓度的一侧自由扩散。原生质膜上的含水小孔的大小和形状对扩散的营养物质分子有一定的选择性。

单纯扩散的特点：单纯扩散是一个物理过程，无需能量，运输动力来自物质的浓度势；单纯扩散是非特异性的，取决于物质分子的大小，而不取决于分子种类；吸收过程中，营养物质不发生化学变化。

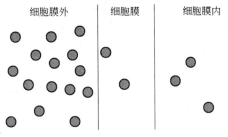

图 3-4 单纯扩散模式图

影响单纯扩散的主要因素是分子大小、溶解性、极性、膜外 pH、离子强度和温度等。一般来说，相对分子质量小、脂溶性、极性小的物质易通过扩散进出细胞。

B 促进扩散

促进扩散是指营养物质进入细胞的运输过程中，需要借助位于膜上载体蛋白的参与，从浓度高的胞外向浓度低的胞内扩散。被运输的物质先在细胞膜外与载体蛋白结合，然后在细胞膜内表面释放。载体蛋白加快物质运输的速度，但营养物质不能逆浓度梯度吸收，促进扩散也是一种被动的物质跨膜运输方式。促进扩散模式如图 3-5 所示。

促进扩散特点有：物质在运输过程中需要专一性的载体蛋白参加，载体蛋白也称渗透酶；运输过程不消耗能量；被运输的物质本身的分子结构不发生变化；

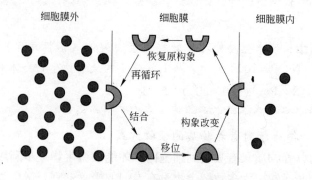

图 3-5 促进扩散模式图

物质不能进行逆浓度运输；物质的运输速率与膜内外物质的浓度差成正比，运输速率较快。

通过促进扩散进入细胞的营养物质主要有氨基酸、单糖、维生素及无机盐等。

C 主动运输

单纯扩散和促进扩散不消耗能量，物质从高浓度向低浓度运输，这两种运输方式称为被动运输。主动运输是指营养物质的吸收需要消耗能量，并且可以逆浓度梯度进行运输，其运输模式如图3-6所示。

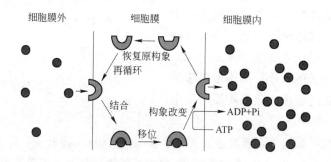

图 3-6 主动运输模式图

主动运输主要特点：物质运输过程中需要消耗能量；被运输的物质形态不发生变化；可以逆浓度进行运输；需要载体蛋白参加；运输速度快。

主动运输是微生物细胞的主要物质运输方式，微生物在生长与繁殖过程中所需要的多数营养物质是通过主动运输吸收。

D 基团转位

基团转位是一种既需要蛋白又需要消耗能量的物质运输方式，是一种特殊的主动运输方式。与主动运输方式不同的是它有一个复杂的运输酶系统来完成物质的运输，同时底物在运输过程中发生化学结构变化。基团转位主要存在于厌氧型和兼性厌氧型细菌中，主要用于糖的运输，基团移位模式如图 3-7 所示。

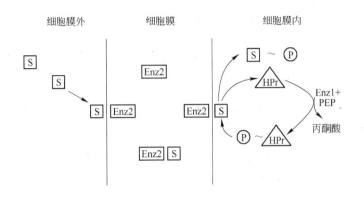

图 3-7　基团移位模式图

微生物营养运输系统的多样性，使一个细胞能同时运输多种营养物质，为微生物广泛分布于自然界提供了可能。

四种营养物质的运输方式比较如表 3-2 所示。

表 3-2　四种营养物质运输方式比较

比较项目	单纯扩散	促进扩散	主动运输	基团转移
运输速度	慢	快	快	快
溶质运输方式	高浓度到低浓度	高浓度到低浓度	低浓度到高浓度	低浓度到高浓度
平衡时内外浓度	内外相等	内外相等	胞内浓度高	胞内浓度高
特异载体蛋白	无	有	有	有
运输分子	无特异性	特异性	特异性	特异性
能量消耗	无	无	有	有
运输过程底物化学变化	不变	不变	不变	变化

3.1.2.3　微生物的代谢类型

根据微生物生长所需要的碳源物质的性质，可将微生物分成自养型和异养型两大类。又可根据微生物生长所需能量来源地不同进行分类，分为光能营养型和化能营养型。综合起来，就可划分为四种基本类型：光能自养型、光能异养型、化能自养型和化能异养型。

A　光能自养型

光能自养型又称光能无机营养型，该类微生物含有光合色素、以 CO_2 作为唯一碳源，利用光能进行生长。它们能以无机物和水作供氢体，使 CO_2 还原为细胞体的有机物。如藻类（如图3-8中蓝细菌）能从阳光中获取光能，以水作为供氢体，还原CO_2，释放氧。绿硫细菌和紫硫细菌也能进行光合作用，它们以硫化氢作供氢体，还原CO_2，但不产氧。

B　光能异养型

又称光能有机营养型。光能异养型微生物利用光作为能源，利用简单有机物为供氢体，还原CO_2合成有机物组成细胞物质。所以有别于利用CO_2作为唯一碳源的自养型。

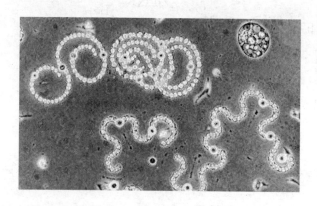

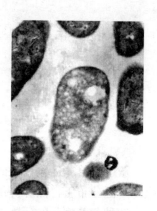

图3-8　蓝细菌

图3-9　紫色非硫细菌
（光能异养型）

C　化能自养型

又称化能无机营养型。化能自养型微生物以CO_2（或碳酸盐）为碳源，以无机物氧化所产生的化学能为能源，它们可以在完全无机的条件下生长发育。硫化细菌、硝化细菌、产甲烷菌、氢细菌和铁细菌等均属于此类。

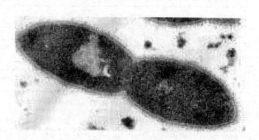

图3-10　产甲烷菌

D　化能异养型

化能异养型微生物以有机化合物为碳源，以有机物氧化产生的化学能为能源，以有机物为供氢体进行生长。所以，有机物对这类菌来讲，既是碳源，又是能源、同时还是供氢体，而不是以CO_2作为碳源。化能异养菌生长所需的碳源有淀粉、糖类、纤维素、有机酸等。绝大多数细菌和几乎全部真菌都属于化能异养型。

不同营养类型所需能源和碳源的比较如表 3-3 所示。

表 3-3　不同营养类型所需能源和碳源的比较

营养类型	能　源	碳　源	例　子
光能自养型	光	CO_2	藻　类
光能异养型	光	有机物	光合细菌
化能自养型	无机物	CO_2	硝化细菌
化能异养型	有机物	有机物	大多数细菌

3.1.3　微生物对污染物的降解与转化

水体中污染物的转化降解主要分为非生物降解和生物降解两大类。非生物降解是指有机污染物在环境中受光、热及化学因子作用引起的分解转化，如某些烃类物质受太阳光照分解为 CO_2 和 H_2O。化学中一般把较大分子化合物分解为较小分子化合物的过程称为降解。通过微生物的作用将污染物分解成较小分子的过程就叫做生物降解。微生物是能够完成各种各样的化学反应；对于难降解的污染物具有联合降解的群体优势；对于不断合成的各种新颖的有机物具有不断更新的降解能力。所以，微生物对污染物的降解和转化具有巨大的潜力。

3.1.3.1　有机污染物的降解与转化

微生物分解有机物的能力是惊人的，任何有机物质，不论其结构如何复杂，都可以被环境中某种或某类特定的微生物降解转化，如葱头假单胞菌能降解 90 种以上的有机物，它能利用其中任何一种有机物作为唯一的碳源和能源进行代谢。

A　有机物生物降解特点

a　时间短

生物降解的实质是在酶催化作用下的一系列生化反应，有些生物作用非常迅速，也很彻底，许多有机物被彻底降解为二氧化碳和水。海上浮油污染自然降解需要 1 年时间，但是利用可以同时降解 4 种烃类的"超级细菌"却只要几个小时即可达到。

b　范围广

微生物代谢类型多样，几乎能降解所有天然的有机化合物，迄今已知的数十万种污染物（主要为有机污染物），绝大多数能被微生物降解。微生物能合成各种酶类，将环境中的污染物逐步降解和转化。同时，在与污染物发生作用时，微生物会做出反应和生理调节而变异，或在污染物诱导作用下发生变异成为高效的降解微生物。

c 微生物具有不断更新的降解能力

杀虫剂、除草剂、洗涤剂等人工合成的有机物大量问世，其中不少合成有机物研发时的目标之一就是要使它们具有较高的化学稳定性，这大大增加了生物降解的难度。一开始，微生物对这些新型合成物确实无能为力。但由于微生物具有极其多样的代谢类型和很强的变异性，在环境污染的压力下，每时每刻都在发生变异，不断地更新它们的降解能力。随着时间的推移，逐渐发现许多微生物能降解这些合成有机物。把这些高效降解菌筛选出来就可以把原先不能降解或难降解的污染物转化为易降解的物质，最终使它们被快速、高效地去除。

B 有机污染物生物降解的类型

根据微生物是否能够降解有机污染物及降解速度，可将有机物分为 3 种类型。

（1）可生物降解物质。主要来源于动、植物残体及生物代谢过程中产生的废弃物，如碳水化合物、蛋白质、脂肪、核酸等。这些物质，通过微生物所产生的酶，很容易被分解成糖、氨基酸、甘油、脂肪酸等简单的有机物，并最终分解为 CO_2、H_2O、NH_3 等小分子。

（2）难生物降解的物质。主要是工农业生产中排出的有机污染物，如烃类、纤维素、农药等。微生物对它们降解的速度慢，所需时间长。难生物降解物质在环境中停留时间较长，因此是废水生物处理的重要研究对象。

（3）不可生物降解的物质。是一些高分子合成有机物，如塑料、尼龙等，它们几乎不能被微生物降解，或者降解的速度极为缓慢，这类物质大量使用的后果最为严重，应严格控制其生产和排放。

3.1.3.2 微生物对重金属的转化

在环境中，重金属是一类常见的无机污染物，也是危害特别严重的污染物。重金属污染的威胁在于它不能被生物或微生物分解，一旦进入机体后，不易排泄，逐渐富积，导致机体中毒。在生产和施用农药等过程中，汞、砷、镉、铅等元素即以各种化学形态进入水环境，危害人类健康。

在自然界中长期与重金属接触形成了一些特殊的微生物，它们对有毒重金属具有抗性，可使重金属在生物酶的作用下发生转化，导致重金属的结构发生微小的改变，如元素的价态变化、重金属的甲基化等，因而使污染物毒性加强或减弱。

3.1.4 污水生物处理原理

废水生物处理的工艺很多，根据微生物与氧气的关系可分为好氧处理和厌氧处理。根据微生物在构筑物中处于悬浮状态或固着状态，可分为活性污泥法和生物膜法。废水微生物处理的作用原理概括起来说，是通过微生物酶的作用，将废水中的污染物氧化分解。有机物在好氧条件和厌氧条件下的分解过程和产物不同：在好氧条件下污染物最终被分解成 CO_2 和 H_2O；在厌氧条件下污染物最终形成 CH_4、CO_2、N_2、H_2S、H_2 和 H_2O 以及有机酸和醇等。

3.1.4.1 好氧生物处理的基本原理

在有氧条件下，有机污染物在好氧微生物的作用下氧化分解，有机污染物浓度下降，微生物量增加。好氧生物处理过程可以分为絮凝作用、吸附作用、氧化作用和沉淀作用四个阶段。

A 絮凝作用

活性污泥或生物膜是废水生物处理系统中微生物群体（包括细菌、真菌、放线菌、原生动物等）存在的主要形式，而活性污泥或生物膜的形成与微生物的絮凝作用密切相关。在废水生物处理中，菌胶团粘连在一起，絮凝成活性污泥或黏附在载体上形成生物膜。另外，纤毛类原生动物亦可分泌出多糖及黏蛋白，可促进絮凝体的形成。

B 吸附作用

在许多活性污泥系统里，当废水与活性污泥接触后 3 ~ 5min 时间内就有很大一部分有机物被去除，这种初期高速去除现象是吸附作用引起的。吸附作用是发生在微小粒子表面的一种物理化学的作用过程。微生物个体很小，并且细菌具有胶体粒子所具有的许多特性，如细菌表面一般带有负电荷，而废水中有机物颗粒常带正电荷，所以它们之间有很大的吸引作用。由于活性污泥比表面积很大，且表面具有多糖类黏质层，因此污水中悬浮的和胶体的物质能黏附于活性污泥。

从废水处理的角度看，即可通过固液分离的方法，将这些污染物从废水中迅速清除出去。对于悬浮固体和胶体含量较高的废水，吸附作用可使废水中有机物含量减少70% ~80%。废水中的重金属粒子，铁、铜、铬、镉、铅等也可被活性污泥和生物膜吸附，废水中有30% ~90%的重金属离子可通过吸附作用去除。

C 氧化作用

氧化作用是微生物体内的生物化学代谢过程。在有氧的条件下，微生物将一部分吸附阶段吸附的有机物氧化分解获取能量，另一部分则用来合成新的细胞。从污水处理的角度看，无论是氧化还是合成，都能从水中去除有机物，只是合成的细胞必须易于絮凝沉降，从而能从水中分离出来。

D 沉淀作用

废水中有机物质在活性污泥或生物膜的氧化分解作用下无机化后，处理后的水往往排至自然水体中，这就要求排放前必须经过泥水分离。若泥水不经分离或分离效果不好，由于活性污泥本身是有机物，进入自然水体后将造成二次污染。因此，必须把形成的菌体有机物从混合液中分离出去，目前菌体与水的分离，多是采用重力沉淀法，这一工艺一般借助沉淀池来完成。在沉淀池中，具有良好沉降性能的活性污泥沉降至池底，上清液排出。

3.1.4.2　厌氧生物处理的基本原理

厌氧生物处理是在无氧条件下，利用多种厌氧微生物的代谢活动，将有机物转化为无机物和少量细胞物质的过程。厌氧生物分解有机污染物可分为四个过程。

A　水解阶段

复杂有机物首先在发酵细菌产生的胞外酶的作用下分解为溶解性的小分子有机物。比如纤维素被纤维素酶分解为纤维二糖与葡萄糖，蛋白质被蛋白酶水解为多肽及氨基酸等。水解过程通常较缓慢。

B　发酵阶段

溶解性小分子有机物进入发酵菌细胞内，在胞内酶的作用下分解为挥发性脂肪酸、醇类、二氧化碳、氮、硫化氢等，同时合成细胞物质。发酵可以定义为有机化合物既作为电子受体也作为电子供体的生物降解过程。在此过程中，溶解性有机物被转化为以挥发性脂肪酸为主的末端产物，这一过程也称为酸化。酸化过程是由很多种类的发酵细菌完成的。

C　产乙酸阶段

发酵酸化阶段的产物丙酸、丁酸、乙醇等在此阶段经产氢、产乙酸菌作用转化为乙酸、氢气和二氧化碳。

D　产甲烷菌阶段

在此阶段产甲烷菌通过以下两个途径之一，将乙酸、氢气、二氧化碳等转化为甲烷。一种是在二氧化碳存在时，利用氢气生成甲烷；另一种是利用乙酸生成甲烷。

3.2　主要微生物种群

废水的生物处理过程中，微生物是以活性污泥或生物膜的形式存在并起作用的。不管采用何种处理构筑物的形式及何种工艺流程，都是通过处理系统中活性污泥或生物膜微生物的代谢活动，将废水中复杂的有机物氧化分解为简单稳定的无机物，同时释放能量，从而对废水进行净化的（图3-11）。因而，活性污泥或生物膜微生物的种类、数量及其代谢活力同废水的处理效果密切相关。

图3-11　污（废）水中生物的转化过程示意图

了解废水处理过程中微生物群落微生物种群的组成及其作用，优势种的种类，掌握它们在废水处理系统中的活动规律，借以通过废水处理构筑物的设计及日常运行管理，为活性污泥或生物膜中的微生物提供一个较好的生活环境条件，以发挥出更大的代谢活力，更有效地对废水进行净化。

废水处理过程中，活性污泥是由细菌、微型动物为主的微生物与悬浮物质、胶体物质混杂在一起形成的具有很强吸附分解有机物的能力和良好沉降性能的一种肉眼可见的絮凝状的微生物集合体，称为凝絮体，或称为菌胶团的，其颗粒直径大约在0.05~0.5mm。颗粒内部除了活细菌和其他生物外，还有死细胞和由微生物所产生的其他物质聚集在一起。生物膜也由许多微生物聚集在一起附着于固体物表面组成的，由于构型为膜状物，所以被称为生物膜。

在活性污泥生物处理系统中，微生物是一个群体，主要有细菌、丝状细菌、微型动物、真菌和藻类等。活性污泥中存在的微生物，几乎包括了微生物的各个类群，其中属于原核生物的有细菌、放线菌和蓝细菌；属于真核生物的有原生动物、多细胞微型动物、酵母和丝状真菌以及单细胞藻类。此外，还有病毒和立克次氏体。在多数情况下，活性污泥中的主要微生物是细菌，特别是异养细菌占优势，伴之以营腐生原生动物一起构成基本营养层次；其次是以细菌为食料的原生动物占优势。正常情况下没有藻类，真菌也很少。

3.2.1 活性污泥中的细菌和菌胶团

活性污泥中的细菌都包埋在絮体内，欲对活性污泥中的细菌进行鉴定识别，需先对其进行分离和培养，即要把凝絮体中的细菌团块，从包埋的胶质中打开，凝聚体解离后，进行培养，然后进行识别分类。由于采用分离的方法和培养基的不同，所得结果也不相同。人们对活性污泥中细菌种类的认识有一个发展过程。

自从有了活性污泥法以来，诸多研究者就对活性污泥中的细菌种类组成和絮凝体的形成过程进行了大量研究。综合大量研究表明，活性污泥中占优势的菌群主要有：生枝动胶菌（*Zoogloea ramigera*）、蜡状芽孢杆菌（*Bacillus cereus*）、中间埃希氏菌（*E. intermedia*）、粪产气副大肠杆菌（*Paracolobactrum aerogenoides*）、放线形诺卡氏（*Nocardia actinomorphya*）、假单胞菌属（*Pseudomonas*）、产碱杆菌属（*Alcaligenes*）、黄杆菌属（*Flavobacterium*）、大肠杆菌（*Escherichia coli*）、产气气杆菌（*Aerobacter aerogenes*）、变形杆菌属（*Proteus*）等类细菌。

3.2.2 活性污泥菌胶团

3.2.2.1 菌胶团的概念

微生物学领域里，菌胶团（*zoogloeas*）的定义为动胶菌属形成的细菌团块。在水处理工程领域里，污水中有的细菌可凝聚成肉眼可见的棉絮状物，则将所有具有荚膜或黏液或明胶质的絮凝性细菌互相絮凝聚集成的菌胶团块也称为菌胶团，这是广义上的菌胶团（见图3-12）。

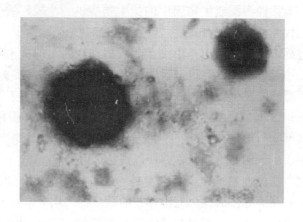

图3-12 菌胶团

在正常的生活污泥中，细菌主要以菌胶团的形式存在。在活性污泥培养的早期，可以看到大量新形成的典型菌胶团，它们可呈现大型指状分枝、垂丝状、球状等不规则形状。进入正常运转阶段的活性污泥，除少数负荷较高、废水氮磷比较高的活性污泥外，典型的新生菌胶团仅在絮粒边缘偶尔见到。因为在处理废水的过程中，具有很强吸附能力的菌胶团把废水中的杂质和游离细菌等吸附在其上，形成活性污泥的絮凝体。

菌胶团不仅构成了活性污泥絮体的骨架，更是活性污泥的结构和功能的中心，表现在数量上占绝对优势（丝状膨胀的活性污泥除外），是活性污泥的基本组分。

3.2.2.2 菌胶团形成菌

研究资料表明：生枝动胶菌是活性污泥中的优势菌种，是活性污泥絮凝体的主要凝聚因素。此外，在合适的培养条件下，另外一些细菌也有絮凝能力。能形成絮状体的细菌主要有：大肠杆菌（*Escherichia coli*）、费氏埃希氏菌（*Escherichia coli*）、粪产气副大肠杆菌（*Paracolobactrum aerogenoides*）、放线形诺卡氏（*Nocardia actinomorphya*）等。

在所有能够形成活性污泥絮凝体的细菌中，动胶菌是最引人注目的。动胶菌不仅是活性污泥的主要组成菌，而且也是活性污泥絮凝体的主要形成菌。这种细菌在很多净化废水的活性污泥中都可以找到，并且时常在数量上占优势。

3.2.2.3 菌胶团的作用

由于具有巨大的表面积和本身的黏性，菌胶团具有很强的生物吸附能力，它可以在短时间内吸附大量悬浮有机物质和30%～90%的重金属离子，这种吸附作用有助于细菌充分发挥氧化分解有机物的能力。菌胶团可以为原生动物和微型后生动物提供附着场所和生存环境，这就为重要的水处理微生物的生存和发展提供方便。

此外，水处理工艺中菌胶团还具有指示作用，可以通过菌胶团的颜色、透明度、数量、颗粒大小及结构的松紧程度来衡量好氧活性污泥的性能。菌胶团的另一个重要作用是在二次沉淀池中使活性污泥具有良好的沉降性能。所以菌胶团的形成是活性污泥法处理废水的不可缺少的基本条件。

3.2.2.4 丝状细菌

丝状细菌不是分类学上的名词，而是一大类菌体细胞相连而成丝状的细菌的统称。丝状细菌同菌胶团细菌一样，是活性污泥中重要的组成成分。它们与活性污泥絮凝体的形成和废水净化效果的好坏有着非常密切的关系。丝状细菌在活性污泥中可交叉穿织在菌胶团之间，或附着生长于絮凝体表面，少数种类可游离于污泥絮粒之间。丝状细菌具有很强的氧化分解有机物的能力，起着一定的净化作用。在有些情况下，它在数量上可超过菌胶团细菌，使污泥絮凝体沉降性能变差，严重时即引起活性污泥膨胀，造成出水质量下降。

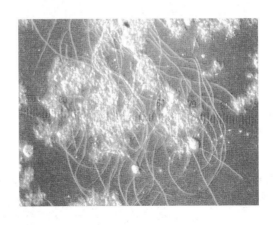

图 3-13　活性污泥中菌胶团细菌和丝状细菌的复合体

在活性污泥中，丝状细菌的种类和数量都很多，从已报道的资料来看，活性污泥中常见的丝状细菌主要有球衣菌属（*Sphaerotilus*）、贝日阿托氏菌属（*Beggiatoa*）、发硫菌属（*Thiothrix*）、纤发菌属（*Leprothrix*）、屈绕杆菌属（*Flexibacter*）、曲发菌属（*Toxothrix*）、微颤菌属（*Microscilla*）、透明颤菌属（*Vitreoscilla*）、亮发菌属（*Leucothrix*）、泥线菌属（*Pelonema*）、无色线菌属（*Achroonema*）、微丝菌（*Microthrix parvicella*）、诺卡氏菌属（*Nocardia*）和镰雷菌属（*Streptomyces*）的一些种。

3.2.3 活性污泥中的原生动物和微型后生动物

原生动物和微型后生动物均属于真核微生物。原生动物是动物中最简单、最低等、结构最简单的单细胞动物，原生动物形体微小，在 $10\sim300\mu m$ 之间，单细胞，有细胞质膜、细胞质，有分化的细胞器，其细胞核具有荚膜，有独立生活的生命特征和生理功能，按其营养类型可分为全动型营养、植物性营养及腐生性营养三种类型。动物学把原生动物划分为鞭毛纲、肉足纲、纤毛纲（包括吸管纲）及孢子纲，其中鞭毛纲、肉足纲和纤毛纲存在于水体中，在废水生物处理中起着重要作用，孢子纲中的孢子虫营寄生生活，寄生在人体和动物体内，可随粪便排到污水中，是污水处理中需要去除的对象。

　　原生动物以外的多细胞动物叫后生动物。后生动物因体型微小，故叫微型后生动物。微型后生动物存在于天然水体、潮湿土壤、水体底泥和污水生物处理构筑物中。微型后生动物包括轮虫（图3-14）、线虫（图3-15）、寡毛虫（飘体虫、颤蚓、水丝蚓等，图3-16）、浮游甲壳动物、苔藓动物等。

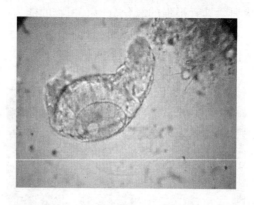

图 3-14　轮虫

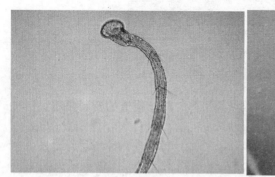

图 3-15　线虫　　　　　　　　　　图 3-16　寡毛虫

　　活性污泥中常见的微型动物主要是单细胞原生动物，大约有228种，纤毛虫（*Ciliata*）占绝对优势。有时在活性污泥中也能见到轮虫（*Rotifers*）及其他多细胞后生动物。这些微型动物虽然不是废水净化中的主要力量，但却是活性污泥中生物种群的主要构成部分。由于它们独有的一些形态和生理形状上的特征，使得它们在废水净化过程中实际上发挥着非常重要的作用。

3.2.3.1 原生动物和微型后生动物对废水净化的影响

A 直接净化作用

废水的净化主要是靠细菌，但某些微型动物也可以直接利用废水中的有机物质。原生动物的类型多样，腐生性营养的鞭毛虫通过渗透作用吸收废水中的溶解性有机物。大多数原生动物是动物性营养，它们吞食有机颗粒和游离细菌及其他微小的生物，对净化水质起着积极的作用。如一些鞭毛虫能直接通过细胞膜吸收水中溶解型有机营养；变形虫能吞噬水中有机颗粒；废水处理中苔藓虫和钟虫等有黏性尾柄的原生动物聚集在一起，具有一定的生物吸附作用，并吞食水中微型生物和有机杂质，对水体的净化有一定的积极作用。这些例子说明微型动物对废水净化存在一种直接净化作用。

B 絮凝作用

絮凝是活性污泥中的重要现象，它关系到细菌氧化有机物的能力和污泥在沉淀池中的沉降能力，因而直接影响处理效果和出水质量。废水处理中主要靠细菌起净化作用和絮凝作用。但如果出现纤毛虫和轮虫，则可加速絮凝过程。

C 澄清作用

在活性污泥法处理系统中细菌氧化分解有机物质后要在沉淀池中进行泥水分离。但游离细菌由于个体小、比重轻，很难沉降，这就会造成出水浑浊。纤毛虫等原生动物具有吞食细菌的巨大能力。

3.2.3.2 以原生动物和微型后生动物为指示生物

A 指示生物及特点

原生动物和微型后生动物之所以可以作为活性污泥的指示生物，是因为它们具有以下几个特点：

（1）数量多，在生活污水的活性污泥中，原生动物和微型后生动物总数繁多；

（2）便于观察，显微镜低倍镜下甚至肉眼就能看到；

（3）环境条件改变可引起它们种群及数量与代谢活力的变化。

B 指示生物的作用

a 指示废水处理效果

废水处理效果的好坏，主要取决于出水有机物浓度的高低，而有机物浓度的高低又确定了细菌数量的多少。污水处理系统中，活性污泥培养初期或在处理效果差时鞭毛虫大量出现；而变形虫则在污水生物处理中活性污泥培养中期或在处理效果较差时出现；纤毛虫中的累枝虫耐污力较强，它们是水体自净程度高，污水生物处理效果好的指示生物；纤毛虫中的吸管虫在污水生物处理一般时出现。

从长期的观察看，鞭毛虫、变形虫和游泳型纤毛虫主要以游离细菌为食，本身自由运动又会造成出水浊度，当它们大量出现时往往表示废水处理效果不好。属于椽毛目的纤毛虫需能较低，常在细菌数量开始下降时占优势，本身有柄又可以固定在其他物体上，不会造成出水浑浊，当它们大量出现时，往往是废水净化效果较好的标志。

在正常的情况下，所有的原生动物都各自保持自己的形态特征。若环境条件改变，如水干枯、水温和 pH 值过高或过低、溶解氧不足、缺乏食物或排泄物积累过多、废水中的有机物浓度超过它的适应能力等原因，都可使原生动物不能正常生活而形成胞囊。所以，胞囊是抵抗不良环境的一种休眠体。所有的原生动物在污水生物处理过程中都起指示生物的作用，一旦形成胞囊，就可判断污水处理不正常。

微型后生动物中轮虫可作为污水生物处理效果的指示生物。线虫是污水净化程度差的指示生物。浮游甲壳动物可作为水体污染和水体自净的指示生物。

b　指示污泥性质

原生动物和微型后生动物可以指示污泥的性质，可根据它们的活动规律判断污泥的培养成熟程度、指示水质变化和运行中出现的问题。鞭毛虫和变形虫一般出现在活性污泥初期，而游泳型纤毛虫和鞭毛虫在活性污泥培养中期出现，在活性污泥培养成熟期则可以看到钟虫等固着型纤毛虫、楯纤虫和轮虫。如果废水生物处理中出现了固着型纤毛虫的钟虫属、累枝虫属、盖纤虫属、聚缩虫属、独缩虫属、楯纤虫属、吸管虫属、漫游虫属、内管虫属、轮虫等，说明污泥正常，出水水质好；当豆形虫属、草履虫属、四膜虫属、屋滴虫属、眼虫属等出现，说明活性污泥结构松散，导致出水水质差。累枝虫属（*Epistylis*）是活性污泥中常见的一类原生动物，它们抵抗环境变化的能力比单个钟虫强，在石油化工、印染等某些工业废水处理时，由于钟虫很少，它们可以作为水净化程度好的标志；但在生活污水处理时，由于环境条件对累枝虫的生长特别有利，它们就可大量繁殖，并与丝状细菌交织在一起，引起活性污泥沉降困难，在这里，它们又成了污泥膨胀、变坏的征兆。轮虫在活性污泥中主要以游离原生动物、解体的老化污泥为食，它们少量出现说明水的净化程度高，但突发性数量增多则说明污泥结构松散老化现象严重。

任何一种废水处理装置都有相应的技术参数，在正常情况下这些参数变化不大。但常常由于进水流量，有机物浓度、溶解氧、温度、pH 值、毒物等的突然变化影响了正常处理效果，使出水水质不能达到设计标准。一般通过水质测定就可以了解水质的变化，但是有机物浓度和有毒物质浓度的测定时间较长，测定费时费力。微型动物由于对环境条件改变较敏感，也会很快在种群、个体形态、代谢活力上发生相应变化。而微生物镜检很简便，随时可以了解到原生动物种类变化和相对数量消长情况。通过生物相观察，可尽早找出参数改变原因，制定适应对策，以保护细菌的正常生长繁殖，保持废水的正常净化水平。根据原生动物消长的规律初步可判断废水处理的效果，或根据原生动物的个体形态、生长情况的变化预报进水水质和运行条件正常与否。例如，当废水中含有高浓度不易分解的有机物（如染料）时，即可发现钟虫体内有未消化颗粒，长期下去会引起死亡；再如曝气池内供养不充分或供养过度时，又可看见钟虫顶端突出一个气泡；当曝气池内环境条件极其恶劣时，微型动物还会改变生殖方式，由无性生殖变为结合生殖，甚至形成孢囊，以渡过难关。因此，如果遇到微型动物出现活动力差、虫体变形、橡毛目纤毛虫口盘缩进、伸缩泡很大、细胞质空质化、行动迟缓、有结合生殖、形成大量孢囊等现象，即可认为曝气池技术参数发生改变，反映出生物处理的正常过程中受到干扰和破坏。

3.2.4 活性污泥中的真菌和藻类

3.2.4.1 真菌

真菌属于低等植物，种类繁多，形态、大小各异，包括酵母菌、霉菌及各种伞菌。真菌属于真核微生物，有单细胞和多细胞的。酵母菌、霉菌和食用菌在有机废水的生物处理中起着积极的作用。

A 酵母菌

酵母菌是单细胞真菌，分为 39 属，372 种。酵母菌的形态有卵圆形、圆形、圆柱形或假丝状。其直径为 $1 \sim 5 \mu m$，长约 $5 \sim 30 \mu m$ 或更长。其细胞结构有细胞壁、细胞质膜、细胞核、细胞质及内含物（图3-17）。

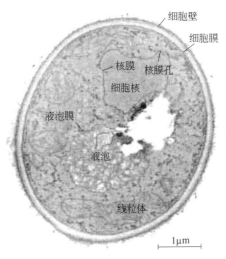

图 3-17 酵母菌细胞结构

酵母菌的繁殖方式分无性生殖和有性生殖两种。淀粉废水、柠檬酸残糖废水和油脂废水以及味精废水均可利用酵母菌处理。

味精厂在生产过程中产生的废水具有高 SO_4^{2-}、高 COD、高氨氮和 pH 值低等特点。酵母菌喜欢在偏酸性环境中生长，具有很强的耐渗透压、耐高浓度硫酸盐和高氨氮的能力，能大量利用和快速降解味精废水中各种有机物质，不仅去除 COD 而且产生大量酵母菌体蛋白，可用以生产饲料蛋白，有较好的经济效益。低酸性的废水环境下培养酵母不需要用碱来调整 pH 值，从而降低处理费用。另外，酵母为优势菌，其他杂菌不易生长，因而可在开放式环境下进行，省去灭菌操作，节省了部分废水处理的能源消耗。

小贴士：酵母菌在日常生活中的作用

酵母菌这个名称，也许有人不太熟悉，但实际上人们几乎天天都在享受着酵母菌的好处。因为我们每天吃的面包和馒头就是有酵母菌的参与制成的；我们喝的啤酒，也离不开酵母菌的贡献，酵母菌是人类实践中应用比较早的一类微生物，我国古代劳动人民就利用酵母菌酿酒；酵母菌的细胞里含有丰富的蛋白质和维生素，所以也可以做成高级营养品添加到食品中，或用作饲养动物的高级饲料。

B　霉菌

霉菌是丝状、无光合作用、异样真核微生物。菌丝体较发达，不产生大型肉质子实体结构。整个菌丝分两部分：即营养菌丝和气生菌丝。菌丝是丝状或管状结构，有坚硬的含几丁质的细胞壁包被，一般无色透明，宽度多为 3～10μm。霉菌细胞有细胞壁、细胞质膜、细胞核、细胞质及内含物等组成。大多数霉菌的细胞壁含几丁质，少数水生霉菌的细胞壁含有纤维素。霉菌借助有性孢子和无性孢子繁殖，也可借助菌丝的片段繁殖，由它的顶端延伸分支而生成新的菌丝体。

小贴士：我们在生活中衣服发霉了、食品放久长毛了，造成发霉长毛的微生物是霉菌（图 3-18、图 3-19）。霉菌是一些"丝状真菌"的统称，是有分支的和不分支的菌丝交织组成的菌丝体（图 3-20）。

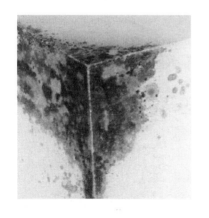

图 3-18 发霉的墙壁

图 3-19 发霉的玉米

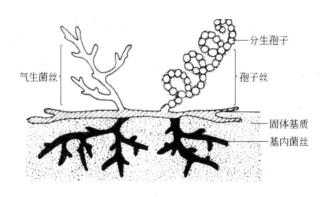

图 3-20 霉菌

C 伞菌

伞菌是属于伞菌目的一类真菌，其中含有食用菌、药用菌和毒菌。食用菌多数为有性生殖，通过菌丝结合方式产生囊状但孢子和最终外生四个但孢子，但孢子有色或无色。无毒的有机废水（如淀粉废水）可用于培养实用菌的菌丝体，经通入空气培养一定时间后长成子实体，将子实体移栽到固体废弃物制成的固体培养基上长成蘑菇，这样既处理了废水和固体废弃物，还可获得食用菌。许多伞菌都具有较强的积累重金属的能力，尤其是镉、汞、铅和铜，主要为蘑菇属（*Agaricus*），大环柄菇属（*Macrolepiota*），花脸香蘑（*Lepista*）和香杏丽菇（*Calocybe*）。伞菌目中铜、镉、银的含量最高，特别是食用田野蘑菇（*Agancus arvensis*，图 3-21）、夏生蘑菇（*Aagaricus aestivalis*，图 3-22）、白林地蘑菇（*Agaricus silvicola*，图 3-23）。可以利用伞菌的这种吸附特征吸附清除废水中的有毒金属。

图 3-21　食用田野蘑菇

图 3-22　夏生蘑菇

图 3-23　白林地蘑菇

小贴士：食用菌对重金属的富集作用

　　食用菌富集重金属能力很强，远远超过绿色植物。从总体水平上看，食用菌体内主要重金属铅、汞、镉、砷都高于绿色植物，有的甚至高于 100 倍以上，但是当重金属含量超过一定浓度时，对微生物具有毒性，并通过食物链传至人类。但是，人类完全可以充分利用其富集重金属的特点，在废水处理中加以利用，对重金属进行去除。

　　真菌在活性污泥中的出现一般与水质有关，它们常常出现于某些含碳较高或 pH 值较低的工业废水处理系统中。一般来讲，真菌在活性污泥中不占主要地位。但是真菌在处理工业污水中有着特殊的作用。例如，假丝酵母属（Candida）、毕赤氏酵母属（Pichia）的酵母菌氧化分解石油烃类的能力很强；而酵母菌属（*Saccharomyces*）、镰刀霉属（*Fusarium*）的某种对 DDT 有一定的转化能力；Cally 于 1977 年的资料则指出，假丝酵母属（*Candida*）、芽枝霉属（*Cladosporium*）、小克银汉霉属（*Cunninghamella*）的真菌能较好地降解表面活性剂。适量的霉菌生长在活性污泥中，不仅能促进废水的净化作用，还能依靠他们的菌丝体将若干个小的活性污泥絮体连接起来，从而加速絮凝体的形成。但应该注意的是，在霉菌异常增殖的情况下，也会导致丝状污泥膨胀的发生。

3.2.4.2　藻类

藻类是含有叶绿素的不同于绿色植物的光合自养型真核微生物。藻类和植物的主要区别在于有性生殖，它们是配子结合。单细胞转变为配子或由配子囊中产生配子。藻类的个体形态多样，大小相差极大。藻类包括单细胞个体和高度分化的多细胞个体。最小藻类大小与细菌类似，大的藻类以米为计量单位（如海带）。单细胞个体呈圆球状、长杆状、弯曲状、星状和梭状等。

小贴士：藻类在废水处理中的作用

藻类是自养型生物，能以光能作为能源，利用氮、磷等营养物质和二氧化碳合成自身复杂的有机成分，许多藻类对水中的重金属和有机物还有吸收富集作用，因此藻类可用于污水处理，去除污水中的氮磷营养物及重金属离子等污染物。藻类细胞中蛋白质氨基酸含量高、产生速度非常快，收获后可用作动物饲料、饵料、精细化工品原料以及人类的潜在食物，所以藻类污水生物处理技术又是一项资源化技术。

3.2.4.3　活性污泥中微生物生态演替规律

活性污泥中出现的微生物很多，但主要的种类却只有细菌和微型动物两大类。在活性污泥的培养、驯化过程中，随着水质条件（营养物质、抑制物质、温度、pH 值和溶解氧等）的变化，细菌与微型动物的种群与数量也发生着相应的变化并遵循一定的演替规律。废水生物处理系统中原生动物及微型后生动物的出现先后顺序是：细菌→植物性鞭毛虫→肉足类（变形虫）→动物性鞭毛虫→游泳型纤毛虫、吸管虫→固着型纤毛虫→轮虫。各种微生物出现的程序性主要受食物因子的约束，反映出一个由有机物—细菌—原生动物—后生动物的食物链过程。

原生废水与接种用的活性污泥引进曝气池时夹带着大量的有机物质异养细菌，在这样的环境中，由于营养充分，各种类型的异养细菌迅速发育长大，并开始为适应新环境而进行调整代谢。接着，在活性污泥中发生了微型动物的初级优势群，主要有鞭毛虫和肉足虫等原生动物组成。植鞭毛虫在曝气池内由于废水剧烈翻腾无法进行光合作用，只能使用第二营养方式进行腐生性营养，将溶解于水中的有机物质经过身体表面渗透到体内加以利用。大多数肉足虫和动鞭毛虫是动物性营养方式，主要以吞食细菌为生。活性污泥培养初期，曝气池内有机物浓度很高，污泥尚未形成，游离细菌很多，因此这个微型动物群可以逐渐扩大。

随着培养时间的推移和自然筛选过程的进行，能够适应这种特定原生废水的异养菌进入对数生长期大量繁殖并开始产生絮凝体。由于溶解型有机质的不断消耗，杂菌的灭亡与淘汰，菌胶团细菌的粘连凝絮以及微型动物群的增殖扩大，使得曝气池内营养体系发生了巨大的改变。在这种情况下，各类微生物为了更好地生存下去，就相应展开了以获得充足食物为中心的激烈竞争。从细菌、植鞭毛虫、动鞭毛虫和肉足虫这四类微生物来看，细菌与植鞭毛虫主要是争夺溶解型的有机营养，而肉足虫与动鞭毛虫则以游离细菌为主要争夺对象。在这些微生物中，肉足虫与植鞭毛虫竞争最弱。很快，肉足虫就因竞争不过鞭毛虫开始大幅度减少，紧接着，植鞭毛虫也因竞争不过细菌数量逐渐下降。异养细菌的大量繁殖又为另一些类型的微型动物提供了大量的食料来源，由它们组成了活性污泥的次级微型动物群，这个动物群内繁殖最快的是游泳型纤毛虫。它们可以和细菌同步生长，虫数随细菌菌数的变化而变化，只要细菌数目多，游泳型纤毛虫就占优势。纤毛虫是单细胞动物中的高级动物，它掠食细菌的能力要比鞭毛虫大得多。因此，当游泳型纤毛虫大量出现后，动鞭毛虫的生长就受到了抑制，优势位置由纤毛虫取而代之。还有一类叫做吸管虫类（*Suctoria*）的原生动物，它们可以用吸管诱捕浮游的纤毛虫为食料。当游泳型纤毛虫大量繁殖时，它们也大量出现。这时常可见到吸管虫的吸管上有被攫住的小型纤毛虫。随着曝气池中有机物质逐步被氧化分解，细菌由于营养缺乏数量下降。由此引起的连锁反应是游泳型纤毛虫和吸管虫数量也相应下降，优势地位逐步转让给固着型纤毛虫。先是出现游泳钟虫，接着钟虫以尾柄固着在其他物体上生活。由于固着型纤毛虫对营养要求低，可以生长在细菌很少，有机物浓度很低的环境中。因此，钟虫类的出现和增长，标志着活性污泥的成熟。当水中的细菌与有机物质越来越少，最后固着型纤毛虫也得不到必需的能量时，便相继出现轮虫等后生动物。它们以有机残渣、死的细菌以及老化污泥为食料。轮虫的适量出现指示着一个比较稳定的生态系统。

这样一条食物链不论是在活性污泥的培养、驯化过程中，还是在正常运行的废水处理系统中都是存在的。但应指出的是：在正常运转的曝气池中，微型动物的种类演替有很大的差别。如在推流式曝气池中，随着水质条件的变化，优势种微生物的演替不能超过次级微生物的范围，即它们最多只能按照游泳型纤毛虫—固着型纤毛虫—轮虫这样的顺序进行变换。如果出现大量鞭毛虫或肉足虫，则说明这种污泥还没有驯化好或受到了突变因素的影响，不具有净化废水的正常能力。而在完全混合式曝气池中，由于它的池型构造可使原生废水和活性污泥快速混合，池内各处的水质条件非常均匀，因此优势微生物动物比较单一。如果出现了其他优势类群，同样说明此时的污泥处于非正常状态。

3.3 微生物的生长繁殖

3.3.1 微生物生长繁殖的概念

微生物细胞在合适条件下，不断吸收营养物质进行新陈代谢。当同化作用的速度超过异化作用时，引起微生物细胞质量的增加和个体体积加大，细胞原生质总量不断增加，体积不断增大，这就是生长。当单个细胞个体生长到一定程度时，由一个亲代细胞分裂为两个大小、形状与亲代细胞相似的子代细胞，使得个体数目增加，称为单细胞微生物的繁殖。在多细胞微生物中，菌丝的延长、分裂，产生同类细胞的过程仍属生长，而通过形成无性孢子或有性孢子，袍子脱离母体菌丝再萌发产生子代菌体，使得个体数目增加才称为繁殖。

> **小贴士**：生长与繁殖的区别
>
> 生长与繁殖是两个不同又相互联系的概念。生长是指微生物个体由小到大，它是一个量变的过程；而繁殖是指微生物数量的增加，是一个产生新生命体的质变过程。生长是繁殖的基础，繁殖是生长的结果。

细胞两次分裂之间的时间间隔，称为世代时间。世代时间反映了微生物的生长繁殖速度。不同微生物其世代时间不同，但在一定培养条件（如培养基组成、培养温度、pH 值等）下，微生物的世代时间是相对稳定的，如大肠杆菌为17min，啤酒酵母为2min。一般，繁殖速度是原核生物比真核生物快，好氧菌比专性厌氧菌快。世代时间的长短除与微生物细胞本身的遗传特性有关外，还与培养条件（如温度、pH 值、湿度等）有关。因为微生物生长繁殖的速度很快，而且两者始终交替进行，个体生长与繁殖的界限难以划清，因此实际上常以群体生长作为衡量微生物生长的指标。在废水的生物处理中，只有群体的生长才有实际意义，故生物学中提到的"生长"，均指群体生长，而"群体生长"的实质是包含着个体细胞生长与繁殖交替，故常以细胞群体总质量增加或细胞数量增加作为生长的指标。

3.3.2 研究微生物生长的方法

微生物的生长可分为个体微生物和群体微生物的生长。由于个体微生物个体很小，研究它们的生长有困难。所以，多数通过培养研究其群体生长，培养方法有分批培养和连续培养两种。这两种方法即可用于纯种培养也可用于混合菌种的培养。在废水生物处理中这两种方法均有应用。

分批培养是将一定量的微生物接种在一个封闭、盛有一定量液体培养基的容器内，保持一定的温度、pH 值和溶解氧量，对微生物进行培养的方法。连续培养分恒浊连续培养和恒化连续培养两种。恒浊连续培养是使培养液中菌体浓度恒定，以浊度为控制指标，通过调整培养液流速使浊度（用自动控制的浊度计测定）保持为恒定值的一种培养方式。首先设定培养液的浊度值，调节含一定浓度培养基进水的流速，使培养液的浊度恒定。浊度较大时，加大进水流速，以降低浊度；浊度较小时，降低流速，提高浊度。恒化培养是维持培养液中的成分稳定（其中对细菌生长有限制作用的成分要保持低浓度水平），以恒定流速进水，以相同流速流出代谢产物，使菌体处于最高生长速率状态的培养方式，通过恒化培养，可以得到一定生长速率的均一菌体。

3.3.3　微生物生长量的测定方法

废水生物处理中测定微生物生长量，在理论研究和实际应用中都十分重要。当我们要对废水生物处理的处理效果、水处理设施运行情况及细菌在不同条件下的生长情况进行评价或解释时，就必须用量的术语来表示生长。例如，可以通过废水处理中细菌生长的快慢来判断工艺参数条件是否合适。因此，只有具备了有关生长的定量方面的知识，才能在实际应用中作出正确的选择，以利科研和生产。

微生物的生长量可以根据菌体细胞量、菌体体积或质量直接测定，也可以根据某种细胞物质的含量或某个代谢活动强度间接测量。测定方法大致有如下几种。

3.3.3.1　测定微生物总数

A　计数器直接计数

计数器测定法是采用特殊的微生物或血球计数器在普通光学或相差显微镜下直接观察并记录一定体积内的平均细胞数。操作过程是取一定体积的待测微生物样品放于计数器的测定小室与载玻片之间，由于测定小室的体积是已知的，因此根据得到的计数值就可以计算出微生物的数量。直接计数法适用于各种单细胞菌体的纯培养悬浮液，如有杂菌或杂质，则难于直接测定。细菌计数器适用于细菌的测定，菌体较大的酵母菌或霉菌孢子可采用血球计数板。用于直接测数的菌悬液浓度不宜过高或过低，一般细菌数应控制在 10^7 个/mL，酵母菌和真菌孢子应为 $10^5 \sim 10^6$ 个/mL。

直接计数法的优点是快捷简便、容易操作，可用于单细胞微生物的测定，它的缺点是不能区分死活细胞以及形状与微生物相似的颗粒性杂质，也不能适用于多细胞微生物的测定。

B　染色涂片计数

染色涂片法是将已知体积的待测样品，均匀地涂布在载玻片的已知面积内，经固定染色后计数。染色涂片计数法是对直接计数法的改良，它可以通过染色而分辨出细菌的死活。如：用美兰染料将酵母菌染色，活的酵母菌是无色的，死的被染成蓝色，这样就可以分别计算出活菌数和死菌数。

C　比例计数法

比例计数法是将待测样品溶液与等体积的血液混合，然后涂片，在显微镜下测定微生物与红血球数的比例，由于血液中红血球数是已知（男性 400～500 万个/mL，女性 350～450 万个/mL）的，由此测的微生物数量。

D　比浊法测定细菌悬液浓度

当光线通过微生物菌悬液时，由于菌体的散射及吸收作用使光线的透过量降低。比浊法的原理是在一定浓度范围内，悬液中细胞的数量与透光量成反比，与光密度成正比。通常利用光电比色计进行测定。

使用该法测定细胞数时，需要预先做出光密度与细菌数目的关系曲线，测定时根据测得的光密度再根据此曲线即可查得样品中的细菌数。比浊法是测定悬液中细胞总数的快速方法。比浊法的优点是简便、快捷，可以连续测定，采用本法应注意培养基的成分和产物不能在选用的波长下有吸收作用，若含有其他固体物质或有色素产物，一般不用此法。

3.3.3.2　测定活细菌数

A　载玻片薄琼脂层培养计数

载玻片薄琼脂层培养计法是先将待测样品做一系列的稀释，然后将定量的稀释液接种在薄琼脂培养基上进行培养，然后根据出现的菌落数便可推算出待测样品中的活菌数。

B　平板菌落（CFU）计数

平板菌落计数法的原理是：在高度稀释的条件下，样品中的细菌被分散，经过培养后，每个活细胞就可在平板培养基上形成一个单菌落（即菌落形成单位，Colony Forming Unit，CFU），根据每皿上形成的 CFU 数乘以稀释度就可推算出样品的细菌含量。平板菌落计数法要求菌体呈分散状态，所以，它较适合细菌和酵母菌等单细胞微生物计数，不适用于霉菌等多细胞微生物测定。

C　液体稀释培养计数

稀释培养法又称为最大概率法（Most Probable Number，MPN）。将待测样品在定量培养液中做一系列稀释培养，会看到在一定稀释度数以前的培养液中出现细菌生长，而在这个稀释度以后的培养中不会出现细菌生长，将最后三级有菌生长的稀释度称为临界级数，从重复的 3 个临界级数求得最大的概率数

（MPN），即可计算出样品单位体积中细菌数的近似值。液体稀释培养计数法适用于测定在微生物群落中不占优势，但具有特殊生理功能的菌群，如检测污水中特殊微生物类群的细菌数量；其缺点是只能进行特殊生理菌群的测定，结果也较为粗放。

D　浓缩法（薄膜过滤法）计数

对于测定水体中含量较低的样品的菌数时，应先将待测样品通过微孔滤膜过滤富集，再与膜一起放到合适的培养基或浸有培养液的支持物表面上培养，最后根据菌落数推算出样品含菌数。

3.3.3.3　计算生长量

计算生长量首先要测得细胞的质量。测定细胞质量的方法有以下几种。

A　胞干重法

将单位体积的液体培养基中的微生物过滤或离心收集菌体细胞，并用水洗净附在细胞表面的残存培养基，在105℃高温或真空下干燥至恒重，称重，即可求得培养物中的总生物量。细胞干重法适用于含菌量高，不含或少含颗粒性杂质的样品。

B　通过测细胞含氮量确定细胞浓度

蛋白质是细胞的主要物质，含量比较稳定，而氮又是蛋白质的重要组成。其方法要点：从一定量培养物中分离出细菌，洗涤，以除去培养基带入的含氮物质。再用凯氏定氮法测定总含氮量，以表示原生质含量的多少。一般细菌的含氮量约为原生质干重的14%。而总氮量与细胞蛋白质总含量的关系可用下式计算：

$$蛋白质总量 = 含氮量（\%）\times 6.25$$

此法只适用于细胞浓度较高的样品，同时操作过程也较麻烦，故主要用于科学研究。

C　通过DNA的测定算出细菌浓度

微生物细胞中DNA含量较为恒定，不易受菌龄和环境因素的影响。利用DNA与DABA-2HCl(即新配制的20% W/W,3,5-二氨基苯甲酸-盐酸溶液)能显示特殊荧光反应的原理而设计的。将一定容积培养物的菌悬液，通过荧光反应强度，求得DNA的含量，可以直接反映所含细胞物质的量。同时还可根据DNA含量计算出细菌的数量，因为每个细菌平均含DNA 8.4×10^{-5}ng。

D　ATP含量测定法

微生物细胞中都含有相对恒定量的ATP，而ATP与生物量之间有一定的比例关系。从微生物培养物中提取ATP，以分光光度计测定它的荧光素-荧光素酶反应强度，再经换算即可求得生物量。ATP含量测定法灵敏度较高，但受培养基含磷量的影响。

E 生理指标法

生理指标法是通过测定生活细胞的代谢活性强度来估算其生物量。如测定单位体积培养物在单位时间内消耗的营养物或氧气的数量，或测定微生物代谢过程中的产酸量或产 CO_2 量等。例如通过测定微生物对氧的吸收、发酵糖产酸量或测定谷氨酸在氨基脱羧酶作用下产生 CO_2 的多少来推知细菌生长情况。这是一种间接方法，测量误差较大。使用时必须注意：作为生长指标的那些生理活动项目，应不受外界其他因素的影响或干扰。

可以看出，每种生物量测定方法都各有优点和局限性，只有在考虑了这些因素同要着手解决的问题之间的关系以后，才能对具体的方法进行选择。正如前面说过的，平皿菌落计数法是微生物学中应用最多的常规方法，掌握这一方法的原理和实际操作，很有必要。但此法在理论上仅能反映活细胞数。另外，当用两种不同的方法测量细菌的生长量时，其结果不一致是完全可能的，例如对静止期培养物进行显微镜计数时比平皿菌落计数法所得的数字高得多，因前者包括所有的活细胞与死细胞，而后者只能反映出活细胞数。

3.3.4 群体生长规律-生长曲线

3.3.4.1 细菌群体生长的特征

细菌通常以二分裂进行繁殖，即一个细胞分裂形成两个相同的子细胞；每个子细胞再分裂，又各自产生两个子细胞。每分裂一次为一个世代，每经过一个世代，群体数目增加一倍。因此，细菌的群体生长是按指数速度进行的。也可以说单细胞微生物的群体生长特征为指数生长。

3.3.4.2 生长曲线

各种微生物的生长速度虽然不一，但它们在分批培养中表现出相似的生长繁殖规律。以细菌接种培养为例，把细菌接种在液体培养基中，在适宜的条件下培养，定时取样，测定细菌数目，以细菌数目的对数为纵坐标，生长时间为横坐标作图，即可绘出一条反映细菌从开始生长到死亡的动态过程曲线，这条曲线即为细菌的生长曲线，曲线上各点的斜率称为生长速率，如图 3-24 所示。

根据生长速率的不同，一般可把细菌的生长曲线分为适应期、对数期、静止期、衰亡期四个阶段。

A 适应期（停滞期或者迟滞期）

将少量细菌接种到某一培养基中，细菌不立即生长繁殖，而是经过一段适应期才能在新的培养基中生长繁殖。在这个时期的初始阶段，有的细菌产生适应酶，其细胞物质开始增加，细菌总数尚未增加；有的细菌不适应新环境而死亡，故细菌数有所减少。适应的细菌生长到某个程度便开始细胞分裂，进入停滞期的第二阶段，即加速期（见图 3-24 中 1 和 2）。此时，细菌的生长繁殖速度逐渐加

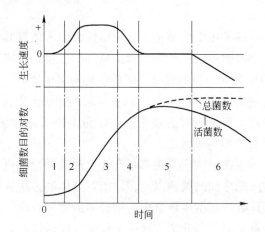

图 3-24　细菌的生长曲线

1，2—适应期；3，4—对数期；5—静止期；6—衰亡期

快，细菌总数有所增加。

延迟期的长短与菌种的遗传性、菌龄以及移种前后所处的环境条件等因素有关，短的只需几分钟，长的可达几小时。不同种细菌的停滞期长短不同。因受某些影响，细菌在停滞期经历的时间会改变，影响因素如下：

（1）接种量，接种量大，停滞期短。

（2）接种群体菌龄，将处于对数期的细菌接种到新鲜的，成分相同的培养基中，则不出现停滞期，而以相同速率继续其指数生长；如果将处于对数期的细菌接种到另一种培养基中，则其停滞期可大大缩短；将处于静止期或衰亡期的细菌接种到另一种不同成分的培养基中，其停滞期则相应延长；即使将它们接种到与原来成分相同的培养基中，其停滞期也比接种处于对数期细菌的长，这是因为，处于静止期和衰亡期的细菌常常耗尽了各种必要的辅酶和细胞成分，需要时间合成新的细胞物质；或它们因代谢产物过多积累而中毒，需要时间修补损伤。

（3）营养，一个群体从丰富培养基中转接到贫乏营养基中也会出现停滞期，因为细菌在丰富的培养基中可直接利用其中各种成分；而在贫乏营养基中，细菌需产生新的酶类以便合成所缺少的营养成分。

综上所述，如果接种量适中，群体菌龄小（对数期），营养和环境条件适宜，停滞期就短。世代时间短的细菌，其停滞期也短。

处于停滞期的细菌细胞特征如下：分裂迟缓、代谢活跃。细胞体积增长较快，尤其是长轴，例如巨大芽孢杆菌，在此阶段后期细胞平均长度比刚接种时大6倍以上；在停滞期初期，一部分细菌适应环境，而另一部分死亡，细菌总数下降，到停滞期末期，存活细菌的细胞物质增加，菌体体积增大，其长轴的增长速度特别快。在此阶段后期，少数细胞开始分裂，曲线略有上升，处于这一时期的细胞代谢活力强，细胞中 RNA 含量高，嗜碱性强，对不良环境条件较敏感，对氧的吸收、二氧化碳的释放以及脱氨作用也很强，同时容易产生各种诱导酶等。这些都说明细胞处于活跃生长中，只是细胞分裂延迟。

采取缩短延迟期的措施在生产实践中具有重大的意义，通常采取的措施有通过遗传方法改变种的遗传特性；增加接种量，在种子培养中加入发酵培养基的某些营养成分，采用最适菌龄（即处于对数期的菌种）的健壮菌种接种以及选用繁殖快的菌种等措施，以缩短延迟期，加速发酵周期，提高设备利用率。

B　对数期（又叫指数期）

继停滞期的末期，细菌的生长速度增至最大，细菌数量以几何级数增加。当细菌总数与时间的关系在坐标系中呈直线关系时，细菌即进入对数期（见图 3-24 中 3 和 4）。对数期的细胞个数按几何级数增加：$1 \rightarrow 2 \rightarrow 4 \rightarrow 8 \rightarrow 16 \rightarrow 32 \cdots$，即 $2^0 \rightarrow 2^1 \rightarrow 2^2 \rightarrow 2^3 \rightarrow 2^4 \cdots 2^n \cdots$。指数 n 为细菌分裂的次数或增殖的代数，一个细菌繁殖 n 代后产生 2^n 个细菌。

处于对数期的细菌得到丰富的营养，细胞代谢活力最强，合成新细胞物质的速度最快，所有分裂形成的新细胞都生活旺盛。这一阶段的突出特点是细菌数以几何级数增加，代谢稳定，细菌数目的增加以及原生质总量的增加与菌液混浊度的增加均呈正相关性。由于营养物质足以供给合成细胞物质用，而有毒的代谢产物积累不多，对生长繁殖影响极小，所以细菌很少死亡或不死亡。此时，细菌细胞物质的合成速度与活菌数的增长速度一致，细菌总数的增加率和活菌数的增加率一致，细菌对不良环境因素的抵抗力强。如果将处于对数期的细菌接种到新配的、成分相同的培养基中，则细菌不经过停滞期就可进入对数生长期，并大量繁殖。如果要保持对数生长，需要定时、定量地加入营养物质，同时排除代谢产物，或改用连续培养，这样，就可以在最短的时间内得到最多的细菌量。对数期的细菌不但代谢力强、生长速率快，而且群体中细胞的化学组分及形态、生理特性都比较一致。所以，教学实验和发酵工业都用对数期的细胞做实验材料。对数期的生长速率对时间可能是直线函数，而不是指数函数。这可能是由于没有充足的通气造成溶解氧供应不足所致，因为生长速率是由空气中的氧气向培养基中扩散、溶解的速率所决定的。此外，由于在对数生长的培养物中有抑制剂掺入，阻止了某种必要酶的形成，使生长速率受到影响并导致直线生长。

C　静止期

由于处于对数期的细菌生长繁殖迅速，消耗了大量营养物质，致使一定容积的培养基浓度降低。同时，代谢产物大量积累对菌体本身产生毒害，pH 值、氧化还原电位均有所改变，溶解氧供应不足。这些因素对细菌生长不利，使细菌的生长速度逐渐下降甚至到零，死亡速率渐增，进入静止期（见图 3-24 中 5）。静止期的细菌总数达到最大值，并恒定一段时间，新生的细菌数和死亡的细菌数相当。整个培养物中二者处于动态平衡。

导致细菌进入静止期的主要原因是营养物质浓度降低，营养物质成了生长的限制因子。处于静止期的细菌开始积累贮存物质，如肝糖、异染粒、聚β-羟基丁酸（pHB）、淀粉粒、脂肪粒等；大多数芽孢杆菌形成芽孢。稳定期的长短与菌种和外界的环境条件有关。废水生物处理中可以通过调节进水水质、调节 pH 值、调整温度等措施来延长稳定生长期。

D　衰亡期

继静止期之后，由于营养物质被耗尽，细菌因缺乏营养而利用贮存物质进行内源呼吸，即自身溶解。细菌在代谢过程中产生的有毒代谢物质，会抑制细菌生长繁殖。死亡率增加，活细菌数减少，以致死亡数大大超过新生数，群体中活菌数目急剧下降，出现了"负生长"，此阶段叫衰亡期（见图 3-24 中 6）。这一阶段的细胞，有的开始自溶，产生或释放出一些产物，如氨基酸、转化酶、外肽酶或抗生素等。菌体细胞也呈现多种形态，有时产生畸形，细胞大小悬殊，有的细胞内多液泡，革兰氏染色反应的阳性菌变成阴性反应等。

活性污泥中的微生物生长规律和纯菌种是一致的，它们的生长曲线相似，一般将其划分为三个阶段：生长上升阶段、生长下降阶段和内源呼吸阶段。

3.3.5　细菌生长曲线在污水生物处理中的应用

细菌生长曲线的研究不仅可用于微生物新陈代谢的研究，而且在废水生物处理中具有重要的指导作用。

在不同的废水生物活性污泥处理法中，其中活性污泥中微生物的生长状态不同，或处于迟缓期，或处于对数生长期，或处于衰亡期等。在废水生物处理设计时，按废水的水质情况，可利用不同阶段的微生物处理废水。例如：用初期培养的活性污泥处理废水时，宜接入对数期微生物；在常规活性污泥法和生物膜的处理运行中，宜接入稳定期微生物；用高负荷活性污泥法处理废水时，宜用对数期和稳定期微生物；对于有机物含量低，$BOD_5/COD < 0.3$、可生化性差的废水，即用衰亡期微生物处理；对间歇排放的废水可采用含衰亡期微生物的间歇曝气法进行生物处理。

3.4　废水生物处理的影响因素

废水生物处理的主体是微生物，微生物的新陈代谢对环境因素有一定要求，如果环境条件超出正常的范围，或突然有较大幅度的改变，会危及微生物的生命，或干扰微生物的生活，从而影响废水的处理效果（见图 3-25）。

废水生物处理中，环境要素通过影响生物的生长进而影响废水的处理效果。在废水处理运行中常见的影响因素有温度、pH 值、有毒物质、营养元素配比和

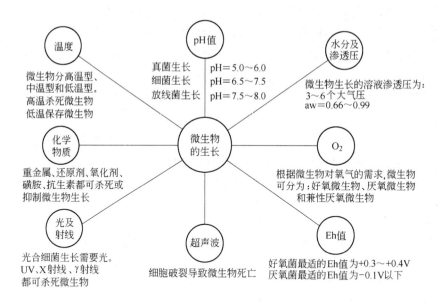

图 3-25　微生物生长所需的环境

渗透压等。

3.4.1　氧气

根据微生物与氧的关系，可将微生物分成以下三类。

3.4.1.1　好氧微生物

它们在有氧条件下生长，进行有氧呼吸。细菌中的芽孢杆菌属、假单孢菌属等常见的细菌以及硝化细菌、硫化细菌等等，都为好氧微生物；大多数放线菌、真菌、原生动物以及蓝细菌和藻类也属好氧微生物、

一般情况下好氧微生物只利用溶于水的氧（即溶解氧），必须在有氧存在的条件下才能生长。在废水生物处理的曝气池中，为使活性污泥中的好氧微生物得到足够的氧，往往要保持溶解氧在 3～4mg/L。在活性污泥法、生物膜法等污水处理方法中主要利用好氧微生物，常以搅拌、曝气等方式满足其对氧气的需要。

3.4.1.2　厌氧性微生物

一类叫做专性厌氧菌，只能在无氧条件下生长，一遇氧就死亡，如梭状芽孢杆菌属（*Clostridium*）、拟杆菌属（*Bacteroides*）、甲烷杆菌属（*Methanoacterium*）等；另有一类耐气性厌氧微生物，其代谢作用不需要氧，但分子氧存在亦对之无害，例如大多数乳酸菌，无论有氧或缺氧，均进行典型的乳酸发酵。

3.4.1.3　兼性厌氧微生物

这类微生物既具有氧化酶，又有脱氢酶，因此此类微生物在有氧及无氧条件

下均生长，但不同条件下呼吸代谢方式不同。如酵母菌在有氧时进行有氧呼吸，以氧为受氢体，使葡萄糖彻底氧化为 CO_2 与 H_2O；无氧条件下则以乙醛为受氢体，进行酒精发酵，生成乙醇和 CO_2。硝酸还原菌在有氧时亦进行好氧呼吸；在缺氧环境下可利用 NO_3 为受氢体进行无氧呼吸。

> **小贴士：** 由于兼性厌氧微生物在有氧条件或无氧条件下均能很好地生长，因此在废水生物处理或活性污泥消化中起着十分积极的作用。

3.4.2　氧化还原电位

氧化还原电位以 φ（或 Eh、ORP）表示，能综合反映环境的氧化还原状况。各种微生物要求不同的 φ 值，好氧微生物生长的适宜 φ 值为 0.3 ~ 0.4V，在 0.1V 以上即能生长；厌氧性微生物只能在 φ 值为 0.1V 以下甚至为负值时才能生长；兼厌氧性微生物在 φ 值为 0.1V 以上时进行有氧呼吸，在 0.1V 以下时进行无氧呼吸或发酵作用。

3.4.3　温度

温度是影响微生物生长的重要因素，温度适宜，微生物生长繁殖良好，温度过高或过低，则生长繁殖受到抑制，甚至死亡。根据微生物的最适生长温度，可将微生物分成三类：

（1）低温性微生物（最适生长温度为 5 ~ 10℃左右）；

（2）中温性微生物（最适生长温度为 25 ~ 40℃）；

（3）高温性微生物（能在高于 50 ~ 60℃ 条件下生长），有的高温菌能在 75℃以上，甚至 90℃下生长。

废水生物处理中大多数细菌适宜的温度都在 20 ~ 40℃范围。好氧处理的实际工艺温度控制在 15 ~ 30℃之间，在水温低于 10℃ 或高于 40℃时，通过调节负荷，也能达到比较好的处理效果，但是水温在 30 ~ 35℃时，处理效果最佳。因此，除了设置调节池对某些水温太高的工业废水降温外，好氧处理一般不对温度做特殊调整。根据温度的不同，厌氧处理可分为中温（30 ~ 35℃）及高温（50 ~ 60℃）两大类。高温消化比中温消化所需的时间短，但加热污泥所需的热量大，因此，从经济角度考虑，一般采用中温消化方式。在冬季，即使中温消化，为解决水温过高，代谢速率慢的问题，也要给设备增设保温层或采用蒸汽对设备预热。

3.4.4　pH 值

一般来说，好氧处理时，水的 pH 值应在 6 ~ 9 之间，由于好氧生物对 pH 值的适应能力较强，因此，实际运行时，水的 pH 值范围可以扩展。

厌氧处理中，pH 值应在 6.5 ~ 7.8 之间，但厌氧微生物对 pH 值较敏感，如果 pH 值降到 5 以下，甲烷菌明显受害，甚至会死亡。

一般情况下，如果进水的 pH 值远离正常值，应该在进入生物处理的构筑物前设置调节池，将 pH 值调整到正常范围后，才可以进行生物处理。

3.4.5 有毒有害化学物质

有毒物质如重金属、氰化物、硫化物、醛类、酚类等，都是对微生物生长和繁殖产生抑制和毒害的物质，都会影响微生物的处理效果，严重的会使微生物死亡。大多数重金属及其化合物都是有效的杀菌剂或防腐剂，它们容易与细胞蛋白质结合使之变性，有的通过进入细胞后与酶上的-SH 基结合而使酶失去活性，从而抑制微生物的生长或导致其死亡。有机化合物中如酚、醇、醛等也能使蛋白质变性。卤族元素及其化合物主要依靠其强的氧化性对微生物细胞内的核糖核酸产生影响，从而阻碍其蛋白质的合成，从而杀伤细胞。一般而言，染料不具有杀菌能力，但是，多数染料为碱性，其碱性阳离子与菌体的羧基作用形成弱电离的化合物，妨碍菌体正常代谢。但是，在质量浓度较低情况下（小于 1g/L），染料可成为微生物的营养源。

微生物对毒物的忍受能力因种类而异。一般而言，细菌适应性较强，在污水、废水处理过程中，常常通过逐步提高毒物浓度的长期驯化，使微生物得以承受较高浓度的毒物，进而利用污水、废水中的毒物，从而达到有效地净化废水的目的。

3.4.6 水分及渗透压

水或其他溶剂经过半透性膜而进行的扩散称为渗透，在渗透时溶剂通过半透性膜时的压力称为渗透压，其大小与溶液的浓度成正比。不同种类的溶质形成的渗透压大小不同，小分子溶液比大分子溶液渗透压大；离子溶液比分子溶液渗透压大；相同含量的盐、糖、蛋白质所形成的溶液渗透压为：盐 > 糖 > 蛋白质。

在等渗溶液中，环境渗透压和细胞内渗透压相同或相近，细胞在等渗环境中生长好，如 0.85% 氯化钠-生理盐水，微生物正常生长。在高渗溶液（如高盐、高糖溶液中），细胞失水收缩，从而抑制了微生物体内的生理生化反应，抑制其生长繁殖。而在低渗溶液中，由于细胞壁的保护作用，微生物受低渗的影响不大。

不同类型的微生物对渗透压变化的适应能力不尽相同，大多数微生物在 0.5% ~ 3% 的盐浓度范围内可正常生长。对于一般微生物来说，在含盐 5% ~ 30% 或含糖 30% ~ 80% 的高渗条件下可抑制或杀死某些微生物。但各种微生物承受渗透压的能力不同，有些能在高渗条件下生长，称其为耐高渗微生物。细菌中的嗜盐菌能在15%～30%的盐溶液中生长，主要分布在盐湖、死海、海水和盐场及腌渍菜中。花蜜酵母菌和某些霉菌能在60%～80%的糖溶液中生长，产甘油的耐高渗酵母能在20%～40%的糖蜜中生长。

不同的细菌对渗透压的抵抗力不同。但不论哪种细菌，对渗透压的抵抗力是有一定限度的，超过一定限度则使菌体生长受到抑制，只有在等渗溶液中，微生物才是最佳的生长、繁殖环境。

第4章 活性污泥法和生物膜法

4.1 活性污泥的性质

4.1.1 活性污泥法的开发

1914 年在英国曼彻斯特，Ardern 和 Lockett 开发出活性污泥法。他们发现对污水进行曝气会产生悬浮絮体，而这些絮体在反应器中存留后能够加快污染物去除速率，他们把这些絮体称之为"活性污泥"。接下来，活性污泥法便在世界范围内逐渐得到普遍应用。

随着对活性污泥实际工程应用的普及，对其作用机理的认识也逐渐深入和明晰。现今，在污水处理工艺中，活性污泥法是应用最为广泛和运行稳定可靠的处理工艺，已经成为污水处理的主体工艺之一。

4.1.2 活性污泥

活性污泥法是以活性污泥为主体的污水生物处理技术。活性污泥是活性污泥法中的主体作用物质。根据《排水工程》一书中的定义，"在微生物群体新陈代谢功能的作用下，使活性污泥具有将有机污染物转化为稳定的无机物质的活力，故此称为'活性污泥'。"当今，随着对活性污泥不同生物功能的深入认识和利用，活性污泥不仅仅用来进行有机污染物的稳定化处理（如有机碳源氧化为二氧化碳或者生物体），也包括无机污染物的去除和消减（如氮磷的生物去除）。活性污泥可以概括为：不同种类的生物（微生物、腔肠动物、原生动物等等），一般以丝状菌为骨架，在胞外多聚物等物质的辅助下，共同形成的具有不同生物代谢功能的生物絮体（图 4-1）。在污水实际处理过程中，活性污泥还包括其他固体组分，如微生物（主要是细菌）内源代谢和自身氧化的残留物、污水中难以生物降解的惰性有机物质和污水中的无机固体物质等。所以，活性污泥是包含复杂固体组分的综合体。

从外观上看，城市污水处理系统中的活性污泥，由于具有充足的氧气供应，所以一般是黄褐色絮体颗粒状；同时由于水温，水动力条件，微生物性质以及污染物特征的不同，活性污泥颗粒尺寸也会有所不同，但一般介于 0.02 ~ 0.2mm 之间，活性污泥絮体一般具有较好的沉降性，易于实现泥水分离；由于活性污泥主要是由微生物构成，所以从整体上看，活性污泥絮体一般具有较大的表面积，

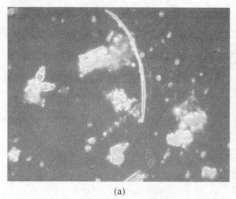
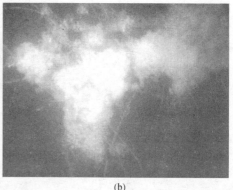

（a）　　　　　　　　　　　　　　　　　　　　　　（b）

图4-1　活性污泥絮体形态

（a）显示活性污泥絮体和一些高级生物；（b）显示活性污泥絮体包括
微生物以丝状菌为骨架聚合在一起形成絮体结构

大体上介于 $20 \sim 100 cm^2$ 之间，活性污泥具有的高密度生物活性使其能够快速有效去除污染物质；活性污泥含水率很高，一般都在99%以上。

　　由于活性污泥主要是各种生物的聚合体，所以其生长所需要的环境因素也和一般生物生长所需要的环境条件相似，如需要适宜的温度、pH值、溶解氧、营养负荷及较低有毒有害物质等；同时，活性污泥在其生命代谢活动过程中，需要有足够的营养物质供其生长所用，营养物质包括：碳源、氮源、磷源、无机盐及各种生长素等。一般，需要处理的污水需要保证所需营养的量，以维持生物体的代谢繁殖，实现污水处理工艺的稳定运行。碳源是构成生物体的最主要的元素，所以活性污泥生长或代谢对其需求量最高。对于只考虑异养菌生长来说，生活污水碳源比较充足，一般不考虑投加碳源进行处理。但对于一些碳源不足的工业废水，则应补充其他碳源如生活污水或淀粉等。氮是组成微生物细胞内蛋白质和核酸的重要元素，氮源可来自 N_2、NH_4、NO_3 等无机氮，也可以来自蛋白质、蛋白胨以及氨基酸等有机含氮化合物。生活污水中氮源充足，在活性污泥法处理过程中不需要另行投加；而对于某些类型的工业废水，如果缺乏氮源，可能需要考虑投加尿素、硫酸铵等氮源来维持生物代谢活动。磷也是微生物合成一些重要细胞组分的构成元素，如合成核蛋白、卵磷脂以及其他磷化合物，磷也在微生物的生命代谢或合成过程中起重要作用。微生物主要从无机磷化合物中获取磷。磷源不足将影响酶的活性，从而使微生物的生理功能受到影响。对活性污泥生长来说，一般三大营养物质（碳、氮、磷）比例关系为 BOD：N：P＝100：5：1。活性污泥生长也需要适量的微量元素，如硫是合成细胞蛋白质不可缺少的元素，辅酶A的合成也需要硫元素；钠在微生物细胞中可以用来调节细胞和污水之间渗透压；其他一些微量元素，如镍、钴、铜、锌等，在某些生命代谢过程或某些大分子的合成过程中也是需要的，所以有时也需要保证其存在。

参与污水活性污泥处理的是以好氧菌为主体的微生物种群。根据运行经验数据，曝气池中溶解氧浓度以不低于2mg/L为宜（以出口处为准）。局部区域有机污染物浓度高，耗氧速率高，溶解氧浓度不易保持在2mg/L以上，此种情况下，溶解氧浓度可以有所降低，但也不宜低于1mg/L。

微生物的生理活动与环境的酸碱度密切相关，只有在适宜的酸碱度条件下，微生物才能进行正常的生理活动。参与污水生物处理的微生物，一般最佳的pH值范围介于6.5~8.5之间。

温度作用非常重要，主要是影响微生物的活性，进而影响其产率。在温度比较低的情况下，活性污泥需要较长的时间来降解污染物，也需要较长的时间来合成新的生物体；所以，一般需要较长的停留时间来维持反应器里一定的生物量。参与活性污泥处理的微生物，多属嗜温菌，其适宜温度在10~45℃；为安全计，一般将活性污泥处理工艺的温度控制在15~35℃，低于5℃微生物生长缓慢。

"有毒物质"是指对微生物生理活动具有抑制作用的某些无机质及有机质，主要有重金属离子（如锌、铜、镍、铅、铬等）和一些非金属化合物（如酚、醛、氰化物、硫化物等）。有毒物质对微生物的毒害作用，有一个量的概念，只有当有毒物质在环境中达到某一浓度时，毒害和抑制作用才显现出来，也就是平时所说的阈值。污水中的各种有毒物质只要低于这一浓度，微生物的生理功能不受影响。有毒物质的作用也受到其他众多因素的影响，如环境因素pH值、水温、溶解氧、有无其他有毒物质等，微生物的数量或者有毒物质与生物量的比，以及活性污泥是否经过驯化等。

4.2 活性污泥法基本流程

4.2.1 反应器基本流程及基本概念

活性污泥工艺最主要的目的就是去除污水中的污染物，主要包括悬浮物、碳、氮、磷等。所以当今活性污泥法的基本流程主要是包括能够实现这些污染物去除的过程。

活性污泥法一般是由曝气池、沉淀池、污泥回流和剩余污泥排除系统所组成。污水和回流的活性污泥一起进入曝气池形成混合液。曝气池是一个主体生物反应器，通过曝气设备充入空气，空气中的氧溶入污水使活性污泥混合液产生好氧代谢反应。曝气设备不仅传递氧气进入混合液，且使混合液得到充分搅拌而呈悬浮状态。这样，污水中的有机物、氧气和微生物之间能充分接触和反应。随后混合液流入沉淀池，混合液中的悬浮固体在沉淀池中得到沉淀，实现泥水分离，保证出水水质，同时也保证回流污泥的量。流出沉淀池的就是净化水。沉淀池中的污泥大部分回流，称为回流污泥。回流污泥的目的是使曝气池内保持一定的悬浮固体浓度，也就是保持一定的微生物浓度。曝气池中的生化反应引起了微生物的增殖，增殖的微生物通常从沉淀池中排除，以维持活性污泥系统的稳定运行。这部分污泥叫剩余污泥。剩余污泥中含有大量的微生物，排放环境前应进行有效处理，防止污染环境。剩余污泥的排放，是去除有机物的途径之一，也是维持系统稳定运行的一个重要调控途径。要使活性污泥法形成一个实用的处理方法，污泥除了有氧化和分解有机物的能力外，还要有良好的凝聚和沉淀性能，以使活性污泥能从混合液中分离出来，得到澄清的出水。活性污泥中的细菌是一个混合群体，常以菌胶团的形式存在，游离状态的较少。菌胶团是活性污泥絮凝体的主要组成部分，主要是由细菌分泌的多糖类物质将细菌包覆成黏性团块，以此利于活性污泥絮体沉降，也使活性污泥具有抵御外界不利因素的性能。游离状态的细菌不易沉淀，但是混合液中的原生动物可以捕食这些游离细菌，从而维持沉淀池的出水不含有较多的悬浮固体，出水就会更清澈，因而原生动物的存在有利于出水水质的提高。

4.2.2　去除碳类有机物的活性污泥法

活性污泥去除碳元素的基本流程如图 4-2 所示。在活性污泥处理系统中，有机污染物从污水得到去除的实质就是有机污染物作为营养物质被活性污泥微生物摄取、代谢和利用的过程。也就是所谓的"活性污泥反应"的过程，这个过程使污水得到净化，微生物种群扩大，活性污泥得到增长。

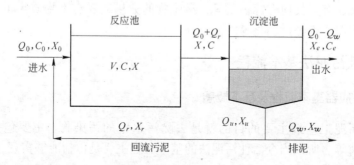

图 4-2　活性污泥法去除碳元素基本流程示意图

活性污泥去除碳类有机物的过程比较复杂，大致由下面两个阶段组成。第一个阶段是初期吸附去除，在活性污泥系统内，在污水开始与活性污泥接触后的较短时间内，污水中的有机污染物即被大量去除，这种初期高速去除现象是由物理吸附和生物吸附交织在一起的吸附作用所导致产生的。污水中的有机污染物被活性污泥颗粒吸附在菌胶团的表面上，这主要是归功于其巨大的比表面积和多糖类黏性物质的存在。同时一些大分子有机物在细菌胞外酶作用下被分解为小分子有机物。第二个阶段是微生物的代谢，存活在曝气池内的微生物，把污水中的污染物当作营养加以摄取、吸收和利用。微生物的代谢分为分解代谢和合成代谢，虽然都能够去除污水中的有机污染物，但产物却有所不同。微生物在氧气充足的条件下，吸收利用这些有机物，并氧化分解以形成二氧化碳和水，一部分供给自身的增殖繁衍，一部分作为能量来源。

　　活性污泥反应进行的结果，污水中有机污染物得到降解而去除，活性污泥本身得以繁衍增长，污水则得以净化处理。经过活性污泥净化作用后的混合液进入二次沉淀池，混合液中悬浮的活性污泥和其他固体物质在这里沉淀下来与水分离，澄清后的污水作为处理水排出系统。经过沉淀浓缩的污泥从沉淀池排走，部分回流到反应池。

4.2.3　去除氮类污染物的活性污泥法

　　有机氮源首先转化为氨氮，而氨氮类无机氮源主要是通过硝化反硝化途径得到去除。硝化过程主要是氨氮首先被氨氧化细菌硝化为亚硝酸盐，接下来亚硝酸盐被亚硝酸盐硝化菌硝化为硝酸盐；而在反硝化过程中，硝酸盐或者亚硝酸盐被反硝化菌反硝化为氮气。从而实现水中氮类物质转化为气态氮气，得到有效去除。所以去除氮元素的活性污泥系统需要包括缺氧条件的反硝化过程和好氧条件的硝化过程，基本流程如图4-3所示。

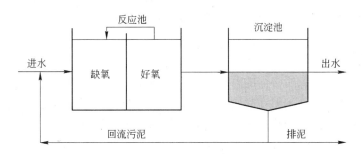

图 4-3　活性污泥法脱氮工艺基本流程示意图

亚硝化过程反应式不包括和包括生物合成分别为：

$$NH_4^+ + \frac{3}{2}O_2 \longrightarrow NO_2^- + H_2O + 2H^+ \qquad (1)$$

$$55NH_4^+ + 76O_2 + 109HCO_3^- \longrightarrow C_5H_7NO_2 + 54NO_2^- + 57H_2O + 104H_2CO_3 \ (2)$$

　　从式（1）可以看出，硝化氨氮为亚硝酸盐氮所需要氧气量为 3.73 mgO_2/mg NH_4-N，而且，亚硝化过程会产生氢离子，使溶液中 pH 值降低；从式（2）可以看出，硝化氨氮主要是转化为亚硝酸盐，而仅有少量氨氮合成为生物体，所以氨氧化菌的产率很低，需要较长的时间合成较多的生物体。

　　硝化过程反应式不包括和包括生物合成分别为：

$$NO_2^- + \frac{1}{2}O_2 \longrightarrow NO_3^- \tag{3}$$

$$400NO_2^- + NH_4^+ + 4H_2CO_3 + 195O_2 + HCO_3^- \longrightarrow C_5H_7NO_2 + 400NO_3^- + 3H_2O \tag{4}$$

从式（3）可以看出，硝化过程主要需要氧气，相应的需氧量为 $1.14mgO_2/mgNO_2$-N；从式（4）也可以看出，硝化亚硝酸盐主要是转化为硝酸盐，而仅有少量氨氮合成为生物体，所以亚硝酸盐氧化菌的产率也很低，也需要较长的时间进行生物合成和生长。

硝化过程中，氨硝化菌和亚硝酸盐硝化菌都是自养微生物，只需要无机碳作为碳源进行生物合成。

反硝化过程主要是以有机碳源作为电子受体，把硝态氮反硝化为氮气。以乙酸钠为碳源反硝化硝酸盐的例子如式（5）所示。

$$CH_3COOH + 1.2205NO_3^- =\!\!=\!\!= 0.0825C_5H_7NO_2 + 0.5690N_2 +$$

$$1.1010H_2O + 1.2205OH^- \tag{5}$$

从式（5）可以看出，反硝化过程中需要有机碳源，所以反硝化菌主要是异养菌；反硝化过程中会产生 OH^-，所以溶液中 pH 值会有所升高。

4.2.4　去除磷类污染物的活性污泥法

磷是微生物生长所必需的营养物质，它既是细胞的构成元素之一，又参与其物质的能量代谢活动；但在封闭水体中，氮磷超过藻类等光合细菌生长的限制浓度，将导致水体富营养化。富营养化是水体受到氮磷污染，营养物质进入水体并造成藻类和其他微生物异常增殖的结果。表征之一即为藻类过度增生，致使水体水质变差。虽然氮磷同为水体生物的重要营养物质，但是藻类等水生生物对磷更敏感。因为当水体中的氮浓度较低时，水体中的蓝藻、绿藻可通过固氮作用来补充氮浓度不足。由 Liebig 的最低定律可以得知，磷浓度的高低将成为藻类生长的限制因子，从而磷是水体富营养化的最主要的控制因子。当水体中磷的含量高于 $0.5mg/L$ 时，将促进富营养化现象的加速发生；当水体中磷的含量低于 $0.5mg/L$ 时，能控制藻类的过度生长；而低于 $0.05mg/L$ 时，藻类则几乎停止生长。研究表明，每向水体中排放 1g 磷会导致 950g（干重）藻类的生长。

几乎所有的生物除磷工艺都基于通过厌氧、好氧区（它们都在空间/时间序列上设置了厌氧/好氧段）污泥循环来实现的。其基本活性污泥工艺流程如图4-4所示。厌氧好氧除磷法是在传统的活性污泥工艺好氧区前引入厌氧区，在此阶段活性污泥和有机底物在厌氧条件下接触，以促进聚磷菌的生长，此时污泥中的某些微生物种群能够以比普通活性污泥高 3～7 倍的水平在厌氧状态下释磷并在好氧状态下吸磷，我们将之称为"聚磷菌"的"过量"吸磷或释磷。随着厌氧好氧过程的交替进行，聚磷菌可以在活性污泥中形成稳定的种群并占据一定的优势来过剩摄取磷，从而使磷积聚在污泥中的量达到很高值（好氧环境下所摄取的磷比在厌氧环境下所释放的磷多），通过富磷微生物体作为剩余污泥排放而达到除磷目的。

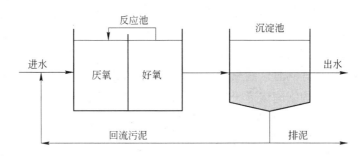

图 4-4 活性污泥法去除磷元素基本流程示意图

在厌氧条件下，如果废水中没有 DO 或氧化态氮（NO_x），一般无聚磷能力的好氧菌及反硝化菌，因为没有能量来源，所以这类微生物不能摄取细胞外的有机物。但是，在厌氧好氧交替运行条件下驯化的聚磷菌，能够利用细胞内积累的聚磷作为能量来源，摄取污水中的有机碳源，摄取的有机物将以 pHA（聚 β-羟基烷酸酯）的形式贮存在细胞内；同时将聚磷分解所产生的磷酸盐排出胞外，磷酸盐组分中的金属阳离子也被协同运输到细胞外。这一过程所需还原力来源于糖原降解或者部分来自于其他生物代谢途径。

在好氧区，聚磷菌活力得到充分恢复，利用氧气作为电子受体，氧化 pHA 以提供能量和碳源，供聚磷菌生长、合成糖原及在聚磷菌细胞内超量再生聚磷即"过量吸磷"。经沉淀泥水分离后，通过排除含高磷的剩余污泥而达到除磷的目的。好氧条件下对聚磷菌进行观察，可以看到活性污泥细胞内 pHA 颗粒迅速减少，而聚磷颗粒迅速增加，即磷酸盐由废水被摄入到聚磷菌体内。

4.2.5 活性污泥法运行控制

为维持稳定运行的活性污泥系统，在有效调节活性污泥所需的适宜环境因素的基础上，还需要针对活性污泥的性质，进行其他方面的有效控制。活性污泥处理技术，是通过采取一系列人工强化、控制的技术措施，使活性污泥微生物所具有的有机物氧化和分解的功能得到充分发挥，从而达到污水有效处理的目的。被处理的原污水的水质、水量得到有效控制，使其能够适应活性污泥处理系统的要求；作为活性污泥微生物量，在系统中保持一定数量，并相对稳定；在混合液中保持能够满足微生物需要的溶解氧浓度；在曝气池内，活性污泥、有机污染物、溶解氧三者能够充分接触，以强化传质过程。

　　稳定运行起到良好功能的活性污泥需要维持具有众多开展不同生物代谢功能的生物种群，以实现不同污染物去除的生化功能或者生物活性。活性污泥中的生物种群主要有：细菌类、真菌类、原生动物、后生动物等。废水中的有机营养物的复杂性和多样性，决定了活性污泥系统中生物的多样性；一般来说，生物多样性也就促成了生物功能的多样性。最终在活性污泥系统中形成复杂的食物链，保障污水的有效处理。首先在废水污染物去除过程中担当任务的是异氧菌和腐生性真菌，特别是球状细菌起着最关键的作用。细菌以异养型的原核细菌为主，这些细菌增殖速率较高，同时这些细菌也都具有较强的分解有机物并将其转化为无机物质的功能。真菌的细胞构造较为复杂，种类繁多，与活性污泥相关的真菌是腐生或寄生的丝状菌，丝状菌能分解碳水化合物、脂肪、蛋白质及其他含氮化合物，但丝状菌的异常增殖能造成活性污泥膨胀现象。随着活性污泥系统的正常运行，细菌大量繁殖，在废水污染物的去除过程中，原生动物将得到繁殖，原生动物是细菌一次捕食者。活性污泥常见的原生动物有鞭毛虫、肉毛虫、纤毛虫和吸管虫。接下来，活性污泥中会出现细菌的二次捕食者，后生动物。后生动物如轮虫、线虫等，只能在溶解氧充足时才出现，所以当出现后生动物时，标志着处理水质较好。

　　稳定运行起到良好功能的活性污泥也需要维持处理工艺中具有良好沉降性能的一定污泥量。活性污泥浓度主要由以下两个指标表示：

　　（1）混合液悬浮浓度，又称混合液污泥浓度（Mixed Liquor Suspended Solids，简称 MLSS），表示的是在单位容积混合液内所含有的活性污泥固体物的总重量，包括有机和无机成分；

　　（2）混合液挥发性悬浮固体浓度（Mixed Liquor Volatile Suspended Solids，简称 MLVSS），表示的是混合液活性污泥中有机性固体物质部分的浓度。

　　MLSS 可以通过湿污泥在 105℃ 下烘干进行测定；而 MLVSS 则需进一步在 550℃ 条件下在马弗炉中进行烧干，去除有机成分而得到。因此，对于表征生物量来说，MLVSS 比 MLSS 更准确一些。MLSS 及 MLVSS 两项指标都没有区分具有活性的和死亡的生物量，因此两者在表征混合液生物量方面都不够精确；但两者能在一定程度上表示相对的生物量，因此，广泛应用于活性污泥处理的设计，以及运行检测。优良运转的活性污泥，需要维持活性污泥浓度在 2～5g/L，较高污泥浓度易于造成活性污泥竞争溶解氧或者需要较大的沉淀池来进行污泥回流或者处理；较低的污泥浓度不能保证有效去除污染物，而使活性污泥系统处于较低处理效率状态。

　　在保证污泥量的基础上，也需要维持具有良好沉降性能的活性污泥絮体。活性污泥沉降性能评定主要是采用：

（1）污泥沉降比（Settling Velocity，简称 SV），又称 30min 沉降率，混合液在量筒静置 30min 后所形成沉淀污泥的容积占原混合液容积的百分率，以%表示；

（2）污泥容积指数（Sludge Volume Index，简称 SVI），表示取混合液加到 1L 量桶里，经过 30min 静沉后，测量沉淀污泥所占的体积（V，mL）和所用的混合液污泥浓度（MLSS，g/L），计算得到每克干污泥形成的沉淀污泥所占有的容积，SVI = SV × 1000/MLSS（mL/L）。

SVI 反映活性污泥的凝聚，沉降性能，SVI 过低，说明泥粒细小，无机质含量高，缺乏活性；过高，说明污泥的沉降性能不好，有产生污泥膨胀的可能。实际污水处理厂运行过程中，SVI 低于 80mL/g 代表污泥沉降性能较好，低于 50mL/g 代表非常好，而高于 120mL/g 则代表较差的沉降性能。当然，还有其他表征活性污泥沉降性能的指标，由于不具有常用性，所以在此不进行详述。

稳定运行起到良好功能的活性污泥也需要维持适宜的污染物负荷。有机物负荷可以通过以下三种表征方法：

（1）水力负荷；

（2）有机物负荷；

（3）物料比负荷。

水力负荷主要是指水力停留时间，也就是体积负荷，计算公式为：

$$HRT = V \times 24/Q$$

式中　V——反应器体积，m³；

　　　Q——进水流速，m³/d。

传统污水处理厂干燥天气情况下 HRT 在 5 小时，在暴雨天气可能会减少到 1 小时。

有机负荷是指单位体积条件下每天接受的有机物总量，计算公式为：

$$OL = QC/V \quad (kg/(m^3 \cdot d))$$

式中　Q——进水流量；

　　　C——有机物浓度（COD 或者 BOD）；

　　　V——反应器体积。

一般活性污泥系统有机负荷在 0.4 ~ 1.2kg/(m³·d) 之间，高负荷大于 2.5kg/(m³·d)，而延时曝气为低于 0.3kg/(m³·d)。

物料比负荷是指单位重量微生物每天所承受的有机负荷量，计算公式为：

$$F/M = QC/VX \quad (kg/(kg \cdot d))$$

式中　X——生物量浓度。

一般活性污泥系统此值在 $0.08 \sim 2.0 kg/(kg \cdot d)$ 之间，而延时曝气系统低于 $0.8 kg/(kg \cdot d)$，高负荷系统大于 $2.0 kg/(kg \cdot d)$。

污泥停留时间。为维持反应器中一定的污泥量，活性污泥在活性污泥系统中的生长需要提供合理的污泥停留时间。计算公式为：

SRT = 系统中所有的污泥量／系统中去除的污泥量 $= VX/(Q_w X_w + Q_e X_e)$

式中　Q_w——排出剩余污泥的流量；

　　　X_w——排出的剩余污泥；

　　　Q_e——出水流量；

　　　X_e——出水中污泥浓度。

污泥龄是控制污泥量和不同生物种类的一个重要环境因素。较低的污泥龄将驯化出具有高生长速率的生物种群，而较高的污泥龄将驯化出具有较低生长速率的生物种群。

稳定运行的活性污泥系统需要充足的溶解氧，以维持稳定高效的生物活性。活性污泥法中应用的充氧系统包括：

（1）深水曝气系统，该系统的主要特征是采用深度在 7m 以上的深水曝气池，这种曝气池具有的优势是：由于水压增大，加快了氧的传递速率，提高了混合液的饱和溶解氧浓度，有利于活性污泥微生物的增殖和对有机物的降解；曝气池向竖向深度发展，降低了占用的土地面积。

（2）深井曝气系统，深井曝气池直径介于 $1 \sim 6m$，深度可达 $50 \sim 100m$，井中间设隔墙将井一分为二，或在井中心设内井筒将井分为内外两部分，在设隔墙的一侧或设内井筒的外环部，安装空气提升装置，使混合液上升；而在设隔墙的另一侧或设内井筒的筒内，将会产生降流；通过这两种设置，在隔墙两侧或内井筒内外，将会形成由下而上的流动。由于水深度大，氧的利用率高，有机物降解速度快，效果显著。

（3）浅层曝气系统，又称殷卡曝气法，系瑞典某公司所开创，这项工艺是以下列论点作为基础的，即气泡只有在其形成与破碎的一瞬间，有着最高的氧转移率，而与其在液体中的移动高度无关。浅层曝气曝气池的空气扩散装置多为由穿孔管制成的曝气栅，空气扩散装置多设置在曝气池的一侧，距水面约 $0.6 \sim 0.8m$ 的深度，为了在池内形成环流，在池中心处设置导流板。

（4）纯氧曝气系统，又名富氧曝气活性污泥法，空气中氧的含量仅为 21%，而纯氧中的含氧量为 90% ~95%，氧分压纯氧比空气高 $4.4 \sim 4.7$ 倍，用纯氧进行曝气能够提高氧中混合液中的传递能力，用氧气代替空气进行曝气，以提高曝气池内的生化反应速率。

4.3　活性污泥法工艺类型

随着在生产上的广泛应用和不断改进，特别是近年来，对生物反应和净化机理研究的不断加深，活性污泥法在生物学、反应动力学的理论研究也得到相应的发展，出现了多种适应不同条件的工艺流程。

4.3.1 传统活性污泥法

传统活性污泥法又称普通活性污泥法，这种废水生物处理运行方式在早期就开始使用，并且一直沿用至今。其工艺流程如图4-5所示，包括完全混合式和推流式两类活性污泥工艺结构。

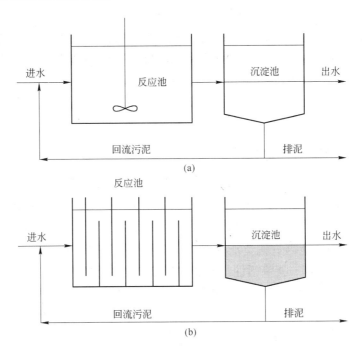

图 4-5 活性污泥法基本流程示意图

(a) 完全混合式；(b) 推流式

完全混合式活性污泥工艺的主要特征是采用完全混合式的曝气池，污水与回流污泥同时进入曝气池，在搅拌装置作用下立即得到混合，所以整个曝气池内各种物质的浓度是相同的，从而实现完全混合的目的。此工艺具有如下特点：

(1) 进入曝气池内的污水很快被池内已存在的混合液所稀释，均化，对在水质、水量方面波动较大的原污水，完全混合式活性污泥工艺具有较强的适应能力，尤其是处理污染物浓度较高的工业废水或者其他废水如垃圾渗滤液等。

(2) 污水在曝气池内分布均匀，各部位的水质相同，因此微生物群体的组成和数量也是均匀分布于反应池内，各部位污染物降解工况相同，所以，可以通过调节物料比（F/M），来维持活性污泥系统的最优化运行。

(3) 由于曝气池内混合液中污染物浓度是相对稳定的，所以对氧的需求也是相对稳定的，动力消耗相对来说低于推流式曝气活性污泥法。

推流式活性污泥法具体工艺流程为：

（1）原污水从曝气池首端进入反应池内，同时，由二次沉淀池回流的剩余污泥也在池端与污水进行混合后进入反应器；

（2）在反应池内污水中污染物被活性污泥所利用，污水得到有效处理；

（3）污水与污泥形成的混合液在反应池内以推流形式流至反应池末端，流出反应池外进入二次沉淀池，在沉淀池内污水与活性污泥分离，部分污泥回流至曝气反应池，部分污泥则作为剩余污泥排出系统。

在推流式反应池内，污染物浓度沿池长逐渐降低，需氧速度也是沿池长降低；相应的在池首端和前段混合液中溶解氧浓度较低，而溶解氧沿池长会逐渐增加，在池末端溶解氧浓度会达到最大值，一般维持在 2mg/L 左右。因此，污染物在曝气池内的降解，经历了第一阶段的吸附和第二阶段代谢的完整过程，活性污泥也经历了一个从首端的对数增长，经减速增长到池末端的内源呼吸的完全生长周期。

4.3.2　阶段曝气活性污泥法

阶段曝气活性污泥法系统是针对推流式传统活性污泥法系统存在的问题，对推流式传统活性污泥系统在工艺运行方面进行某些改进：污水沿曝气池分散排入（图 4-6）。阶段曝气活性污泥工艺具有以下特征：

（1）均衡反应池内有机负荷及需氧率，缩小耗氧速率与充氧速率之间的差距，有助于降低能耗，提高活性污泥在整个反应池内生物降解功能；

（2）推流式反应池内有效分担进水水量，进而能有效提高曝气池对水量、水质冲击负荷的适应能力；

（3）一般情况下，进水分流量沿反应池逐渐降低，所以混合液中污泥浓度沿池长逐步降低，出流混合液污泥浓度较低，有利于减轻二沉池负荷以及促进沉淀池内的固液分离效果。

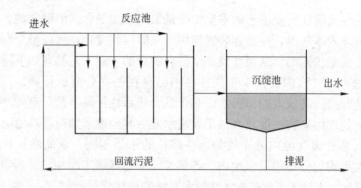

图 4-6　阶段曝气活性污泥法基本流程示意图

4.3.3 吸附-再生曝气活性污泥法

吸附-再生曝气活性污泥法也称为生物吸附活性污泥法，或者接触稳定法（图4-7），这种工艺的主要特点是通过两个反应池分别进行有机物质的吸附和降解。通过设置两个反应池，能实现以下目的：

（1）吸附池与再生池的容积之和，低于传统活性污泥法曝气池的容积；

（2）当在吸附池内的污泥遭到破坏时，可以通过再生池中污泥进行补救，有利于抵抗活性污泥系统对水质、水量的冲击负荷。

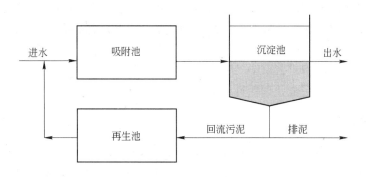

图 4-7 吸附-再生曝气活性污泥法基本流程示意图

回流的活性污泥在再生池内进行充分再生，活性得到很大提高；接下来，再生污泥进入到吸附池，与污水进行有效混合，并充分接触 30 ~ 60min，部分呈悬浮、胶体和溶解性状态的有机污染物能够被活性污泥吸附，并得到有效去除。泥水混合液再流入二次沉淀池，实现泥水分离效果，上层澄清液作为出水被排放，下层活性污泥则从底部部分进入再生池，部分被作为剩余污泥排放。回流活性污泥将在再生池内进行吸附污染物的分解和代谢反应，使污泥的活性得到充分恢复，保证在其进入吸附池内与污水接触后，能够充分发挥其吸附功能。

吸附-再生曝气活性污泥工艺处理流程中不设初沉池，一方面，排水管网中丰富的细菌将不断补充到此生化反应器中，使吸附池和再生池中的微生物不断更新；另一方面，微生物生物代谢也将生成新的生物体，从而保持反应器中一定浓度的生物量，并使污泥具有高度的活性。

4.3.4 延时曝气活性污泥法

延时曝气活性污泥法工艺设置和其他传统活性污泥工艺一样，不同之处只是在于本工艺采用非常低的有机物负荷率，这主要是通过采用较长的水力停留时间和较高的反应器体积得到实现。由于活性污泥在反应器中停留较长时间，而营养物供给相对贫乏，致使活性污泥在工艺中长期处于内源呼吸状态，促进活性污泥的循环，如剩余污泥降解后又作为营养物质被利用。所以，此系统剩余污泥产量低。由于整个系统具有较低的污泥量而且比较稳定，所以不需要对剩余污泥进行进一步处理，如厌氧消化处理。延时曝气活性污泥工艺只适用于处理小城镇污水和工业废水，这些废水的处理对处理水质要求高且又不宜采用污泥处理技术。

4.3.5　高负荷活性污泥法

高负荷活性污泥法也叫短时曝气活性污泥法或不完全处理活性污泥法，顾名思义，本工艺的主要特点是工艺中活性污泥也就是微生物在单位时间内要处理的污染物的量相对较高；这主要是通过较短的水力停留时间来实现，也就是活性污泥和污染物在曝气池内反应时间很短。因此，此工艺对污染物的去除效率相对较低，例如一般 BOD_5 的去除率不超过 70% ~ 75%，所以此工艺又称为不完全处理活性污泥法。与此相对，BOD_5 去除率在 90% 以上，处理水的 BOD_5 值在 20mg/L 以下的工艺则称为完全处理活性污泥法。

4.3.6　氧化沟

氧化沟又称循环曝气池，氧化沟工艺是于 1950 年由荷兰卫生公共研究所研究成功并在荷兰发展起来的。原型为一个环状跑道式的斜坡池壁的间歇运行反应池（白天用作曝气池，晚上用作沉淀池），曾获得惊人的成功，生化需氧量去除率可达 97%，并引起了广泛兴趣和关注。经过长时间的改进和发展，氧化沟系统在池形、结构、运行方式、曝气装置、处理规模、适用范围方面都得到了长足的发展，被世界各国广泛采用。

氧化沟法工艺利用活性污泥来净化污水，净化主体是微生物，是传统活性污泥法工艺的一种变形和改进，基本结构如图 4-8 所示。其工作原理近似于延时曝气法，但同时具有推流式和完全混合式的特点。氧化沟法工艺既能处理城市生活污水又能处理工业废水，目前被大多数综合污水处理厂采用，虽然一次性投资较大，但是易于运行控制，运行费用低，操作简单，耐冲击负荷能力强，出水水质稳定，综

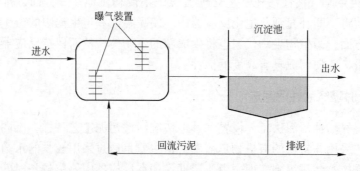

图 4-8　氧化沟活性污泥法基本流程示意图

合成本偏低。中国有很多氧化沟工程实例，如邯郸市东污水处理厂、桂林市东污水处理厂、珠海市香洲水质净化厂等。人们普遍认为氧化沟法工艺流程简单，运行管理方便，处理效果稳定，基建投资和运行费用较低，具有较强的竞争力。

与传统活性污泥法曝气池相较，氧化沟具有下列特征：

（1）在构造方面，氧化沟一般呈环形沟渠状，平面多为椭圆形或圆形，沟深取决于曝气装置，2～6m；氧化池的进水装置比较简单，只要伸入一根进水管即可，如双池以上平行工作时，则应设配水井，采用交替工作系统时，设自动控制装置，以变换水流方向。

（2）在水流混合方面，氧化沟介于完全混合与推流之间，污水在沟内的流速平均为0.4m/s，当氧化沟总长为100～500m时，污水完成一个循环所需时间约为4～20min，在一个停留时间内要作72～360次循环，从这个意义来说，氧化沟内的流态是完全混合式的；但是又具有某些推流式的特征，如在曝气装置的下游，溶解氧浓度从高到低变动，甚至可能出现缺氧段，这种独特的水流状态，有利于活性污泥的生物凝聚作用，而且可以将其区分为富氧区、缺氧区，用以进行硝化和反硝化，取得脱氮的效应。

（3）在工艺方面，考虑不设初沉池，有机性悬浮物在氧化沟内能够达到好氧稳定的程度，也可考虑不单设二次沉淀池，使氧化沟与二次沉淀池合建，省去污泥回流装置。

曝气设备是氧化沟工艺的主要设备，起着供氧、推动水流和防止活性污泥沉淀的作用。对氧化沟采用的曝气装置，可分为横轴曝气装置和纵轴曝气装置两种类型。

常用的氧化沟系统包括卡罗塞（Carrousel）氧化沟系统、交替工作氧化沟系统、二次沉淀池交替运行氧化沟系统、奥巴勒（Orbal）型氧化沟系统、曝气-沉淀一体化氧化沟系统。

4.3.7 间歇式活性污泥处理系统（SBR）

间歇式活性污泥处理系统（Sequencing Batch Reactor，简称SBR）又称序批式活性污泥工艺，对污水处理的所有过程（进出水、反应以及沉淀等）都在同一个反应器内按时间序列完成。所以本工艺系统组成比较简单，不需要设置污泥沉淀池以及相关的污泥回流设备；而且，曝气池容积也小于连续式活性污泥系统的反应池，所以建设费用与相关的运行费用都比较低。此外，该工艺还具有如下特征：

（1）在大多数情况下，无设置调节池的必要；

（2）SVI值较低，污泥易于沉淀，一般情况下，不会产生污泥膨胀现象；

（3）通过对运行方式的调节，在单一的曝气池内能够实现脱氮和除磷效果。

SBR 工艺的操作过程包括进水期、反应期、沉淀期、排水排泥期、闲置期 5 个阶段（图4-9）。各个阶段的运行时间、反应器内混合液体积的变化及运行状态等都可以根据具体污水的性质、出水水质及运行功能要求等灵活掌握。由于当今自动化控制技术的快速发展以及普遍使用，SBR 工艺也逐渐被广泛应用于污水处理。

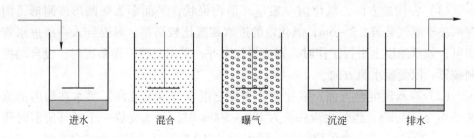

进水　　　　　混合　　　　　曝气　　　　　沉淀　　　　　排水

图 4-9　SBR 活性污泥法基本流程示意图

　　SBR 处理工艺是时间意义上的推流式活性污泥系统，反应器内有机污染物浓度、微生物增殖速度与耗氧速度等工况参数，都是随时间而逐渐降低的，因此，对 SBR 工艺，采用随时间渐减曝气方式是很适宜的。

　　SBR 工艺仍属于发展中的污水处理技术。在基本的 SBR 工艺基础上已开发出多种各具特色的变形工艺。目前，应用较多的 SBR 改良工艺有：间歇式循环延时曝气活性污泥法（Intermittent Cyclic Extended Activated Sludge，简称 ICEAS）、循环式活性污泥工艺（Cyclic Activated Sludge Technology，简称 CAST）、由需氧池（Demand Aeration Tank）为主体处理构筑物的预反应区和以间歇曝气池（Intermittent Aeration Tank）为主体的主反应区组成的连续进水，间歇排水的工艺系统，除上述工艺外，新开发的工艺还有：IDAL、IDEA、CASS、CASP 等。这几种工艺各有优缺点，其中，间歇式循环延时曝气活性污泥法（ICEAS）由于其适合于处理中低浓度有机废水以及处理各种规模城市污水等优点，使其在处理城市污水方面较其他方法具有更大的优势。

4.4　生物膜法的基本概念

　　生物膜法是与活性污泥法并列的一类废水生物处理技术，这种处理法的实质是使细菌等微生物和原生动物、后生动物等微型动物附着在滤料或某些载体上生长繁育，并在其上形成膜状生物结合体——生物膜。污水与生物膜接触，污水中的污染物，作为营养物质，为生物膜上的微生物所摄取利用，污水得到净化，微生物自身也得到繁衍增殖。

4.4.1　生物膜的结构

　　污水与滤料或某种载体流动接触，在经过一段时间后，后者的表面将会被一种膜状生物体——生物膜所覆盖。生物膜结构示意图如图 4-10 所示。生物膜系统主要是由生物载体、生物膜和主体溶液三部分组成。生物载体是生物膜生长黏附的固体介质，当今应用较多的材料主要是塑料物质，也可以是砂砾、棉线、石子等其他物质；生物载体的选择主要是考虑微生物易于在其表面黏附生长，质量较轻，而具有较高比表面积。生物膜是进行生物代谢活动的主体结构，是废水处理的实施者。主体溶液主要是提供生物膜生长所需要的营养物质。

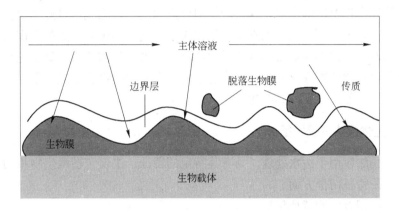

图 4-10 生物膜结构示意图

在生物膜内、外，生物膜与水层之间进行着物质的传递过程。生物膜是高度亲水的物质，在污水不断在其表面更新的条件下，其外侧总是存在着一层附着水层。空气中或者通过曝气产生的氧溶解于流动水层中，通过边界层传递到生物膜表面和内部，供微生物用于呼吸；污水中的污染物质则由流动水层传递给附着水层，然后进入生物膜，并通过细菌的代谢活动而被降解。这样就使污水在其流动过程中逐步得到净化。微生物的代谢产物则通过附着水层进入流动水层，并随其排走。在较强水力冲刷作用下或者生物膜老化情况下，生物膜会发生脱落现象，脱落生物膜也会随水流被冲走。主体溶液中水力流态，通过平衡生物膜生长和脱落，是影响边界层厚度的主要因素；而边界层厚度则影响传递到生物膜表面的营养元素浓度，也是控制生物膜生长和厚度的一个重要因素。

生物膜是由种类繁多的好氧菌、厌氧菌、兼性菌、真菌、原生动物以及藻类等组成的生态系统。在膜的表面和一定深度的内部生长繁殖着大量的各种类型的微生物和微型生物，易于形成污染物-细菌-原生动物（后生动物）的食物链。此种类众多且具有不同生物代谢功能的生物种群聚集于一起，有利于各种不同营养物质的生物代谢。同时，生物膜又是生物体高度密集的物质，生物相对密度较高，易于维持较高生物量于较小体积内，强化生物稳定性。

在生物膜生长过程中，随着对污染物的降解和利用，生物膜逐渐成熟，其标志是：生物膜沿水流方向的分布，在其上由细菌及各种微生物组成的生态系统以及其对有机物的降解功能都达到了平衡和稳定的状态。生物膜在其形成与成熟后，由于微生物不断增殖，生物膜的厚度不断增加，当增厚到一定程度后，在氧不能透入的内部将转变为厌氧状态，形成厌氧生物膜，造成好氧层和厌氧层同时存在于生物膜系统中。当厌氧层还不厚时，它与好氧层保持着一定的平衡与稳定关系，好氧层能够维持正常的净化功能。但当厌氧层逐渐加厚，并达到一定程度后，其代谢产物也逐渐增多，这些产物向外侧逸出，必然要透过好氧层，会使好氧层的生态系统的稳定性遭到破坏，从而失去了这两种膜层之间的平衡关系；又因气态代谢产物的不断逸出，减弱了生物膜在滤料上的固着力，处于这种状态的生物膜即为老化生物膜，老化生物膜脱落后会有新的生物膜生成，新生生物膜经过一段时间才能充分发挥其净化功能。

4.4.2 生物膜法主要特征

生物膜法应用于污水处理，具有其特定的特征，主要包括微生物相的特征和处理工艺的特征两个方面。

微生物相方面的特征包括：

（1）在生物膜上生长的微生物种类繁多，而且由于生物固着在滤料或填料上易于形成高密度生物群体，由此生物固体平均停留时间较长，在生物膜上能够生长世代时间较长，也易于生长丝状菌、线虫、轮虫等生物。

（2）在生物膜上生长繁育的生物中，动物性营养类生物所占比例较大，微型动物的存活率也高，也就是说，在生物膜上能够栖息高次营养水平的生物，从而在生物膜上形成的食物链要长于活性污泥中的食物链。

（3）在生物膜处理法中，由于生物体附着于载体上，从而实现了生物体的生物固体平均停留时间与污水的水力停留时间无关，这易于富集硝化细菌和亚硝化细菌这种世代时间比较长，比增殖速度较小的功能细菌，从而能有效提高污水的硝化能力。

（4）由于传质的影响，通过控制主体溶液中溶解氧浓度以及生物膜厚度，好氧、缺氧以及厌氧等不同环境条件能够在同一生物膜中实现，这有利于实现污水的碳氧化、硝化以及反硝化同步反应。

（5）生物膜中生物群体不但沿载体或者水流方向具有多异性，也在垂直于载体方向具有生物多样性，根据所接受的污水水质以及环境因素的不同，在每个位置能形成具有不同生物功能的优势生物群体，这种现象有利于微生物的新陈代谢和污染物的降解。

处理工艺方面的特征包括：

（1）由于生物膜具有较高的生物多样性以及较高的生物量，根据实际运行的经验证实，生物膜法对于污水水质和水量变化都有较强的适应性，例如，即使中断进水一段时间，也不会对生物膜造成致命的影响，通水后能较快恢复。

（2）由于生物膜脱落下来的生物污泥，所含动物成分较多，比重较大，而且污泥颗粒个体较大，沉降性能良好，易于实现固液分离；但如果生物膜厌氧层过厚，容易使大量非活性细小悬浮物分散在水中，使处理水的澄清度降低。

（3）活性污泥法不适宜处理低浓度污水，但生物膜对低浓度污水也能取得比较好的处理效果。

（4）与活性污泥相比，生物膜处理法比较易于维护，而且能耗低，动力费用少。

4.4.3 生物膜法处理污水

生物膜法应用于污水处理，主要用来进行碳氮营养元素的去除而并非磷元素的去除。由于缺氧好氧环境能够共存于生物膜中，在生物膜表层好氧区将会发生碳氧化和硝化反应，而在生物膜内部由于存在缺氧区，能发生反硝化反应。因此，生物膜法能有效实现碳氮的去除。对于磷元素的生物去除，由于生物体需要沿时间或空间序列经历厌氧好氧阶段，所以相对来说只能在序批式生物膜反应器中得到实现。

对于生物膜的设计，主要考虑因素包括：

（1）运行负荷，尤其是有机碳源负荷，也就是单位生物膜比表面积单位时间内接受的污染物量，有机碳源负荷过高，容易造成异养菌的快速生长，而抑制硝化菌的生长以及造成生物膜内部过度厌氧化；而有机物负荷过低，则会影响生物膜生长和系统运行稳定性。

（2）填料的选择，需要具有较高比表面积的轻质填料，当然，一般具有较高比表面积的填料粒径都较小，而粒径较小易于发生填料空隙堵塞，所以实际选择时，需要权衡各种因素。

4.5 生物膜法工艺类型

污水的生物膜处理法既在古代就有着广泛的应用，又是一种发展的污水处理技术，生物膜法主要包括：普通生物滤池、高负荷生物滤池、塔式生物滤池、曝气生物滤池、生物转盘等。

最早出现的生物膜法反应器是间歇砂滤池和接触滤池（满盛碎块的水池）。它们的运行都是间歇的，过滤-闲置或进水-接触反应-排水-闲置，构成一个工作周期。它们是污水灌溉的发展，是以土壤自净现象为基础的。接着就出现了连续运行的生物滤池。新型塑料填料问世后，又有了新的发展，如悬浮填料生物滤池得到应用。

生物滤池是以土壤自净原理为依据，在污水灌溉的实践基础上，经较原始的间歇砂滤池和接触滤池而发展起来的人工生物处理技术。污水长时间以滴状喷洒在块状滤料层的表面上，在污水流经的表面上就会形成生物膜，待生物膜成熟后，栖息在生物膜上的微生物即摄取流经污水中的有机物作为营养，从而使污水得到净化。需注意的是，进入生物滤池的污水，必须通过预处理，去除原污水中的悬浮物等能够堵塞滤料的污染物，并使水质均化。处理城市污水的生物滤池前需要设置初次沉淀池。为了解决占地大，易于堵塞的问题，需采取处理水回流措施，降低进水浓度，加大水量，使滤料不断受到冲刷，生物膜连续脱落，不断更新。

提高负荷后的生物滤池称为高负荷生物滤池，而相对的前者就是普通生物滤池。综合以上情况，生物滤池在发展过程中，经历了几个阶段，从低负荷发展为高负荷；突破了传统采用的滤料层高度；扩大了应用范围。

4.5.1 普通生物滤池

普通生物滤池由池体、滤料、布水装置和排水系统等四部分组成（图4-11）。普通生物滤池在平面上多为方形或矩形，池壁多用砖石建造，用以承受滤料压力，同时池壁要高出滤料表面 $0.5 \sim 0.9m$，防止风力对池表面均匀布水的影响。而池底则是用来支撑滤料和排出处理后的污水。滤料是生物滤池的主体，滤料的选择决定生物滤池的净化功能。滤料的选择应该考虑质坚、高强、耐腐蚀、抗冰冻，而且具有较高的比表面积，高比表面积是保持高额生物量的条件。同时由于滤料之间的空间是生物膜、污水和空气三相接触的部位，是供氧和氧传递的重要部位，因此滤料应该有较大的空隙率。为了加工和运输的方便，滤料应该就地取材。布水装置是生物滤池的重要装置，负责向滤池表面均匀地撒布污水，同时还应该具有适应水量变化，不易堵塞等特征。普通生物滤池传统的布水装置是固定喷嘴式布水装置。工作时，废水沿载体表面从上向下流过滤

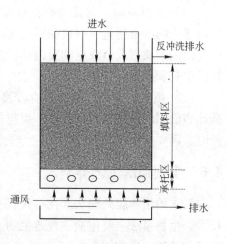

图 4-11　普通生物滤池示意图

床，和生长在载体表面上的大量微生物和附着水密切接触进行物质交换。污染物进入生物膜，代谢产物进入水流。出水并带有脱落的生物膜碎屑，需用沉淀池分离。生物膜所需要的溶解氧直接或通过水流从空气中取得。在普通生物滤池中，

生物膜较厚，贴近载体的部分常处在无氧状态。

普通生物滤池一般适用于处理每日污水量不高于 $1000m^3$ 的小城镇污水或有机性工业废水。其主要优点是：

（1）处理效果良好；

（2）运行稳定，易于管理。

主要缺点是：

（1）占地面积大，不适于处理量大的污水；

（2）滤料易于堵塞；

（3）容易滋生滤池蝇；

（4）喷嘴喷洒污水，散发臭味。

因为普通生物滤池具有以上几项缺点，限制了其利用，近年来有日渐被淘汰的趋势。

4.5.2 高负荷生物滤池

高负荷生物滤池是生物滤池的第二代工艺，它是在解决、改善普通生物滤池存在的弊端的基础上开创的。

生物滤池中滤床的深度设计和滤速、滤料有关。普通生物滤池中碎石滤床的深度在一个相当长的时间内大多采用 $1.8 \sim 2m$ 左右，如果加大深度，滤床表层则容易堵塞积水；滤速设计一般在 $1 \sim 4m^3/(m^2 \cdot d)$ 左右，如果再提高，床面也容易积水。所以高负荷生物滤池首先要突破的是滤速的提高。水力负荷率（即滤速）提高到 $8 \sim 10m^3/(m^2 \cdot d)$ 以上时，水流的冲刷作用使生物膜不致堵塞滤床，而且有机物（用 BOD_5 衡量）负荷率，可从 $0.2kg/(m^3 \cdot d)$ 左右提高到 $1kg/(m^3 \cdot d)$ 以上。为了满足水力负荷率的要求，进入高负荷生物滤池的 BOD_5 必须低于 $200mg/L$，否则进水需用处理水回流进行稀释。处理水回流还可以加大水力负荷，及时地冲刷过厚和老化的生物膜，对抑制滤池蝇、减轻臭味也有一定的效果。这种负荷率提高、构造不变的生物滤池称高负荷生物滤池。

因为采用了处理水回流措施，高负荷生物滤池具有多种流程，下面介绍几种代表性的流程。

（1）生物滤池出水直接向滤池回流，二次沉淀池向初沉池回流污泥。这个流程有利于生物膜的接种和促进生物膜的更新。处理水回流至生物滤池前，可避免加大初沉池的容积，生物污泥由二沉池回流初沉池，以提高初沉池的沉淀效果。

（2）处理水和生物污泥同步从二沉池回流初沉池，这样提高了初沉池的沉淀效果，也加大滤池的水力负荷，但不利的是同时也提高了初沉池的负荷。

（3）不设二沉池，生物滤池出水直接回流至初沉池，这样不仅能够提高初沉池的效果，而且还能进行二沉池的功能。

（4）处理水直接由滤池出水回流，生物污泥从二沉池回流，然后两者同步回流至初沉池。

当原污水浓度较高，或对处理水质要求较高时，可以考虑二段滤池处理系统。在两段滤池中间可以设中间沉淀池，目的是为了减轻二段滤池的负荷，避免堵塞，但也可以考虑不设。负荷分布不均是二段生物滤池系统的主要弊端：一段滤池负荷率高，生物膜生长快，脱落生物膜易于积存并产生堵塞现象；二段滤池往往负荷率低，生物膜生长不佳，为了解决这个问题，对二段生物滤池系统可以采用交替配水的形式进行运行，以培养出稳定的具有高活性的生物膜。

4.5.3　塔式生物滤池

塔式生物滤池简称滤塔，是由联邦德国于20世纪50年代初开发的，塔式生物滤池一般高达8~24m，直径1~3.5m，呈塔状，构造上主要由塔身、滤布、布水系统以及通风机排水装置所组成（图4-12）。

塔身主要起围挡滤料的作用，一般由砖砌成，也可以采用钢框架结构，四周再用玻璃板围嵌，这样能够减轻池体重量。滤塔滤料宜采用轻质滤料，布水装置同一般生物滤池一样。塔式滤池一般采用自然通风，也可以考虑机械通风。

塔式滤池的水力负荷率为一般高负荷滤池的2~10倍，高有机负荷率使生物膜生长迅速，同时高水力负荷使生物膜受到强烈的冲刷，使生物膜不断更新、脱落。塔式滤池内部存在明显的微生物种群的分层现象，因为微生物会根据流至该层水质的不同而生长不同的生物群落，这样有助于微生物的增殖代谢，更有助于有机物的降解去除。

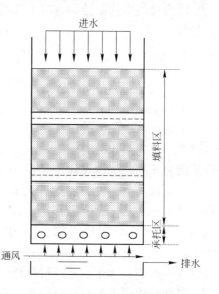

图4-12　塔式生物滤池示意图

4.5.4　曝气生物滤池

曝气生物滤池是集生物降解、固液分离于一体的污水处理设备，它与给水处理中的快滤池类似，底部设承托层，上部为作用滤料，在承托层设置曝气用的空气管及空气扩散装置，处理水集水管兼作反冲洗水管也设置在承托层内（图4-13）。

被处理的污水，从池上部进入池体，并通过由填料组成的滤层，在填料表面形成有由微生物栖息形成的生物膜。在污水滤过滤层的同时，由池下部通过空气管向滤层曝气，空气上升后同污水接触，这样不仅为生物膜上的微生物提供丰富

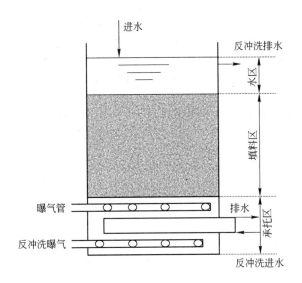

图 4-13　曝气生物滤池示意图

的有机物，同时也提供充足的氧气，有利于有机物的降解；同时，向上流的空气也会冲刷生物膜滤料间的空隙和冲刷生物膜，防止生物膜堵塞和维持一定厚度的具有高活性的生物膜。

4.5.5　生物转盘

生物转盘是于 20 世纪 60 年代在联邦德国开创的一种污水处理技术，生物转盘处理系统包括污水预处理设备、生物转盘和二次沉淀池。生物转盘（图 4-14）

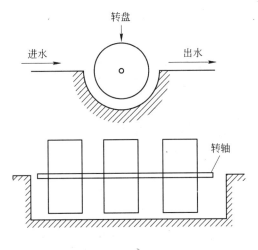

图 4-14　生物转盘示意图

是处理系统的核心装置，主要由盘片、接触反应槽、转轴及驱动装置所组成，盘片串联成组，中间贯以转轴，转轴两端安设在半圆形接触反应槽两端的支座上。转盘面积的40%左右浸没在污水中。

生物转盘系统是一种效果好、效率高、便于维护、运行费用低的工艺。特征如下：由于污水最初进入前几级生物转盘，所以最初几级的生物转盘微生物浓度高；其次每级转盘上生长着适应于流入该级污水的生物种群，这种现象有利于有机污染物的降解；再者转盘上污泥龄长，硝化菌等增殖世代时间长的微生物能够生长在转盘上，使转盘上有硝化、反硝化功能；同时本法是耐冲击负荷，并且生物膜上食物链较长，因此产生的污泥量较少；接触反应不需要曝气，污泥也不需回流，动力消耗低。生物转盘的流态，从一个生物转盘单元来看是一个完全混合型，同时对于多级生物转盘又可以作为推流式，因此生物转盘可以看作是完全混合-推流式联合系统。

废水从槽的一端流向另一端。盘轴高出水面，盘面约40%浸在水中，约60%暴露在空气中。盘轴转动时，盘面交替与废水和空气接触。盘面由微生物生长形成的膜状物所覆盖，生物膜交替地与废水和空气充分接触，不断地取得污染物和氧气，净化废水。膜和盘面之间因转动而产生切应力，随着膜的厚度的增加而增大，到一定程度，膜从盘面脱落，随水流走。

同生物滤池相比，生物转盘法中废水和生物膜的接触时间比较长，而且有一定的可控性。水槽常分段，转盘常分组，既可防止短流，又有助于负荷率和出水水质的提高，因负荷率是逐级下降的。生物转盘如果产生臭味，可以加盖。生物转盘一般适用于水量不大情况下的污水处理。

4.5.6　悬浮填料生物膜工艺

随着材料技术的发展，新型轻质悬浮填料逐渐被应用于生物膜工艺中，从而产生出悬浮填料生物膜工艺。悬浮填料相比于固定填料，黏附于填料表面的微生物能够在反应器中经历不同的环境条件，促进微生物种群多样化的生长；悬浮颗粒能够通过相互碰撞，易于控制生物膜厚度，避免生物膜堵塞现象的发生。在填料表面能够进行碳氧化以及硝化，而生物膜内部生物膜中容易存在缺氧区和厌氧区，进而促进反硝化菌或者厌氧氨氧化菌的生长，以实现同步硝化反硝化的目的。一类悬浮填料如图4-15所示。

4.5.7　颗粒污泥

颗粒污泥是一类没有填料作为载体的特殊生物膜系统，主要是通过维持一定的水力条件和生物自身作用，促进生物形成颗粒状聚合体（图4-16）。颗粒污泥现今主要是通过运行反应器经历交替营养物质丰富和贫乏的环境得到驯化生成，如序批式反应器。由于颗粒污泥的密度很高，所以能在反应器中维持很高的处理能力，而且颗粒污泥容易沉降，也能够有效地实现泥水分离。

(a)   (b)

图 4-15   一类悬浮填料示意图

（a）显示无生物膜生长；（b）显示投加到反应器里面悬浮在水面上的填料

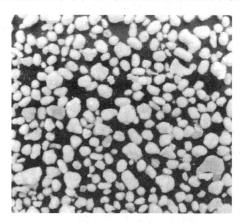

图 4-16   颗粒污泥示意图

第5章 废水厌氧生物处理

5.1 厌氧生物处理的原理

废水处理技术中，生物处理原仅仅指好氧生物处理；随着技术的发展，出现了厌氧生物处理，也就是在没有氧气（严格来说应该是游离氧）存在的条件下降解和稳定有机物的生物处理方法。在厌氧生物处理过程中，在兼性细菌（微生物学中常称为兼性厌氧细菌，*Facultative anaerobic bacteria*）与厌氧细菌（*Anaerobic bacteria*）的作用下，复杂的有机化合物被降解、转化为简单的化合物，同时释放能量。在这个过程中，有机物主要转化为三部分：部分转化为甲烷，这是一种可燃气体，可回收利用；还有部分被分解为二氧化碳、水、氨气、硫化氢等无机物，并为细胞合成提供能量；少量有机物被转化、合成为细菌新的原生质的组成部分。由于在转化物中甲烷和二氧化碳占据了大部分，因此，厌氧生物处理过程通俗地讲就是在厌氧条件下兼性厌氧和厌氧微生物群体将有机物转化为甲烷和二氧化碳的过程。

5.1.1 三阶段理论

厌氧生物处理过程是由许多中间步骤组成的、非常复杂的过程。对于厌氧生物处理的基本原理，本章在这里避免阐述过于深奥的理论，只介绍相对简单、容易接受的三阶段理论和四菌群理论。

三阶段理论将复杂的厌氧生化过程大致可以分为三个阶段（图5-1），即水解发酵阶段（简称为水解阶段）、产氢产乙酸阶段（简称为产酸阶段）、产甲烷阶段（简称为产气阶段）；相应地，将厌氧发酵微生物分为水解发酵细菌、产氢产乙酸细菌和产甲烷细菌。三个阶段过程是相互独立但又相互联系的。

5.1.1.1 第一阶段——水解发酵阶段

复杂的高分子有机物分子量大、结构复杂，不能直接通过厌氧菌的细胞壁，需要首先在微生物体外通过胞外酶分解成小分子，才能够通过细胞壁进入到细胞的体内进行下一步的分解。废水中典型

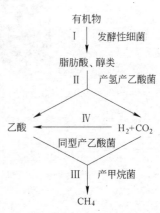

图5-1 厌氧生物处理三阶段流程图
（注：I～III为三阶段理论，
I～IV为四菌群理论）

的有机物质比如纤维素被纤维素酶分解成纤维二糖和葡萄糖、淀粉被分解成麦芽糖和葡萄糖、蛋白质被分解成短肽和氨基酸、脂类转化成小分子的脂肪酸和甘油等。

上述的小分子有机物进入到细胞体内，在产酸菌的作用下经过厌氧发酵和氧化，转化成更为简单的化合物并被分配到细胞外，这一阶段的主要产物为乙酸、丙酸、丁酸等挥发性脂肪酸，同时还有部分的醇类、乳酸、二氧化碳、氢气、氨、硫化氢等产物产生。

参与这个阶段的水解发酵细菌主要是厌氧菌和兼性厌氧菌。

5.1.1.2 第二阶段——产氢产乙酸阶段

在本阶段，产氢产乙酸菌把除乙酸、甲酸、甲醇以外的第一阶段产生的中间产物，如丙酸、丁酸等脂肪酸和醇类等转化成乙酸和氢气，并有二氧化碳产生。

5.1.1.3 第三阶段——产甲烷阶段

在本阶段中，产甲烷菌把第一阶段和第二阶段产生的乙酸、氢气和二氧化碳等转化为甲烷。这一阶段也是整个厌氧过程最为重要的阶段和整个厌氧反应过程的限速阶段。

此过程中，产甲烷细菌可以通过两种途径生成甲烷：一种是在二氧化碳存在时，通过氢气和二氧化碳生成甲烷，反应式为 $4H_2 + CO_2 \rightarrow CH_4 + 2H_2O$；另一种是利用乙酸分解产生甲烷，反应式为 $CH_3COOH \rightarrow CH_4 + CO_2$。

在一般的厌氧发酵过程中，甲烷的产量约 70% 由乙酸分解而来，30% 由氢气和二氧化碳而得到。由于含氮有机物（如蛋白质）的厌氧分解，最后的沼气中会有少量的 H_2S 和 NH_3 存在。产酸菌有兼性的，也有厌氧的，而产甲烷菌则是严格的厌氧菌。产甲烷菌的世代周期长，生长缓慢，对环境的变化如 pH 值、温度、重金属离子等较其他两种菌敏感得多。所以在厌氧发酵过程中，以上三个阶段要同时进行，并保持某种程度的动态平衡。由于甲烷的形成速度较慢，对环境的要求高，所以甲烷发酵控制了整个系统的反应速度，因此整个发酵过程必须维持有效的甲烷发酵条件。有机物厌氧分解产甲烷过程如图 5-2 所示。

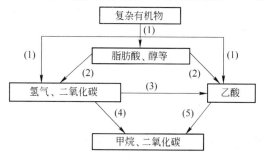

图 5-2　有机物厌氧分解产甲烷过程

（1）产酸细菌；（2）产氢产乙酸细菌；（3）同型产乙酸细菌；
（4）利用 CO_2 和 H_2 产甲烷菌；（5）分解乙酸产生甲烷菌

小贴士： 产甲烷菌（*Methanogenus or Methane Bacteria*）

在生物分类学上，产甲烷菌（*Methanogenus*）大小、外观上与普通细菌（*Eubacteria*）相似，但实际上细胞成分比较特殊，特别是细胞壁的结构相差较大。最新的分类《伯杰氏（Bergy's）细菌鉴定手册》（第九版）将其分为：3 目、7 科、19 属、65 种。

产甲烷细菌有各种不同的形态，常见的主要有产甲烷杆菌、产甲烷球菌、产甲烷八叠球菌、产甲烷丝菌、瘤胃甲烷杆菌等。在自然界的分布，一般可以认为是栖息于一些极端环境中（如沼泽、地热泉水、深海火山口等），但实际上其分布极为广泛，如污泥、瘤胃、昆虫肠道、湿树木、厌氧反应器等。产甲烷菌分类如图 5-3 所示；形态如图 5-4 所示。

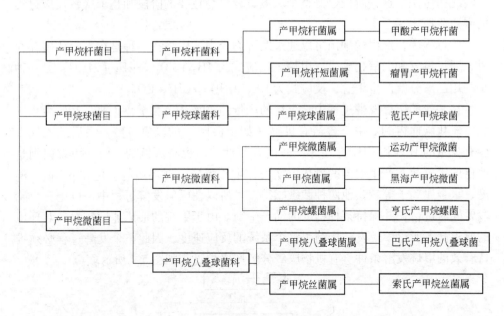

图 5-3　产甲烷菌分类

产甲烷菌是严格的厌氧细菌，氧气及氧化剂对其有很强的毒害作用；另外产甲烷菌增殖速率很慢，繁殖世代时间长，长达 4～6 天，以上情况决定了产甲烷反应是厌氧消化的限速步骤。

在上述三个阶段中，前两个阶段的反应速度很快，但第三个反应阶段通常很慢，同时也是最为重要的反应过程，因为在前面两个阶段中，废水中的污染物质只是形态上发生变化，有机物几乎没有什么去除，只是在第三个阶段中污染物质

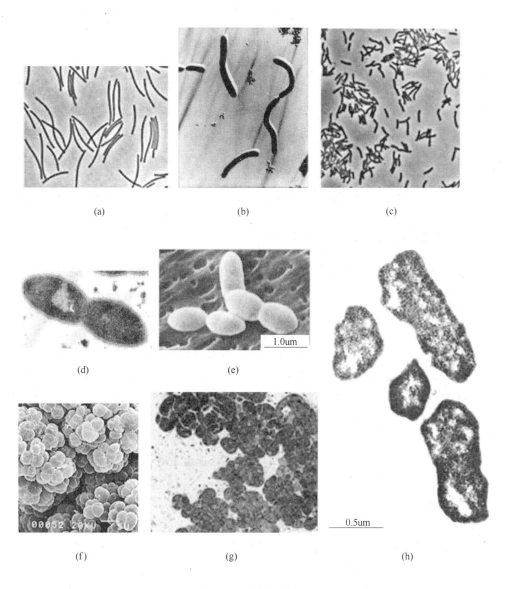

图5-4 产甲烷菌形态

变成甲烷等气体，使废水中有机物含量大幅度下降。同时在第三个阶段产生大量的碱度与前两个阶段产生的有机酸相平衡，维持废水中的 pH 值稳定，保证反应的连续进行。

　　另外三阶段理论认为产甲烷菌不能利用除乙酸、氢气、二氧化碳和甲醇等以外的有机酸和醇类，长链脂肪酸和醇类必须经过产氢产乙酸菌转化为乙酸、氢气和二氧化碳等后，才能被甲烷菌利用。

小贴士：四菌群学说

　　几乎与三阶段理论提出的同时，有科学家提出了四菌群理论。四菌理论与三阶段理论的区别在于：该理论认为复杂有机物的厌氧硝化过程有四种厌氧微生物菌群参与，即增加了同型（耗氢）产乙酸细菌，该细菌的代谢特点是能将氢气和二氧化碳合成为乙酸。但实际上这部分乙酸产量极少，仅占全部乙酸的5%左右。因此我们在一般应用过程中仅考虑前三种厌氧微生物菌群的作用。

5.1.2 影响厌氧生物处理的因素

　　因为甲烷发酵阶段是整个厌氧消化过程中最关键的阶段，所以厌氧发酵工艺的关键是控制对甲烷菌的各项影响因素。

5.1.2.1 温度

　　任何细菌的生长与温度有关。根据甲烷菌的生长对温度的要求，可以将甲烷菌分为三类，即低温甲烷菌、中温甲烷菌、高温甲烷菌，分别对应的生长适宜范围为5~20℃、20~42℃、42~75℃，相对应的利用以上甲烷菌进行厌氧消化处理的系统分别称为低温消化系统、中温消化系统和高温消化系统。

　　在每一个温度区间，随温度的上升，细菌生长速率随之上升并达到最大值，相应的温度称为最适生长温度（例如中温消化的最适温度为34℃；高温消化的最适温度为54℃），超过此温度后，细菌的生长速度逐渐下降，微生物的温度-生长速率关系如图5-5所示。

　　一般来说，较高温度下的厌氧菌代谢速度较快，所以高温消化工艺较中温消化工艺、中温消化工艺较低温消化工艺反应速度要快很多，其相应的污泥活性、污泥负荷率和产气率也要高得多。一般设计厌氧消化器时，都采取一定的控温措施，尽可能使消化器在恒温下运行，温度变化幅度不超过2~3℃（例如中温消化为34℃±1℃）。但如果温度下降幅度过大，则由于污泥活力的降低，反应器的负荷也应适当降低，防止由于负荷过高引起反应器酸积累等问题（酸积累问题加重时可导致甲烷菌失去活力等情况发生）。

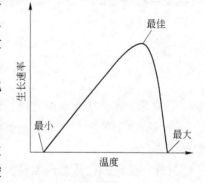

图5-5　微生物的温度-生长
速率曲线

由于高温消化加热费用大，操作管理复杂，而低温消化效率太低，因此一般都选用中温消化处理。只有在温度条件比较合适的情况下（例如处理某些高温废水或有废弃余热可利用的条件下）才考虑采用高温消化。

5.1.2.2 pH值和酸碱度

水解产酸菌及产氢产乙酸菌对pH值的适应范围为5～8.5，而甲烷菌对pH值的适应范围为6.6～7.5之间，即只允许在中性附近波动。而且水解产酸菌及产氢产乙酸菌对环境的要求较甲烷菌低，世代时间也较短，因此在厌氧消化系统中，很有可能水解发酵阶段与产酸阶段的反应速率超过产甲烷阶段，使pH值降低，影响甲烷菌的生长。但是，在消化系统中，由于微生物的代谢产物如挥发性脂肪酸、二氧化碳和重碳酸盐（碳酸氢铵）等建立起的自然平衡关系具有缓冲作用，在一定范围内可以避免发生这种情况。

在实际运行中，如果系统中挥发酸的浓度居高不下，积累一段时间必然导致pH值下降，此时，酸和碱之间平衡已被破坏，碱度的缓冲能力已经丧失，所以不能光靠pH值的检测去指导生产，而是以挥发酸浓度及碱度作为重要管理指标。一般消化池中挥发酸（以乙酸计）浓度控制在200～800mg/L之间，如果超出2000mg/L，产气率将迅速下降，甚至停止产气。挥发酸本身并不毒害甲烷菌，而pH值的下降会抑制甲烷菌的生长。如pH值低，可投加石灰或碳酸钠，调节pH值，一般加石灰，但不应加得太多，以免产生碳酸钙沉淀。

5.1.2.3 营养比

厌氧微生物的生长繁殖需按一定的比例摄取碳、氮、磷以及其他微量元素。工程上主要控制污泥或污水的碳、氮、磷比例，因为其他营养元素不足的情况较少见。不同的微生物在不同的环境条件下所需的碳、氮、磷比例不完全一致。一般认为，厌氧生物法中的碳、氮、磷比控制为（200～300）：5：1为宜。在碳、氮、磷比例中，碳氮比对厌氧消化的影响更为重要。

在厌氧处理时提供氮源，除满足微生物生长所需之外，还有利于提高反应器的缓冲能力。若氮源不足，即碳氮比太高，则厌氧菌不仅增殖缓慢，而且会使消化液的缓冲能力降低，pH值容易下降；相反，若氮源过剩，即碳氮比太低，氮不能被充分利用，将导致系统中氨的过分积累，pH值上升至8.0以上，抑制产甲烷菌的生长繁殖，使消化效率降低。

城市污水处理厂的初次沉淀池污泥的C/N（碳氮比）约为10：1，活性污泥的碳氮比约为5：1，因此，活性污泥单独消化的效果较差。一般都是把活性污泥与初次沉淀池污泥混合在一起进行消化。粪便单独厌氧消化，含氮量过高，碳氮比太低，厌氧发酵效果受到一定影响，如能投加一些含碳多的有机物，不仅可提高消化效果，还能提高沼气产量。

5.1.2.4 搅拌

在污泥厌氧消化或高浓度有机污水的厌氧消化过程中，搅拌有利于新投入的新鲜污泥（或污水）与熟污泥（或称消化污泥）的充分接触，使反应器内的温度、有机酸、厌氧菌分布均匀，并能防止消化池表面结成污泥壳，以利沼气的释放。搅拌可提高沼气产量和缩短消化时间。没有搅拌设备的消化池和有搅拌设备的消化池相比，消化时间相差一倍以上（前者约需 30 ~ 60 天，而后者约需 10 ~ 15 天），且后者产气量也增加 30% 左右。

5.1.2.5 有机负荷

在厌氧生物处理法中，有机负荷通常指容积有机负荷，简称容积负荷，即厌氧反应器单位有效容积($m^3 \cdot d$)所能处理的有机物 COD 的量(kg)，单位用 kg/($m^3 \cdot d$)表示；对悬浮生长工艺，也有用单位污泥负荷(kg · d)表达的，即单位为 kg/(kg · d)。

有机负荷是影响厌氧消化效率的一个重要因素，直接影响产气量和处理效率。在一定范围内，随着有机负荷的提高，产气率即单位质量有机物的产气量趋于下降，而消化器的容积产气量则增多，反之亦然。

厌氧处理系统正常运转取决于产酸与产甲烷反应速率的相对平衡。若有机负荷过高，则产酸速率将大于用酸（产甲烷）速率，挥发酸将累积而使 pH 值下降，破坏产甲烷阶段的正常进行，导致产气量减少甚至停止产气，系统遭到破坏，并难以调整复苏。此外，有机负荷过高，往往是水力负荷也较高，过高的水力负荷还会使消化系统中污泥的流失速率大于增长速率从而降低消化效率，这种影响在常规厌氧消化工艺中更加突出。相反，若有机负荷过低，有机物产气率或有机物去除率虽可提高，但容积产气率降低，反应器容积将增大，使消化设备的利用效率降低，投资和运行费用提高。因此，控制合适的有机负荷对厌氧生物反应器的设计和运行是十分重要的。

有机负荷值因工艺类型、运行条件以及污泥或污水中有机污染物的种类及其浓度而异。在通常的情况下，常规厌氧消化工艺中温处理高浓度有机工业废水的有机负荷 COD 为 2 ~ 3kg/($m^3 \cdot d$)，在高温下为 4 ~ 6kg/($m^3 \cdot d$)。上流式厌氧污泥床反应器、厌氧滤池、厌氧流化床等新型厌氧工艺的有机负荷在中温下为 5 ~ 15kg/($m^3 \cdot d$)，甚至可高达 30kg/($m^3 \cdot d$)。在处理具体污水时，最好通过试验来确定其最适宜的有机负荷。

5.1.2.6 厌氧活性污泥

厌氧活性污泥主要由厌氧微生物及其代谢的产物和吸附的有机物、无机物组成。厌氧活性污泥的浓度和性能与厌氧消化的效率有密切的关系，性状良好的污泥是厌氧消化效率的基础保证。厌氧活性污泥的性质主要表现为它的作用效能与沉淀性能，前者主要取决于污泥中活微生物的比例及其对底物的适应性；活性污泥的沉淀性能是指污泥混合液在静止状态下的沉降速度，它与污泥的凝聚性有关，与好氧处理一样厌氧活性污泥的沉淀性也以污泥体积指数（SVI）衡量。在上流式厌氧污泥床反应器中，当活性污泥的 SVI 为 15～20mL/g 时，污泥具有良好的沉淀性能。

厌氧处理时，污水中的有机物主要靠活性污泥中的微生物分解去除，故在一定的范围内，活性污泥浓度愈高，厌氧消化的效率也愈高。但至一定程度后，效率的提高不再明显。这主要因为：

（1）厌氧污泥的生长率低、增长速度慢，积累时间过长后，污泥中无机成分比例增高，活性降低；

（2）污泥浓度过高有时易于引起堵塞而影响正常运行。

小贴士：污泥体积指数（SVI）

污泥体积指数（SVI）指的是混合液经过 30min 静沉后，每克干污泥所形成的沉淀污泥所占的容积，其计算式是：

$$SVI = \frac{SV}{MLSS} = \frac{1L 混合液 30min 静沉形成的活性污泥容积(mL)}{1L 混合液中悬浮固体干重(g)}$$

SVI 值的表示单位为 mL/g，但一般只称数字，便于简化。

SVI 能够反映出污泥的凝聚、沉淀性能。SVI 过高，说明沉降性能不好；SVI 过低，说明泥粒细小，无机物含量高，缺乏活性。

5.1.2.7 有毒物质

有许多物质会毒害或抑制厌氧菌的生长和繁殖、破坏消化过程。所谓"有毒"是相对的，事实上任何一种物质对甲烷消化都有两方面的作用，即有促进甲烷细菌生长的作用与抑制甲烷细菌生长的作用，至于到底有哪方面的作用取决于它的浓度（有毒物质在低浓度时对微生物无害，甚至某些有毒物质在低浓度时可以成为微生物的营养；但浓度超过某一数值则发生毒害）；另外，有毒物质的毒性受 pH 值、温度和其他有毒物质存在等因素的影响，在不同条件下毒性相差很大，不同的微生物对同一毒物的耐受能力也不同。在废水生物处理过程中，应严格控制有毒物质浓度，表 5-1 列出了厌氧消化对部分有毒物质的最大容许浓度，仅作参考，具体情况应根据实验而定。

表5-1 废水生物处理有毒物质允许浓度

毒物名称	允许浓度/mg·L⁻¹	毒物名称	允许浓度/mg·L⁻¹
亚砷酸盐	5	氰（CN）	5～20
砷酸盐	20	氰化钾	8～9

毒物名称	允许浓度/mg·L^{-1}	毒物名称	允许浓度/mg·L^{-1}
铅	1	硫酸根	5000
镉	1～5	硝酸根	5000
三价铬	10	苯	100
六价铬	2～5	酚	100
铜	5～10	氯苯	100
锌	5～20	甲醛	100～150
铁	100	甲醇	200
硫化物（以 S 计）	10～30	吡啶	400
氯化钠	10000	油脂	30～50
氨	100～1000	乙酸根	100～150
游离氯	0.1～1	丙酮	9000

5.2　厌氧生物处理的优缺点

5.2.1　厌氧生物处理的缺点

　　一般来说，废水厌氧生物处理工艺也存在着以下普遍的明显缺点。需要注意的是，这些缺点是厌氧生物处理工艺与好氧生物处理工艺相比较得出的，而且随着新工艺的层出不穷，这些缺点也在被逐渐的克服。

5.2.1.1　生化反应过程复杂，技术要求高

　　厌氧生物处理过程中所涉及的生化反应过程较为复杂，因为厌氧消化过程是由多种不同性质、不同功能的厌氧微生物协同工作的一个连续的生化过程，不同种属间细菌的相互配合或平衡较难控制，因此在运行厌氧反应器的过程中需要很高的技术要求。

5.2.1.2　反应速度较慢，反应时间较长

　　与好氧法相比，厌氧法的降解较不彻底、放出的热量少、反应速度低（与好氧法相比，各方面条件相同时，几乎相差一个数量级），导致废水在反应器中的停留时间长，相应反应器容积大、建设和运行管理费用高。

　　厌氧处理设备启动时间长，因为厌氧微生物增殖缓慢，启动时经接种、培养、驯化达到设计污泥浓度的时间比好氧生物处理长，一般需 8～12 周。

　　另外厌氧微生物特别是其中的产甲烷细菌对温度、pH 值等环境因素非常敏感，也使得厌氧反应器的运行和应用受到很多限制和困难。

为了克服厌氧法固有的缺点，维持较高的反应速度，需要增加参加反应的微生物数量（浓度）和维持较高的反应温度，因此厌氧生物处理主要应用于污泥的消化、高浓度有机废水（一般要求可生化有机物浓度大于 2000mg/L）和温度较高的有机工业废水的处理。

5.2.1.3　处理水质无法达标

　　虽然厌氧生物处理工艺在处理高浓度的工业废水时常常可以达到很高的处理效率，但其出水水质通常仍较差，特别是对氨氮的去除效果不好；一般认为在厌氧条件下氨氮不会降低，而且还可能由于原废水中含有的有机氮在厌氧条件下的转化导致氨氮浓度的上升。一般在厌氧处理后串联好氧生物处理，对厌氧污水处理出水进一步处理，使出水水质达到排放水体的要求（排放水体水质要求见本页小贴士）。

5.2.1.4　厌氧生物处理的气味较大

　　厌氧生物处理过程中会根据废水的性质产生氨氮和硫化氢等恶臭气体，对周围环境造成较大的影响。

小贴士： 污水处理厂出水排放标准

　　根据污水处理厂处理工艺和排入地表水域和环境保护目标确定排放的等级，标准分为三级，一级又分 A 标准和 B 标准。

　　《城镇污水处理厂污染物排放标准》（GB 18918—2002）中关于的污水处理厂尾水排放标准相关规定如下：

　　（1）一级标准的 A 标准是城镇污水处理厂出水作为回用水的基本要求。当污水处理厂出水引入稀释能力较小的河湖作为城镇景观用水和一般回用水等用途时，执行一级标准的 A 标准。

　　（2）城镇污水处理厂出水排入 GB 3838 所规定的地表水Ⅲ类功能水域（划定的饮用水水源保护区和游泳区除外）、GB 3097 所规定的海水二类功能水域和湖、库等封闭或半封闭水域时，执行一级标准的 B 标准。

　　（3）城镇污水处理厂出水排入 GB 3838 所规定的地表水Ⅳ、Ⅴ类功能水域或 GB 3097 所规定的海水三、四类功能海域，执行二级标准。

　　（4）非重点控制流域和非水源保护区的建制镇的污水处理厂，根据当地经济条件和水污染控制要求，采用一级强化处理工艺时，执行三级标准。但必须预留二级处理设施的位置，分期达到二级标准。

　　根据《城镇污水处理厂污染物排放标准》（GB 18918—2002），污水处理厂出水污染物排放最高允许排放浓度（日均值）如表5-2所示。

表 5-2　城镇污水处理厂污染物最高允许排放浓度（日均值）一览表

单位：mg/L

序号	基本控制项目		一级标准		二级标准	三级标准
			A 标准	B 标准		
1	化学需氧量（COD）		50	60	100	120[①]
2	生化需氧量（BOD_5）		10	20	30	60[①]
3	悬浮物（SS）		10	20	30	50
4	动植物油		1	3	5	20
5	石油类		1	3	5	15
6	阴离子表面活性剂		0.5	1	2	5
7	总氮（以 N 计）		15	20	—	—
8	氨氮（以 N 计）[②]		5(8)	8(15)	25(30)	—
9	总磷（以 P 计）	2005 年 12 月 31 日前建设的	1	1.5	3	5
		2006 年 1 月 1 日起建设的	0.5	1	3	5
10	色度（稀释倍数）		30	30	40	50
11	pH 值		6~9			
12	粪大肠菌群数/个·L^{-1}		10^3	10^4	10^4	—

① 下列情况下按去除率指标执行：当进水 COD 大于 350mg/L 时，去除率应大于 60%；BOD 大于 160mg/L 时，去除率应大于 50%；

② 括号外数值为水温大于 12℃时的控制指标，括号内数值为水温不大于 12℃时的控制指标。

目前城镇污水处理厂大部分执行的均是一级 A 和一级 B 标准。另外有很多污水处理厂都在进行升级改造，将排放标准提高到一级 A。

5.2.2　厌氧生物处理的优点

与废水的好氧生物处理工艺相比，废水的厌氧生物处理工艺具有以下显著的优点，而且随着工艺的改进，厌氧生物处理工艺的优点会越来越多。

5.2.2.1　应用范围广

20 世纪 60 年代以后，通过广泛、深入的研究，开发了一系列效率高的厌氧生物处理反应器。现在，厌氧生物处理技术不但可以直接处理有机污泥、高浓度有机废水，而且还能够和好氧生物处理技术结合起来，有效处理城市污水这样的低浓度污水（例如上海某城市污水处理厂，I 段采用 AAO 工艺，II 段采用 AB 工艺，两段出水混合后，可以满足一级 A 出水的要求）。而好氧生物处理技术一般只适用于低浓度有机废水的处理，对高浓度有机废水需稀释后才能处理。另外对于有些特殊有机物（例如高分子、有毒有害的有机物质）好氧微生物难以降解，但厌氧微生物却是可降解的。

5.2.2.2　有机容积负荷率高

厌氧生物处理的负荷率比好氧生物处理高出一倍以上，例如好氧生物处理器每立方米一般一天处理 2~4kg 有机物，而厌氧生物处理器每立方米一般一天处理 5~10kg 有机物甚至更多。由于负荷率高，处理相同的有机物时，厌氧生物反应器容积小，占地少。

5.2.2.3　污泥产量低、沉降性能好

污水在处理的过程中会产生大量的污泥。根据江苏城镇污水处理厂目前的运行经验来看，按 80% 的含水率计算，好氧处理法产生的污泥量约为污水处理量的 1‰ 左右（按重量计）；由于含水量高、成分复杂，可能含有寄生虫、有毒有害物质，污泥的处理是一个比较头痛的问题（填埋工艺虽然处理费用相对较低，但由于含水量高、稳定时间长，垃圾填埋场多拒绝接收污水处理厂污泥；焚烧工艺虽然处理效率和减量程度高，但由于污泥含水量高、可燃物质少，处理费用较高，多数中小城市无法实现）。而厌氧生物处理由于两个方面的原因，因而产生较少的的污泥（处理相同数量的废水，其厌氧产物剩余污泥量只有好氧法的 5%~20%）：一是由于在厌氧生物处理过程中废水中的大部分有机污染物都被用来产生沼气（主要成分是甲烷和二氧化碳），用于细胞合成的有机物相对来说要少得多；同时，厌氧微生物的增殖速率比好氧微生物低得多，例如处理 1kg 的有机物，产酸菌产生约 0.15~0.34kg 的污泥，产甲烷菌产生约 0.03kg 的污泥，而好氧微生物则产生 0.25~0.6kg 的污泥。另外厌氧生物处理法生成的剩余污泥沉降性能好，例如上流式厌氧污泥床 SVI 一般为 10~30，好氧活性污泥一般为 70~100。污泥处理装置小，投资省，运行费用小。此外，消化污泥已高度无机化，因此处理和处置简单，运行费用低，甚至可作为肥料使用。

5.2.2.4　能耗低，可回收能量

因为厌氧生物处理工艺无需为微生物提供氧气，所以不需要鼓风曝气，减少了能耗，而且厌氧生物处理工艺在大量降低废水中的有机物的同时，还会产生大量的沼气，其中主要的有效成分是甲烷，是一种可以燃烧的气体，具有很高的利用价值，可以直接用于锅炉燃烧或发电。

糖类、脂类和蛋白质等有机物经过厌氧消化能转化为甲烷（CH_4）和二氧化碳（CO_2）等气体，这样的混合气体统称为沼气（Biogas）；产生沼气的数量和成分取决于被消化的有机物的化学组成，理论上认为，1g 有机物在厌氧条件下完全降解可以生成 0.25g 甲烷（标准状态下气体体积约为 0.35L）；沼气中甲烷和二氧化碳的百分含量不仅与有机物的化学组成有关，还与其各自的溶解度有关；由于一部分沼气（主要是其中的二氧化碳）会溶解在出水中而被带走，同时，一小部分有机物还会被用于微生物细胞的合成，所以实际的产气量要比理论产气量小。

5.2.2.5　氮、磷营养需要量较少

好氧法一般要求 BOD_5：N：P 为 100：5：1，而厌氧法要求的 BOD：N：P 为 100：2.5：0.5，因此厌氧法对氮、磷缺乏的工业废水所需投加的营养盐量较少，可以节省调节补充营养费用。

5.2.2.6　有一定的杀菌作用

厌氧处理过程一般温度较高，有一定的杀菌作用，可以杀死污水和污泥中的寄生虫卵、病毒等。

5.2.2.7　启动迅速，适合灵活运用

厌氧活性污泥可以长期贮存，厌氧反应器可以季节性或间歇性运转，在停止运行一段时间后，能较迅速启动，容易适应某些行业季节性生产的要求。

5.2.2.8　为后续好氧处理工艺打好基础

厌氧微生物有可能对好氧微生物不能降解的一些有机物进行降解或部分降解；因此，对于某些含有难降解有机物的废水，可利用厌氧工艺进行处理。

5.2.3　厌氧生物处理技术是我国水污染控制的重要手段

厌氧工艺的综合效益表现在环境、能源、生态三个方面，这和厌氧工艺的本身的优点分不开的：

（1）环境方面，污泥产量少，剩余污泥处理费用低；

（2）能源方面，运行能耗低，能将有机污染物转变成沼气并加以利用；

（3）生态方面，有机负荷高，占地面积少。

目前我国高浓度有机工业废水排放量巨大，这些废水浓度高、多含有大量的碳水化合物、脂肪、蛋白质、纤维素等有机物，只有厌氧工艺才能得到有效的处理；我国当前的水体污染物还主要是有机污染物以及营养元素 N、P 的污染；加上能源昂贵、土地价格剧增、剩余污泥的处理费用也越来越高等因素，厌氧生物处理技术近年来得到越来越多的重视。

5.3　主要厌氧生物处理工艺

从 1881 年由法国的 Louis Mouras 发明"自动净化器"开始，人们使用厌氧生物处理已有上百年的历史，但是由于传统厌氧生物处理技术存在水力停留时间长（即处理时间长）、有机负荷率低（即处理效率低）等缺点，因为过去仅限于处理粪便和污水处理厂的污泥。目前使用的大多数厌氧生物处理工艺，都是近20 年来随着生物学、生物化学等学科的发展和工程实践经验的积累而新开发出来的，克服了传统工艺的缺点，特别是在处理高浓度废水方面取得了良好的效果和经济效益。

污水厌氧生物处理工艺按微生物的凝聚形态可分为厌氧活性污泥法和厌氧生物膜法。厌氧活性污泥法包括普通消化池、厌氧接触消化池、升流式厌氧污泥床（UASB）、厌氧颗粒污泥膨胀床（EGSB）等；厌氧生物膜法包括厌氧生物滤池、厌氧流化床和厌氧生物转盘。

5.3.1　厌氧生物处理工艺主要发展阶段和工艺

厌氧生物处理工艺的发展主要经历了以下三个阶段。

5.3.1.1　第一代厌氧生物反应器

发展时间：19 世纪末至 20 世纪 40 年代。

代表工艺：代表反应器主要是化粪池、双层沉淀池和普通厌氧消化池，主要用来处理粪便、城市污水和剩余污泥。

工艺特点：

（1）沉淀过程与厌氧发酵过程同池进行，导致水力停留时间（HRT）很长，有时在污泥处理时，污泥消化池 HRT 甚至会长达 90 天，即使是目前在很多现代化城市污水处理厂内所采用的污泥消化池的 HRT 也还长达 20 ~ 30 天；

（2）虽然 HRT 相当长，但由于厌氧菌浓度较低，细菌与有机污染物不能得到接触，处理效率仍十分低，处理效果还比较差；

（3）具有浓臭的气味，因为在厌氧消化过程中原污泥中含有的有机氮或硫酸盐等会在厌氧条件下分别转化为氨氮或硫化氢，而它们都具有十分特别的臭味。

发展情况：以上这些工艺上的缺点使得人们对于进一步开发和利用厌氧生物过程的兴趣大大降低，而且此时利用活性污泥法或生物膜法处理城市污水已经十分成功，导致这个阶段厌氧生物处理工艺没有什么大的发展。

5.3.1.2　第二代厌氧生物反应器

发展时间：20 世纪 50 年代至 20 世纪 80 年代。

代表工艺：随着这一时期世界范围的能源危机的加剧，人们对利用厌氧消化过程处理有机废水的研究得以强化，相继出现了一批被称为现代高速厌氧消化反应器的处理工艺，代表反应器主要是厌氧接触法（ACP）、厌氧生物滤池（AF）、升流式厌氧污泥床（UASB）反应器、厌氧生物转盘（ARBC）和挡板式厌氧反应器等。

主要工艺特点：本阶段反应器工艺水平较前一阶段有了较大程度的改进：

（1）水力停留时间 HRT 与生物停留时间 SRT 分离，SRT 相对很长，HRT 则可以较短，较大地提高了反应器内的微生物；

（2）HRT 大大缩短，有机负荷大大提高，处理效率，从而缩短了水力停留时间。

发展情况：从本阶段起，厌氧消化工艺开始大规模地应用于废水处理，真正成为一种可以与好氧生物处理工艺相提并论的废水生物处理工艺。本阶段升流式厌氧污泥床（UASB）反应器的发展最引人注目，但也存在一些问题，例如当进水有机物浓度低、产气量小时，有机污染物与厌氧菌之间的传质效果不佳，影响处理效果。

5.3.1.3　第三代厌氧生物反应器

（1）发展时间：20 世纪 90 年代至今。

（2）代表工艺：由于 UASB 的广泛应用，为了解决升流式厌氧污泥床（UASB）的传质问题，拓展其处理水质的范围，扩大其水力负荷和有机负荷的适用范围，在其基础上开发了厌氧污泥膨胀床和厌氧流化床（EGSB）等反应器；另外目前国外研究应用较多的还有两相厌氧处理工艺、厌氧水解处理工艺（HUSB）等等。

（3）主要工艺特点：本阶段的工艺改进特点分两类：一类是反应器结构上的改进，例如厌氧污泥膨胀床和厌氧流化床（EGSB）利用外加的出水循环可以使反应器内部形成很高的上升流速，提高反应器内的基质与微生物之间的接触和反应，因而可以在较低温度下处理较低浓度的有机废水，如城市生活污水等；另一类是工艺流程的改进，例如两相厌氧处理工艺是把产酸阶段和产甲烷分别安排在两个反应器中以便于给相应微生物更好的生长环境，提高处理效率，而厌氧水解处理工艺更是把水解酸化阶段单独提取出来作为预处理阶段，以提高水解酸化的效率。

（4）发展情况：本阶段的厌氧生物处理工艺有了很大改进，克服了之前厌氧生物反应器的一些固有的矛盾，处理水质范围进一步扩大，处理效率和效果也都有了很大改进。但由于实际应用时间较短，这一代厌氧生物反应器的应用经验还不够丰富，目前仍在进一步研究过程中。

5.3.2　厌氧消化池

厌氧消化池（Anaerobic Tank，简称 AT）是最基本、使用最多的厌氧生物反应器，主要应用于处理城市污水处理厂的污泥，也可应用于处理固体含量很高的有机废水。在处理高浓度废水时，它的主要作用是：对高分子有机物质进行初步降解，有利于下一步的生化处理；在处理污泥时，它的主要作用是：减少污泥体积（可使污泥的体积减小 1/2 以上），提高污泥的脱水性能，转化污泥中的一部分有机物，灭活污泥中的致病微生物，有利于污泥的进一步处理和利用。

消化池的池形和结构、消化运行的方式、混合搅拌的方式、消化的温度控制对消化池的工程造价和使用效果影响很大。

5.3.2.1 反应器的结构

消化池有龟甲形、圆柱形、卵形等多种形式，国内常见消化池多见圆柱形和卵形。

无论哪种池型，消化池一般由池顶、池底和池体三部分组成（图 5-6）。消化池的池顶有两种形式，即固定盖和浮动盖，池顶一般还兼做集气罩，可以收集消化过程中所产生的沼气；消化池的池底一般为倒圆锥形，有利于排放熟污泥。

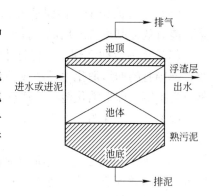

图 5-6　消化池基本结构图

A　圆柱形消化池

圆柱形消化池池体中部一般呈圆柱状，底部和顶部一般呈圆锥形。这种池形的优点是热量损失较小、易选择搅拌系统；但底部面积大，易造成粗砂的堆积，因此需要定期进行停池清理。更重要的是在形状变化的部分存在尖角，应力很容易聚集在这些区域，使结构处理较困难。底部和顶部的圆锥部分，在土建施工浇铸时混凝土难密实，易产生渗漏。

B　卵形消化池

卵形消化池最早德国从 1956 年就开始采用，并作为一种主要的形式推广到全世界。卵形消化池最显著的特点是运行效率高、经济实用，其优点可以总结为以下几点：

（1）卵形池型的结构能有效促进混合搅拌的均匀，用较小的能量即可达到良好的混合效果；另外卵形消化池表面积小，耗热量较低，很容易保持系统温度，因此节约能耗（根据国内有关文献介绍，约节约 40% ~ 50% 的能量）。

（2）卵形消化池面积小，有效地消除了粗砂和浮渣的堆积，池内一般不产生死角，使微小颗粒与污泥充分混合。

图 5-7　圆柱形污泥厌氧消化池

图 5-8　卵形污泥厌氧消化池

（3）上部面积少，污泥液面积大大减小，不易产生浮渣，即使生成也易去除，能有效控制浮渣的形成和排出。

（4）无需定期清理，可保证生产的稳定性和连续性（根据国外有关文献介绍，德国有的卵形消化池已经成功连续运转了 50 年而没有进行过清理；国内文献也有报道，卵形消化池已经连续运转了 2 年而无需清理）。

（5）生化效果好，分解率高，能稳定、连续地产生沼气，形成有效的运行处理过程。

（6）卵形消化池的壳体形状使池体结构受力分布均匀，结构设计具有很大优势，可以做到消化池单池池容的大型化。

（7）池形美观。

卵形消化池的缺点是土建施工费用比传统消化池高。但是由于卵形消化池处理效率较高，在串联运行时，能有效节约运行成本。这点在大型消化池上体现得更加明显。

5.3.2.2　反应器的运行方式

A　传统消化池

传统消化池又称为低速消化池，在池内没有设置加热和搅拌装置，所以有分层现象，一般分为浮渣层、上清液层、活性层、熟污泥层等，其中只有在活性层中才有有效的厌氧反应过程在进行（图 5-9），因此在传统消化池中只有部分容积有效。传统消化池的最大特点就是消化反应速率很低，HRT 很长，一般为30～90天。

B　高速消化池

与传统消化池不同的是，在高速消化池中设有加热和/或搅拌装置，因此缩短了有机物稳定所需的时间，也提高了沼气产量，在中温（30～35℃）条件下，其水力停留时间约为 15 天左右，运行效果稳定；但搅拌使高速消化池内的污泥得不到浓缩，上清液与熟污泥不易分离。

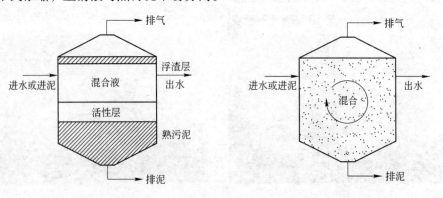

图 5-9　传统消化池　　　　　　图 5-10　高速消化池

C 两级串联消化池

两级串联，第一级采用高速消化池，第二级则采用不设搅拌和加热的传统消化池，主要起沉淀浓缩和贮存熟污泥的作用，并分离和排出上清液；二者的水力停留时间的比值可采用 1：1 ~ 1：4，一般为 1：2。

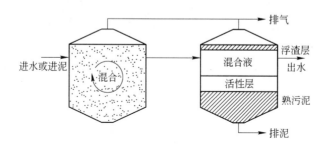

图 5-11　两级串联消化池

5.3.2.3　搅拌方式的选择

良好的搅拌必须满足下列要求：

（1）维持进料污泥和池内活性生物菌落之间的均匀分配；

（2）稀释池内产酸生物反应的最终产物，防止对微生物生长不利因素的出现；

（3）有效稀释污泥基质中的有毒和抑制生物反应的有害物质；

（4）有效利用消化池的体积。

消化池常用的搅拌方式是机械搅拌和沼气搅拌。

A 机械搅拌

机械搅拌又分为泵搅拌、导流管搅拌、水射器搅拌等三种。

（1）泵搅拌。从池底抽出消化污泥，用泵加压后送至浮渣层表面或其他部位，进行循环搅拌，一般与进料和池外加热合并一起进行。

（2）导流管搅拌。是在消化池顶部的回流管上安装搅拌器，搅拌器开启时，消化污泥可以在导流管内外向上或向下混合流动，由于它特殊的结构（如德国 Halberg 公司生产的 MFS1-8 系列型搅拌器），搅拌效果好，池面浮渣和泡沫少。

（3）水射器搅拌。利用污泥泵从消化池中抽取污泥后通过水射器喷射进入消化池，可以起到循环搅拌的作用。

B 沼气搅拌

沼气搅拌是将在消化池上部收集的一部分沼气经压缩机压缩后，再经消化池内的喷嘴或气体喷管从消化池底部喷入池内，它的搅拌作用是通过气体向上的流动来实现的（图 5-12）。

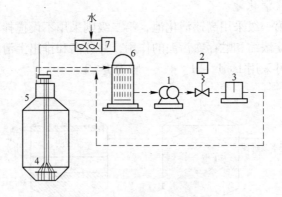

图 5-12　沼气搅拌系统组成

1—沼气压缩机；2—压力阀；3—凝水器；4—沼气搅拌器；

5—消化池；6—过滤器；7—高压冲洗泵

　　沼气搅拌法的优点有：沼气的气泡迅速上升造成的湍流可提高混合质量、污泥可以在内部循环、通过在污泥表面形成的湍流防止浮渣形成、改善脱气效果、与消化池的形状和污泥的液位无关。缺点是沼气搅拌系统组成较复杂。

　　沼气搅拌又可以分为气提式搅拌、竖管式搅拌、气体扩散式搅拌等三种（图5-13）。

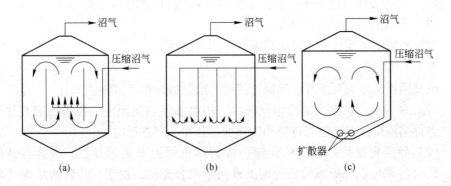

图 5-13　沼气搅拌方式

（a）气提式搅拌；（b）竖管式搅拌；（c）气体扩散式搅拌

　　根据国内污水处理厂使用沼气搅拌的经验来看，沼气搅拌设备多，工艺复杂，能耗高，接口密封困难。

　　卵形消化池独特的形状使其易于选择简单的机械搅拌系统，因此国内外大部分卵形消化池都使用机械搅拌。导流管式机械搅拌因其污泥流线型与卵形池结构接近一致，更适合于卵形池的搅拌。

5.3.2.4　消化的温度控制

厌氧消化的温度根据消化池内生物作用的温度分为中温消化和高温消化。中温消化，温度一般控制在 33 ~ 35℃，最佳温度为 34℃；而高温消化的温度一般控制在 55 ~ 60℃。

高温消化所消耗热量大、耗能高，因此只有在卫生要求严格，或对污泥气产生量要求较高时才选用。目前，国内外常用的都是中温消化池。中温消化在国内外均已使用多年，技术上比较成熟，有一定的设计运行经验。

消化池内的加热方式主要有：

（1）池内蒸汽直接加热，其优点是设备简单，但容易造成局部污泥过热，会影响厌氧微生物的正常活动，而且蒸汽直接通入池内会增加污泥的含水率；

（2）池外加热，将进入消化池的污泥预热后再投配到消化池中，所需预热的污泥量较少，易于控制；预热温度较高，有利于杀灭虫卵；不会对厌氧微生物不利；但设备较复杂。

5.3.2.5　反应器的启动

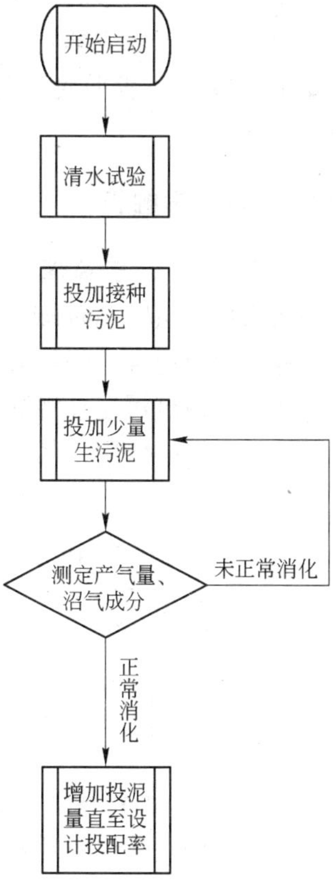

污泥消化池建成后，按图 5-14 所示几个步骤进行投产启动，需要注意以下几点：

（1）清水试验主要是检查漏水和气密性；

（2）投加接种污泥一般要求用滤网过滤（2mm 或 5mm）；

（3）正常消化后，逐渐增加投泥量，直至达到设计的污泥投配率，这一过程一般需要 50 ~ 60 天。

图 5-14　污泥消化池启动流程图

5.3.2.6　应用实例

国内某城市污水处理厂1996 年建设了两座卵形消化池，每天消化约480m^{3}的初级和预浓缩污泥，水力停留时间约为 18 天，可挥发性固体减少量在 50% 以上，沼气产量大约为 COD 1.0m^3/kg，消化污泥中挥发酸中和率在 0.15 以下。

运行几年以后将其中一个消化池排空维修时，消化池没有发现砂粒在池内堆积，不需维修工像进入常规柱形消化池内那样到池里面维修。由于污泥中存在机械处理段没有除去的砂粒，污泥泵和脱水机内存在一定程度的磨损，所以机械处理对沉沙的有效去除非常重要。

由于浮渣不能通过浮渣口排出，气体搅拌和浮渣破碎装置也不能防止浮渣和泡沫的形成，使卵形消化池的浮渣高达15cm，所以操作工人不得不通过位于消化池边上的人工浮渣排放口来移出浮渣。虽然如此，此浮渣层厚度比柱形消化池也要小得多（一般平底消化池内浮渣厚度甚至可达1m以上），相对比较容易清除。

5.3.3　厌氧接触法

5.3.3.1　工艺原理

厌氧接触法（Anaerobic Contact Process，简称ACP）是在普通消化池的基础上，并受完全混合式好氧活性污泥法的启示而开发的。该工艺通过在消化池后设沉淀池，并通过污泥泵将沉淀污泥回流至消化池，达到了在消化池中保留和补充厌氧活性污泥的作用，其工艺流程如图5-15所示。

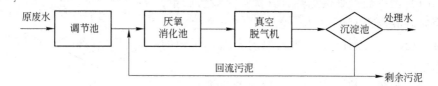

图5-15　厌氧接触法工艺一般流程

5.3.3.2　工艺特点

厌氧接触法是首先发展起来的第二代厌氧生物处理工艺，具有众多的优点。

（1）厌氧接触法工艺的最大的特点是污泥回流，由于增加了污泥回流（回流量一般约为污水量的2~3倍），就使得消化池污泥停留时间大大高于水力停留时间，从而大大增加污泥的浓度（消化池污泥浓度每升高达10~15g，是未增加污泥回流前的数倍），提高了处理效率和耐冲击的能力。

（2）有机容积负荷高，出水水质较好。中温时，COD负荷1~6kg/（m³·d），去除率为70%~80%；BOD负荷0.5~2.5kg/（m³·d），去除率80%~90%。需要注意的是，在高的污泥负荷下，厌氧接触工艺也会产生类似好氧活性污泥法的污泥膨胀问题，一般经验认为接触反应器中的污泥体积指数（SVI）应控制在70~150mL/g之间。

（3）水力停留时间比普通消化池大大缩短，如常温下普通消化池为15~30天，而接触法减少到10天以下，提高了处理效率。

（4）该工艺不仅可以处理溶解性有机污水，而且可以用于处理悬浮物较高的高浓度有机污水。但需要注意的是，污水浓度不宜过高，否则将使污泥的分离发生困难。

但是，厌氧接触法也存在混合液难于在沉淀池中进行固液分离的固有缺点；另外，该工艺需要增加了沉淀池、污泥回流系统、真空脱气设备等，流程较复杂。

5.3.3.3 存在问题及解决办法

厌氧接触工艺的固有缺点就是沉淀池固液分离困难、易造成污泥流失，这主要有两个方面的原因：一方面，是由于混合液中污泥上附着大量的微小沼气泡，易于引起污泥上浮而被出水带走，影响出水水质；另一方面，是由于混合液中的污泥仍具有产甲烷活性，在沉淀过程中仍能继续产气，使已下沉的污泥上翻，影响出水水质的同时，降低了回流污泥的浓度。为了提高沉淀池中混合液的固液分离效果，目前采用以下几种方法脱气：

（1）真空脱气法，由消化池排出的混合液通过真空脱气器将污泥絮体上的气泡除去，改善污泥的沉淀性能。这是比较流行的办法，但是该方法仅能去除污泥上原有的气泡，不能控制混合液在沉淀过程中污泥继续产生气泡。

（2）热交换器急冷法，将从消化池排出的混合液进行急速冷却，如将中温消化液35℃降温到15～25℃，不但可以控制污泥继续产气，使厌氧污泥有效地沉淀，而且可以同时加热进入反应器的废水。该方法不能去除污泥上已经附着的气泡。

（3）絮凝沉淀法，向混合液中投加絮凝剂，使污泥易凝聚成大颗粒，加速沉降。该方法的主要问题是可能造成回流的污泥缺乏活性，同时大大增加了污泥量。

（4）超滤法，用超滤器代替沉淀池，以改善固液分离效果。该方法的主要问题是要容易堵塞，需要增加清理装置。

真空脱气法和热交换器急冷法经常结合起来，在去除污泥上原有的气泡的同时，控制污泥继续产气，图5-16为设真空脱气器和热交换器的厌氧接触法工艺流程。

此外，为保证沉淀池分离效果，在设计时沉淀池内表面负荷应设计得尽量小，混合液在沉淀池内停留时间要尽量长，一般不宜小于4小时。

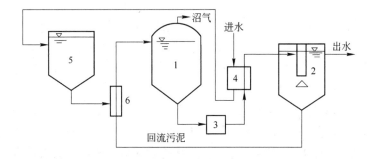

图5-16 设真空脱气器和热交换器的厌氧接触法工艺流程

1—消化池；2—沉淀池；3—真空脱气器；4—热交换器；5—调节池；6—水射器

5.3.3.4　应用实例

实例 1

国内某屠宰厂采用厌氧接触法工艺处理废水，工艺流程如图 5-17 所示。

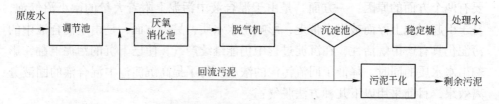

图 5-17　某屠宰厂废水处理流程

运行主要参数如下：调节池水力停留时间为 24h；厌氧反应器 BOD_5 容积负荷为 BOD 2.5kg/($m^3 \cdot d$)，水力停留时间（HRT）为 12h，反应温度为 27 ~ 31℃，污泥浓度为 7000 ~ 12000mg/L，污泥停留时间（SRT）为 3.6 ~ 6 天，沉淀池水力停留时间为 1 ~ 2h，表面负荷为 14.7m^2/($m^3 \cdot h$) 回流比为 3:1。

处理效果如下：原废水 BOD_5 浓度为 1381mg/L，沉淀池 BOD_5 出水浓度为 129mg/L，稳定塘 BOD_5 出水浓度为 26mg/L，厌氧反应 BOD_5 去除率为 90.6%，稳定塘 BOD_5 去除率为 79.8%，BOD_5 总去除率为 98.1%。

实例 2

某印染厂采用接触氧化工艺处理印染废水，处理工艺流程如图 5-18 所示。

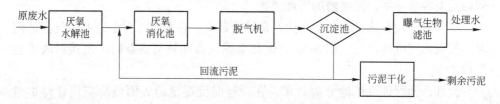

图 5-18　某印染厂废水处理流程

废水量约为 1500m^3/d。废水主要为洗毛废水和毛纺染色废水，废水中主要含有羊毛脂等有机悬浮物，因此，废水中 COD、悬浮物和油脂含量及色度较高，具体水质指标如下：pH 值为 6 ~ 10，COD_{Cr} 约为 900mg/L，BOD_5 约为 200mg/L，SS 约为 400mg/L，NH_3-N 约为 25mg/L。

运行主要参数如下：厌氧池水力停留时间为 12h；厌氧反应器 BOD_5 容积负荷为 BOD 2.5kg/($m^3 \cdot d$)，水力停留时间（HRT）为 12h，反应温度为 27 ~ 31℃，污泥浓度为 7000 ~ 12000mg/L，污泥停留时间（SRT）为 3.6 ~ 6 天，沉淀池水力停留时间为 1 ~ 2h，表面负荷为 14.7m^2/($m^3 \cdot h$) 回流比为 3:1。

处理效果如下：处理水 COD_{Cr} 约为 100mg/L，BOD_5 约为 25mg/L，SS 约为

70mg/L，NH_3-N 约为 25mg/L。

5.3.4 厌氧生物滤池

5.3.4.1 工艺原理

厌氧滤池（Anaerobic Filter，简称 AF）又称厌氧固定膜反应器，是 20 世纪 60 年代末开发的新型高效厌氧处理装置。它采用与好氧生物滤池相似的结构，在反应器内部装填滤料，并在滤料的表面形成了生物膜，通过生物膜和滤料空隙中大量悬浮生长的厌氧微生物，将废水中的有机物截留、吸附及分解转化为甲烷和二氧化碳等。由于其结构特性，厌氧生物滤池处理废水的有机物浓度范围较宽，约在 300～85000mg/L 之间，且处理效果良好，运行管理方便。

5.3.4.2 反应器的构造

滤池一般呈圆柱形，池内装有填料，且整个填料浸没于水中，池顶密封。厌氧微生物附着于填料的表面生长，当污水通过填料层时，在填料表面的厌氧生物膜作用下，污水中的有机物被降解，并产生沼气，沼气从池顶部排出。滤池中的生物膜不断地进行新陈代谢，脱落的生物膜随出水流出池外，为分离被出水夹带的生物膜，一般在滤池后需设沉淀池。

因此厌氧生物滤池主要由滤料、布水系统、沼气收集系统等三个部分组成，其中滤料是厌氧生物滤池的主体。图 5-19 为生物滤池结构图。

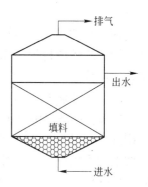

图 5-19　生物滤池结构

A　滤料

滤料主要作用是提供微生物附着生长的表面及悬浮生长的空间，因此应具备下列条件：比表面积大，孔隙率高，表面粗糙生物膜易附着，化学和生物学稳定性好，对微生物细胞无抑制和毒害作用，机械强度高，且质轻、价廉、来源广。

常用的滤料有碎石、卵石、焦炭和各种形式的塑料滤料（图 5-20）。

石英砂滤料

陶粒滤料

塑料滤料

图 5-20　各种滤料图片

由于比表面积和空隙率较大、不易堵塞，塑料滤料在近期的工艺设计使用较多。塑料滤料主要分为如下几种：

（1）实心块状滤料，多为 30～45mm 的碎块，比表面积和孔隙率都较小，分别为 40～50m²/m³ 和 50%～60%，相应厌氧生物滤池中的生物浓度和有机负荷也较低，COD 仅为 3～6kg/(m³·d)，易发生局部堵塞而产生短流。

（2）空心块状滤料，多用塑料制成，呈圆柱形或球形，内部有不同形状和大小的孔隙，比表面积和孔隙率都较大。

（3）管流型滤料，包括塑料波纹板和蜂窝填料等，比表面积为 100～200m²/m³，孔隙率可达 80%～90%，因此有机负荷大为提高，在中温条件下，可达 COD 5～15kg/(m³·d)，且滤池在运行时不易堵塞，填料层高度以 1～6m 为宜。

（4）纤维滤料，包括软性尼龙纤维滤料、半软性聚乙烯滤料、聚丙烯滤料、弹性聚苯乙烯填料等，比表面积和孔隙率都较大，偶有纤维结团现象，价格较低，应用普遍。

B　布水系统

厌氧生物滤池中布水系统需考虑易于维修而又使布水均匀，且有一定的水力冲刷强度，因此在设计计算时，应特别注意孔口的大小和流速。对直径较小的厌氧滤池常用短管布水，对直径较大的厌氧滤池多用可拆卸的多孔管布水，如图 5-21 所示。

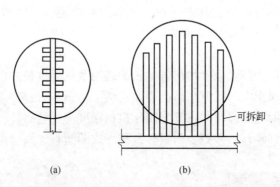

图 5-21　厌氧滤池的进水系统示意图

(a) 小直径滤池的布水管；(b) 大直径滤池的布水管

与好氧生物滤池不同的是，因为需要收集所产生的沼气，厌氧生物滤池多是封闭式的，即其内部的水位应高于滤料层，将滤料层完全淹没。

C　沼气收集系统

厌氧生物滤池的沼气收集系统基本与厌氧消化池的类似，包括水封、气体流量计等。

5.3.4.3 反应器的类型

厌氧生物滤池按其中水流方向，可分为降流式和升流式两种形式（图5-22）。

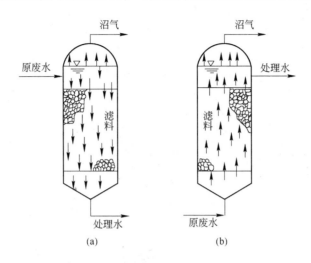

图5-22 厌氧生物滤池的两种形式
（a）降流式厌氧生物滤池；（b）升流式厌氧生物滤池

污水从池上部进入，以降流的形式流过填料层，从池底部排出，称降流式厌氧滤池；污水从池底进入，从池上部排出，称升流式厌氧滤池。升流式厌氧生物滤池的布水系统应设置在滤池底部，这种形式在实际应用中较为广泛，一般滤池的直径为6～26m，高为3～13m；而降流式厌氧生物滤池的设置正好与之相反。

与好氧生物滤池一样，厌氧生物滤池内厌氧微生物的浓度随填料高度的不同，存在很大的差别。升流式厌氧生物滤池底部的微生物浓度有时是其顶部微生物浓度的几十倍，因此底部容易出现部分填料间水流通道堵塞、水流短路现象。而降流式厌氧生物滤池向下的水流有利于避免填料层的堵塞，其中微生物浓度的分布比较均匀；另外在处理含硫废水时，由于产生毒性的硫化氢气体大部分可以从上层逸出，因此在整个反应器内，硫化氢的浓度较小，有利于克服毒性的影响。

然而实际应用中的厌氧生物滤池多采用升流式，其主要原因如下：升流式厌氧生物滤池中微生物浓度远高于降流式厌氧生物滤池，故在相同的水质条件和水力停留时间下，前者的污染物去除率要远高于后者；另外，升流式厌氧生物滤池容易堵塞的缺点可以通过加大回流等措施来化解。

5.3.4.4 工艺特点

与传统的厌氧生物处理工艺相比，厌氧滤池具有以下突出优点：

（1）厌氧生物滤池的填料为微生物附着生长提供了较大的表面积（图5-23），滤池中的微生物量较高，加上生物膜的作用（生物膜厚度约为1~4mm，平均停留时间长达100天左右），因而可承受的有机容积负荷高，COD容积负荷可达2~16kg/（m³·d），因此抗冲击负荷能力也相应较强。

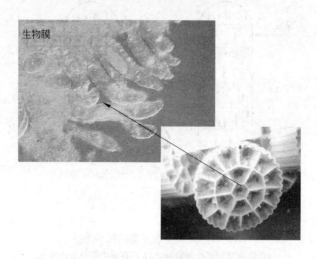

生物膜

图5-23　填料为微生物附着生长提供了较大的表面积

小贴士：抗冲击负荷能力

抗冲击负荷能力指的是反应器在水量和水质变化较大的情况下，保持反应器处理效率和效果的能力。

（2）微生物以固着生长为主，不易流失，因此不需污泥回流和搅拌设备。

（3）启动时间较短，停止运行后的再启动也较容易，停止运行后再启动甚至比前述厌氧接触工艺时间短。

（4）运行稳定性好，适合于处理多种类型、浓度的有机废水，有机负荷范围COD为0.2~16kg/（m³·d），特别适用于处理溶解性有机废水。

厌氧滤池的主要缺点是易堵塞，有时会给运行造成困难。

5.3.4.5　存在问题及解决办法

该工艺存在的问题是：处理含悬浮物浓度高的有机污水，常发生堵塞和由此而引起的水流短路现象，影响处理效率，此类问题在升流式厌氧生物滤池中更突出。解决的办法如下：

（1）采用出水回流的措施，降低原污水悬浮固体与有机物质浓度，提高水力负荷，提高池内水流的上升速度，减少滤料空隙间的悬浮物，减轻堵塞的可能性，可使滤料层中的生物膜量趋于均匀分布，充分发挥滤池作用，提高净化功能。

（2）采用适当的预处理措施，降低进水悬浮物的浓度，防止填料的堵塞。

（3）还可以将厌氧生物滤池的进水方式由升流式改为平流式，即滤池前段下部进水，后段上部溢流出水，顶部设气室，同时使用软性填料。

（4）当进水 COD 浓度过高（高于 8000mg/L）时，应采用出水回流的措施，以降低进水 COD 浓度。

5.3.4.6 应用实例

厌氧生物滤池在国内外均已被广泛应用，处理对象包括多种不同类型的废水，如生活污水及 COD 为 3000～24000mg/L 的各种工业废水；处理规模也大小不等，最大的厌氧生物滤池为 12500m³，COD 的去除率在 61%～94% 之间；有机负荷 COD 约为 0.1～15kg/(m³·d)。

国内某淀粉厂采用厌氧生物滤池处理生产废水，工艺流程如图 5-24 所示。

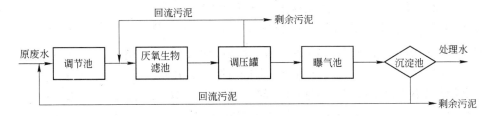

图 5-24 某淀粉厂废水处理流程

废水量约为 400～600m³/d，废水水质如下：COD 约为 15000～20000mg/L，pH 值约为 6.5，水温约为 36℃。

运行参数如下：运行负荷 COD 约为 10kg/(m³·d)，水力停留时间约为 40h，COD 去除率约为 80%，产气率单位 COD 约为 1m³/kg。

处理效果如下：厌氧生物滤池出水 COD 浓度约为 12000～16000mg/L，沉淀池出水 COD 浓度约为 25～35mg/L。

5.3.5 升流式厌氧污泥床反应器

升流式厌氧污泥床反应器（Upflow Anaerobic Sludge Bed Reactor，简称 UASB），是 20 世纪 70 年代研制开发的。UASB 具有如下主要工艺特征：

（1）在反应器的上部设置了气、固、液三相分离器；

（2）在反应器底部设置了均匀布水系统；

（3）反应器内没有载体，污泥处于悬浮生长的状态，且能形成颗粒污泥。

UASB 反应器不仅适用于处理高、中浓度的有机污水，也适用于处理城市污水，是目前应用最多和最有发展前景的厌氧生物处理装置。由于这些优点，厌氧复合床、厌氧膨胀床和流化床等高效能反应器均是以 UASB 为基础发展起来的。

5.3.5.1 工艺原理

UASB 主体部分由反应区、沉降区和气室三部分组成，如图 5-25 所示。

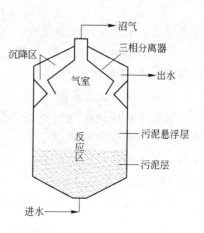

图 5-25 UASB 反应器结构图

在反应器的底部是浓度较高的污泥层，称污泥床；在污泥床上部是浓度较低的悬浮污泥层，通常把污泥层和悬浮层统称为反应区；在反应区上部设有气、液、固三相分离器。污水从污泥床底部进入，与污泥床中的污泥进行混合接触，微生物分解污水中的有机物产生沼气，微小沼气泡在上升过程中，不断合并逐渐形成较大的气泡。由于气泡上升产生较强烈的搅动，在污泥床上部形成悬浮污泥层。气、水、泥的混合液上升至三相分离器内，沼气气泡碰到分离器下部的反射板时，折向气室而被有效地分离排出；污泥和水则经孔道进入三相分离器的沉降区，在重力作用下，水和泥分离，上清液从沉降区上部排出，沉降区下部的污泥沿着斜壁返回到反应区内。在一定的水力负荷下，绝大部分污泥颗粒能保留在反应区内，使反应区具有足够的污泥量。

反应区中污泥层高度约为反应区总高度的 1/3，但其污泥量约占全部污泥量的 2/3 以上。由于污泥层中的污泥量比悬浮层大，底物浓度高，酶的活性也高，有机物的代谢速度较快，因此，大部分有机物在污泥层被去除。研究结果表明，污水通过污泥层已有 80% 以上的有机物被转化，余下的再通过污泥悬浮层处理，有机物总去除率达 90% 以上。虽然悬浮层去除的有机物量不大，但是其高度对混合程度、产气量和系统稳定性至关重要。因此，保证适当悬浮层及反应区高度是维持 UASB 反应器去除效率的关键。

5.3.5.2 工艺特点

UASB 反应器具有众多的优点，成为 20 世纪 80 年代最流行的厌氧生物处理工艺。

（1）UASB 反应器结构紧凑，集生物反应与沉淀于一体，无须设置搅拌与回流设备，也不用装填料，因此占地少，造价低，运行管理方便。

（2）UASB 反应器最大的特点是能在反应器内形成颗粒污泥，使反应器内的平均污泥浓度达到 30～40g/L，底部污泥浓度可高达 60～80g/L，颗粒污泥的粒径一般为 1～2mm，相对密度为 1.04～1.08，比水略重，具有较好的沉降性能和产甲烷活性。

（3）一旦形成颗粒污泥，UASB 反应器即能够承受很高的容积负荷，一般 COD 为 10 ~ 20kg/（m^3·d），最高可达 30kg/（m^3·d）。但如果不能形成颗粒污泥，而主要以絮状污泥为主，那么，UASB 反应器的容积负荷一般不要超过 COD 5kg/（m^3·d）。如果容积负荷过高，厌氧絮状污泥就会大量流失，而厌氧污泥增殖很慢，这样可能导致 UASB 反应器失效。

（4）不仅适合于处理高、中浓度的有机工业废水，也适合于处理低浓度的城市污水。处理高浓度有机废水或含硫酸盐较高的有机废水时，因沼气产量较大，一般采用封闭的 UASB 反应器，并考虑利用沼气的措施。处理中、低浓度有机污水时，可以采用敞开形式 UASB 反应器，其构造更简单，更易于施工、安装和维修。

但 UASB 反应器也存在由于穿孔管被堵塞造成的短流现象，影响处理能力和启动时间较长的缺点。

5.3.5.3 反应器的构造

为了便于介绍，我们一般把 UASB 反应器主要分为三相分离器、进水配水系统、反应区、出水系统、气室、浮渣收集系统、排泥系统等七个部分。

A 三相分离器

三相分离器，顾名思义，就是分离气（沼气）、固（污泥）、液（出水）的装置。它由沉降区、回流缝和气室组成，同时还有保证出水水质、维持反应器内污泥量和促进污泥颗粒化的作用。为提高分离效率，三相分离器可设置多个单元。

三相分离器的设计经过了许多代改进，现在能非常好地满足功能要求但它们均保持以下一些共同点：

（1）为顺利分离固体（污泥），使沉淀在斜底上的污泥不积聚，尽快滑回反应区内，沉降区斜壁角度一般约为 50°，沉降区的表面负荷应控制在 0.7m^3/（m^2·d）下；

（2）为顺利分离液体（废水），混合液进入沉降区前，通过人流孔道（回流缝）的流速不大于 2m/h；

（3）为顺利分离气体（沼气），应及时排放浮渣，控制浮渣层的高度，防止浮渣堵塞出气管，保证气室出气管畅通无阻。

B 进水配水系统

反应器中污泥的混合是靠上升的水流和消化过程中产生的沼气泡来完成的。进水配水系统的主要功能有两个：

（1）将进入反应器的原废水均匀地分配到反应器整个横断面，并均匀上升；

（2）起到水力搅拌的作用。

一个有效的进水配水系统是保证 UASB 反应器高效运行的关键之一。为了使进水较均匀地分布在污泥床断面上，一般采用多点进水。

C　反应区

反应区是 UASB 反应器中生化反应发生的主要场所，又分为颗粒污泥区和悬浮污泥区。颗粒污泥由于具有良好的凝聚和沉淀性能，主要位于反应器的底部，是有机物的主要降解场所；而废水从反应器底部进入，与颗粒污泥充分混合，污泥中的微生物分解有机质并产生气泡，从而在颗粒污泥区的上部形成悬浮污泥区。

D　出水系统

出水系统的主要作用是将经过沉淀区后的出水均匀收集，并排出反应器。

E　气室

气室也称集气罩，其主要作用是收集沼气。

F　浮渣收集系统

浮渣收集系统的主要功能是清除沉淀区液面和气室液面的浮渣。

G　排泥系统

排泥系统的主要功能是均匀地排除反应器内的剩余污泥。

5.3.5.4　反应器的形式

一般来说，UASB 反应器主要有两种形式，即开敞式 UASB 反应器和封闭式 UASB 反应器，分述如下。

A　开敞式 UASB 反应器

开敞式 UASB 反应器的顶部不加密封，或仅加一层不太密封的盖板；多用于处理中低浓度的有机废水；其构造较简单，易于施工安装和维修。

B　封闭式 UASB 反应器

封闭式 UASB 反应器的顶部加盖密封，这样在 UASB 反应器内的液面与池顶之间形成气室；主要适用于高浓度有机废水的处理；这种形式实际上与传统的厌氧消化池有一定的类似，其池顶也可以做成浮动盖式。

UASB 反应器的池形有圆形、方形、矩形。小型装置常为圆柱形，底部呈锥形或圆弧形；大型装置为便于设置气、液、固三相分离器，则一般为矩形，高度一般为 3~8m，其中污泥床 1~2m，污泥悬浮层 2~4m，多用钢结构或钢筋混凝土结构。在实际工程中，UASB 的断面形状一般可以做成圆形或矩形，一般来说矩形断面便于三相分离器的设计和施工；UASB 反应器的主体常为钢结构或钢筋混凝土结构；UASB 反应器一般不在反应器内部直接加热，而是将进入反应器的废水预先加热，而 UASB 反应器本身多采用保温措施；反应器内壁必须采取防腐措施，因为在厌氧反应过程中肯定会有较多的硫化氢或其他具有强腐蚀性的物质产生。

5.3.5.5　颗粒污泥

污泥颗粒化是指反应器内的污泥形态发生变化，由絮状污泥变为密实、边缘圆滑的颗粒。颗粒污泥沉降性能良好、活性高，可使反应器内维持较高的污泥浓度，因此颗粒污泥的形成与成熟是保证 UASB 反应器高效稳定运行的前提。

A　颗粒污泥的外观

颗粒污泥的外观实际上是多种多样的，有卵形、球形、丝形等；其平均直径为 1mm，最大可达 3~5mm；反应区底部的颗粒污泥多以无机粒子作为核心，外包生物膜；颗粒的核心多为黑色，生物膜的表层则呈灰白色、淡黄色或暗绿色等；反应区上部的颗粒污泥的挥发性相对较高；颗粒污泥质软，有一定的韧性和黏性。颗粒污泥形态如图 5-26 所示。

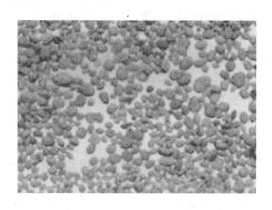

图 5-26　颗粒污泥形态

B　颗粒污泥的组成

在颗粒污泥中主要包括：各类微生物、无机矿物以及有机的胞外多聚物等，其中有机污泥成分约为 70%~90%；颗粒污泥的主体是各类微生物，包括水解发酵菌、产氢产乙酸菌和产甲烷菌，有时还会有硫酸盐还原菌等，一般每克有机污泥中细菌个数约为 1012~4048 个，常见的优势产甲烷菌有：索氏甲烷丝菌、马氏和巴氏甲烷八叠球菌等。

一般颗粒污泥中 C、H、N 的比例为 C 约为 40%~50%、H 约为 7%、N 约为 10%；灰分含量因接种污泥的来源、处理水质等的不同而有较大差距，一般灰分含量可达 8.8%~55%；灰分含量与颗粒的密度有很好的相关性，但与颗粒的强度的相关性不是很好；灰分中的 FeS、二价 Ca 等对于颗粒污泥的稳定性有着重要的作用，一般认为在颗粒污泥中铁的含量比例特别高。

胞外多聚物是另一重要组成，在颗粒污泥的表面和内部，一般可见透明发亮的黏液状物质，主要是聚多糖、蛋白质和糖醛酸等；含量差异很大，以胞外聚多糖为例，少的占颗粒干重的 1%~2%，多的占 20%~30%；有人认为胞外多聚物对于颗粒污泥的形成有重要作用，但现在仍有较大争议；但至少可以认为其存在有利于保持颗粒污泥的稳定性。

C　颗粒污泥的类型

有人将颗粒污泥分为以下三种类型，即 A 型、B 型、C 型，分述如下：

（1）A 型颗粒污泥，这种颗粒污泥中的产甲烷细菌以巴氏甲烷八叠球菌为主体，外层常有丝状产甲烷杆菌缠绕；比较密实，粒径很小，约为 0.1～1mm。

（2）B 型颗粒污泥，B 型颗粒污泥则以丝状产甲烷杆菌为主体，也称杆菌颗粒；表面规则，外层绕着各种形态的产甲烷杆菌的丝状体；在各种 UASB 反应器中的出现频率极高，粒径约为 1～3mm。

（3）C 型颗粒污泥，C 型颗粒污泥是由疏松的纤丝状细菌绕粘连在惰性微粒上所形成的球状团粒，也称丝菌颗粒；C 型颗粒污泥大而重，粒径一般为 1～5mm。

研究表明，不同类型颗粒污泥的形成与废水中化学物质（营养基质和无机物）以及反应器的工艺条件（水力表面负荷和产气强度）等的不同有关；当反应器中乙酸浓度高时，易形成 A 型颗粒污泥；当反应器中的乙酸浓度降低后，A 型颗粒污泥将逐步转变为 B 型颗粒污泥；当存在适量的悬浮固体时，易形成 C 型颗粒污泥。

D　颗粒污泥的生物活性

通过多种研究手段对多种颗粒污泥的研究都表明，颗粒污泥中的细菌是成层分布的，即外层中占优势的细菌是水解发酵菌，而内层则是产甲烷菌；颗粒污泥实际上是一种生物与环境条件相互依存和优化的生态系统，各种细菌形成了一条很完整的食物链，有利于种间氢和种间乙酸的传递，因此其活性很高。

E　颗粒污泥的培养

在 UASB 反应器中培养出高浓度高活性的颗粒污泥，一般需要 1～3 个月；可以分为三个阶段：启动期、颗粒污泥形成期、颗粒污泥成熟期。影响颗粒污泥形成的主要因素有以下几种：

（1）接种污泥的选择，可考虑投加厌氧消化污泥或剩余活性污泥等，一般直接投加前者；接种量 VSS 浓度一般为 10～20kg/m³。

（2）外部环境条件的稳定，一般需要控制温度、pH 值等。

（3）初始污泥负荷的控制，启动初期的污泥负荷单位 VSS 应低于 COD 0.1～0.2kg/(kg·d)，容积负荷 COD 应小于 0.5kg/(m³·d)。

（4）反应器中 VFA 浓度的控制，出水 VFA 浓度一般应控制在 1000mg/L 以下。

（5）表面水力负荷的控制，为保证一定的水力上升流速、冲走轻质的絮体污泥，一般要求表面水力负荷应大于 0.3m³/(m²·d)，以保持较大的水力分级作用，冲走轻质的絮体污泥。

（6）进水浓度的控制，进水 COD 浓度不宜大于 4000mg/L，否则可采取水回流或稀疏等措施；另外进水中可适当提供无机微粒，特别可以补充钙和铁，同时应补充微量元素（如 Ni、Co、Mo）。

5.3.5.6 反应器的启动

一般 UASB 反应器的启动运行有两种方式：

（1）直接启动，用颗粒污泥接种，所需时间较短，负荷上升较快；

（2）间接启动，用絮状污泥启动，首先需要培养颗粒污泥，然后才能正常运行，负荷上升较慢。

5.3.5.7 应用实例

国外某酿造厂采用 UASB 处理生产废水，工艺流程如图 5-27 所示。

图 5-27　某酿造厂废水处理流程图

废水量约为 180m³/d，废水水质如下：COD 约为 2000～6000mg/L，BOD_5 约为 1400～2200mg/L，SS 约为 330～2600mg/L，pH 值约为 6，水温约为 15～28℃，废水 COD：N：P：S = 100：（1.5～10.7）：（0.1～0.2）：（0.03～0.74）。

运行参数如下：运行负荷 COD 为 2～5kg/（m³·d），水力停留时间约为 30h，COD 去除率约为 82%，产气率单位 COD 约为 0.34m³/kg。

处理效果如下：UASB 反应器出水 BOD_5 浓度为 350mg/L，氧化沟出水 BOD_5 浓度为 45mg/L。

5.3.6　复合厌氧法

复合厌氧法（Upflow Blanket Filter，简称 UBF）是在一个设备内由几种厌氧反应器结合成的一种厌氧生物处理法。目前已开发的多为厌氧生物滤池与升流式厌氧污泥床反应器结合而成的厌氧复合床反应器。

5.3.6.1　工艺原理

厌氧复合床反应器下部为污泥悬浮层，而上部则装有填料（如图 5-28 所示）；当污水依次通过悬浮泥层及填料层，有机物将与污泥层颗粒污泥及填料生物膜上的微生物接触并得到稳定。

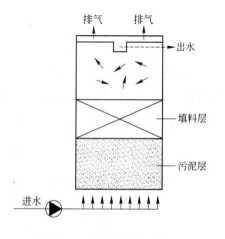

图 5-28　厌氧复合床反应器

与厌氧生物滤池相比，减少了填料层的高度，也就减少了滤池被堵塞的可能性；与升流式厌氧污泥床相比，可不设三相分离器，使反应器构造与管理简单化。填料层既是厌氧微生物的载体，又可截留水流中的悬浮厌氧活性污泥碎片，从而能使厌氧反应器保持较高的微生物量，并使出水水质得到保证。厌氧复合床反应器中填料层高度一般为反应区总高度的 2/3，而污泥层的高度为反应区总高度的 1/3。

5.3.6.2　工艺特点

厌氧复合床反应器综合了厌氧生物滤池与升流式厌氧污泥反应器的优点，克服了它们的缺点。实际应用中可以结合具体情况，将原厌氧生物滤池与升流式厌氧污泥反应器进行适当改造，即便不能提高处理效率，也可以起到便于操作管理的作用。比如在升流式厌氧污泥反应器的上部加设填料，可以不设三相分离器，使反应器构造简单化；将厌氧微生物滤池下部的填料去掉一些可减少滤池被堵塞的可能性。

5.3.6.3　应用实例

国内某制药厂采用厌氧复合床反应器处理制糖废水。反应器上部 1/3 容积充填纤维填料，反应器下部 1/3 容积为污泥床。实际运行效果如下：进水 COD 为 6000mg/L，进水 pH 值约为 8.0，有机物容积负荷率 COD 约为 7.6kg/(m^3·d) 时，COD 去除率约为 85%，水力停留时间约为 15h，产气量单位 COD 约为 0.33m^3/kg。

5.3.7　厌氧膨胀床和厌氧流化床

5.3.7.1　工艺原理

厌氧膨胀床和厌氧流化床（EGSB）工艺是通过在厌氧反应器内添加固体颗粒载体，采用出水从反应器底部回流的方法使载体颗粒在反应器内膨胀（或形成流化状态），来增加反应器内污泥的浓度，提高废水的处理效率的。关于厌氧膨胀床和厌氧流化床的界定目前尚无定论，一般将床体内载体略有松动，载体间空隙增加但仍保持互相接触的反应器称为膨胀床反应器，此时膨胀率一般为 10%~20%；将上升流速增大到可以使载体在床体内自由运动而互不接触的反应器称为流化床反应器，此时膨胀率一般为 20%~70%。图 5-29 为厌氧膨胀床和厌氧流化床示意图。

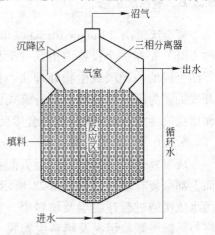

图 5-29　厌氧膨胀床和厌氧流化床

小贴士：厌氧膨胀床和厌氧流化床中添加固体颗粒载体，需要通过循环泵回流膨胀，故一般选用粒径小、质量轻的填料，如石英砂、无烟煤、活性炭、陶粒和沸石等，粒径一般为 $0.2 \sim 1mm$。

厌氧流化床的特点如下：

（1）载体颗粒细，比表面积大，且生物膜附着于载体表面不会流失，使床内具有很高的微生物浓度，一般 VSS 为 $30g/L$ 左右，有的甚至 VSS 高达 $45 \sim 60g/L$，因此有机物容积负荷大，一般 COD 为 $10 \sim 40kg/(m^3 \cdot d)$，相应水力停留时间短，具有较强的耐冲击负荷能力，运行稳定。

（2）载体处于膨胀和流化状态，无床层堵塞现象，对高、中、低浓度污水均有很好的处理效果。

（3）载体膨胀或流化时，污水与微生物之间接触面大，同时两者相对运动速度快，具有很好的传质条件，细菌易于与营养物接触，代谢物也较易排泄出去，从而使细菌保持较高的活性。

（4）床内生物膜停留时间较长，运行稳定，剩余污泥量少。

（5）结构紧凑，占地少，基建投资省；但载体的膨胀和流化过程动力消耗较大，且对系统的管理技术要求较高。

为了降低动力消耗和防止床层堵塞，可采取两种方法：

（1）间歇式运行，即以固定床与膨胀床或流化床间歇交替操作，固定床操作时，不需回流，在一定时间间歇后，再启动回流泵，呈膨胀床或流化床运行。

（2）尽可能取质轻、粒细的载体，如粒径 $20 \sim 30\mu m$，相对密度 $1.05 \sim 1.2g/cm^3$ 的载体，保持低的回流量，甚至不用回流就可实现床层膨胀或流化。

5.3.7.2 主要特点

细颗粒的载体为微生物的附着生长提供了较大的比表面积，使床内的微生物浓度很高（一般 VSS 可达 $30g/L$）；具有较高的有机容积负荷，COD 达到 $10 \sim 40kg/(m^3 \cdot d)$，水力停留时间较短；具有较好的耐冲击负荷的能力，运行较稳定；载体处于膨胀或流化状态，可防止载体堵塞；床内生物固体停留时间较长，运行稳定，剩余污泥量较少；既可应用于高浓度有机废水的处理，也应用于低浓度城市废水的处理。

膨胀床或流化床的主要缺点是：载体的流化耗能较大、系统设计运行的要求也较高。

5.3.7.3　影响生物浓度的主要因素

厌氧膨胀床或流化床中的微生物浓度与载体粒径和密度、上升流速、生物膜厚度和孔隙率等有关；在一定的上升流速、生物膜厚度、不同载体粒径时，微生物浓度也不同；对于不同生物膜厚度，有一个污泥量最大的载体粒径；载体的物理性质对流化床的特性也有影响：如颗粒粒径过大时，颗粒自由沉降速度大，为保证一定的接触时间必须增加流化床的高度；水流剪切力大，生物膜易于脱落；比表面积较小，容积负荷低；但过小时，则操作运行较困难。

5.3.7.4　应用实例

国外某城市废水进水 COD 平均为 186mg/L，SS 平均为 88mg/L；厌氧消化池污泥作为接种污泥，反应温度为 20°C；启动期为 50 天，之后连续运行 100 天，COD 负荷为 0.65~35kg/(m³·d)；当水力停留时间在 1h 以上时，出水 SS 在 10mg/L以下，COD 为 40~45mg/L。

5.3.8　厌氧生物转盘

厌氧生物转盘（ARBC）的基本原理与好氧生物转盘类似，只是，在厌氧生物转盘中，所有转盘盘片均完全浸没在废水之中，处于厌氧状态。

5.3.8.1　反应器的构造

厌氧生物转盘的构造与好氧生物转盘相似，不同之处在于上部加盖密封，为收集沼气和防止液面上的空间有氧存在。厌氧生物转盘由盘片、密封的反应槽、转轴及驱动装置等组成。盘片分为固定盘片（挡板）和转动盘片，相间排列，以防盘片间生物膜粘连堵塞，固定盘片一般设在起端。转动盘片串联，中心穿以转轴，轴安装在反应器两端的支架上，其构造如图 5-30 所示。废水处理靠盘片表面生物膜和悬浮在反应槽中的厌氧活性污泥共同完成。盘片转动时，作用在生物膜上的剪切力将老化的生物膜剥下，在水中呈悬浮状态，随水流出槽外；沼气则从槽顶排出。

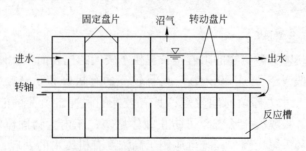

图 5-30　厌氧生物转盘反应器构造

5.3.8.2　工艺特点

（1）微生物浓度高，可承受高额的有机物负荷，一般在中温发酵条件下，盘片的有机物面积负荷 COD 可达 0.04kg/(m³·d) 左右，相应的 COD 去除率可达 90% 左右。

（2）废水在反应器内按水平方向流动，无须提升废水，从这个意义来说是节能的。

（3）无须处理水回流，与厌氧膨胀床和流化床相比较既节能又便于操作。

（4）可处理含悬浮固体较高的废水，不存在堵塞问题。

（5）由于转盘转动，不断使老化生物膜脱落，使生物膜经常保持较高的活性。

（6）具有承受冲击负荷的能力，处理过程稳定性较强。

（7）可采用多种串联，各级微生物处于最佳的条件下。

（8）便于运行管理。

厌氧生物转盘的主要缺点是盘片成本较高使整个装置造价很高。

微生物浓度高，有机负荷高，水力停留时间短；废水沿水平方向流动，反应槽高度小，节省了提升高度；一般不需回流；不会发生堵塞，可处理含较高悬浮固体的有机废水；多采用多级串联，厌氧微生物在各级中分级，处理效果更好；运行管理方便；但盘片的造价较高。

5.3.8.3 应用情况

某奶牛场采用厌氧生物转盘处理养殖废水。废水量为 120m³/d，进水 COD 约为 6000mg/L 的范围内。

运行参数为：水力停留时间约为 6~8h，有机负荷约为 COD 20~70kg/(m³·d)。

处理效果为：COD 的去除率可达 60%~80%。出水 COD 浓度仍较高，进入临近的城镇污水处理厂继续进行处理。

5.3.9 厌氧挡板反应器

5.3.9.1 工艺原理

厌氧挡板反应器是由美国的 Mccarty 于 1982 年在厌氧生物转盘基础上发展起来的一种新型厌氧反应器，其工艺流程如图 5-31 所示。该工艺通过在反应器中

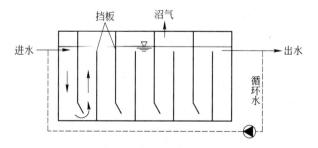

图 5-31 厌氧挡板反应器结构

设置多个垂直于水流方向的挡板，来保持反应器内较高的污泥浓度以减少水力停留时间；挡板将反应器分隔为数个上向流和下向流的小室，使废水循序流过这些小室并得到处理。因此厌氧挡板式反应器可以看作是固定了转盘的厌氧生物转盘或多个串联的升流式厌氧污泥反应器。

上向流室比较宽，便于污泥集聚；下向流室比较窄，通往上向流的导板下部边缘处加60°的导流板，便于将污水送至上向流室的中心，使泥水充分混合保持较高的污泥浓度。当废水 COD 浓度较高时候，为了避免挥发性的有机酸浓度过高，减少缓冲剂的投加量和减少反应器前端形成的细菌胶质的生长，可将处理后的出水回流，使进水 COD 浓度稀释至 5 ~ 10g/L 左右；当废水 COD 浓度较低时，不需进行回流。

5.3.9.2　工艺特点

（1）厌氧挡板反应器结合了厌氧生物转盘和升流式厌氧污泥床的优点。厌氧挡板反应器与厌氧生物转盘相比，可减少盘片数量和省去转动装置；与升流式厌氧污泥床相比，可不设三相分离器而截流污泥。

（2）反应器启动运行时间较短，远行较稳定。实际工程表明：一般接种一个月就可形成颗粒污泥，两个月就可以投入正常运行。

（3）不需设置混合搅拌装置，也不需要载体。

（4）避免了厌氧滤池、厌氧膨胀床和流化床的堵塞问题，也避免了升流式厌氧污泥床因污泥膨胀的流失问题。

5.3.9.3　应用实例

国外某养猪场采用平流式挡板厌氧反应器处理废水。废水量约为 $300m^3/d$，进水 COD 为 1190 ~ 4580mg/L。

运行参数为：反应温度控制在30℃，反应器容积负荷 COD 为 2.5 ~ 8.5kg/$(m^3 \cdot d)$，水力停留时间（HRT）为 0.25 ~ 5 天。

处理效果为：反应器 COD 去除率可达80%。

5.3.10　两相厌氧消化工艺

5.3.10.1　工艺原理

与以上现代高速厌氧反应器主要注重于反应器构造改进不同，两相厌氧消化工艺主要注重于工艺流程的改进。本章第一节已经介绍过，有机物的厌氧降解可以简单地分为产酸（包括水解酸化和产氢产乙酸）和产甲烷两个阶段，每个阶段都存在相应的微生物，由于这几类微生物群体对环境条件要求不同，对底物的代谢速率也很不相同，因此在同一个反应器中环境条件很难使不同类别的微生物都处于生长繁殖的最佳状态并充分发挥各自的作用，因而维持反应器中微生物之间的协调与平衡十分不易，极容易发生运行事故导致处理效率急剧下降。两相厌氧消化工艺通过在两个反应器中分别培养产酸细菌（包括水解酸化细菌和产氢产乙酸菌）和产甲烷菌，并控制不同的运行参数，使其分别满足两类不同细菌的最适生长条件，从而克服了单相反应器不能分别调节控制微生物生长环境的缺点。其工作原理如图 5-32 所示。

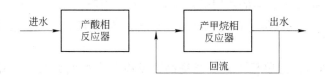

图 5-32　两相厌氧消化工艺原理

在两相厌氧工艺中，最本质的特征是实现相的分离，方法主要有：

（1）化学法，投加抑制剂或调整氧化还原电位，抑制产甲烷菌在产酸相中的生长；

（2）物理法，采用选择性的半透明膜使进入两个反应器的基质有显著的差别，以实现相的分离；

（3）动力学控制法，利用产酸菌和产甲烷菌在生长速率上的差异，控制两个反应器的水力停留时间，使产甲烷菌无法在产酸相中生长。目前应用的最多是动力学控制法，但实际上很难做到相的完全分离。

5.3.10.2　工艺流程

两相厌氧消化工艺的两个反应器可以采用前述任一种反应器，二者可以相同也可以不同。如对悬浮固体含量高的高浓度有机污水，第一段反应器可选不易堵塞、效率稍低的厌氧反应装置，经水解产酸阶段后的上清液中悬浮固体浓度降低，第二段反应器可采用 UASB 等高效厌氧反应器。图 5-33 是接触消化池与上流式厌氧污泥床结合的两段消化工艺流程示意图。根据水解产酸菌和产甲烷菌对底物和对环境条件的要求不同，第一段反应器可采用简易非密闭装置，在常温及较宽的 pH 值范围条件下运行；第二步反应则要求严格密闭，在恒温和 pH = 6.8 ~ 7.2 的范围条件下运行。

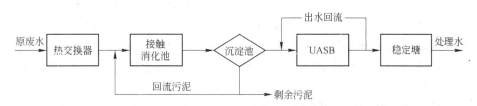

图 5-33　接触消化池与上流式厌氧污泥床两段消化工艺流程

5.3.10.3　工艺特点

与常规单相厌氧生物处理工艺相比，两相厌氧处理工艺主要具有如下优点：

（1）两段反应不在同一反应器中进行，互相影响很小，可更好地控制工艺条件，给产酸细菌和产甲烷细菌提供各自最佳的生长繁殖条件，使各自反应器内能够达到最高的反应速和最佳的运行效果。

（2）当进水负荷有大幅度变动时，第一阶段酸化反应器存在着一定的缓冲作用，避免直接冲击后面的产甲烷反应器；另外当废水中含有 SO_4^{2-} 等抑制物质时，其对产甲烷菌的影响由于相的分离而减弱，因此具有耐冲击负荷能力强、运行稳定的特点。

（3）有机负荷比单相工艺明显提高，反应器容积明显减小，降低了基建费用；而且酸化反应器反应速度快，水力停留时间短，可以大幅度减轻产甲烷反应器的负荷（可以去除污水中约 20%～25% 的 COD），因而显著提高了整体工艺的处理效率，尤其适于处理含悬浮物高、难消化降解（如纤维素等）的高浓度有机污水。

5.3.10.4 应用实例

国外某豆制品厂采用图 5-33 所示的接触消化池与上流式厌氧污泥床两段消化工艺处理生产废水。废水量约为 $5000m^3/d$，废水水质如下：COD 17500～18000mg/L，氨氮 330～360mg/L。

运行参数如下：接触消化池、沉淀池、上流式厌氧污泥床、稳定塘水力停留时间（HRT）分别为 9.5h、3.25h、20h、72h，控制温度分别为 33℃、33℃、35℃，pH 值分别控制在 6.2、6.2、7.5。

处理效果如下：接触消化池、沉淀池、上流式厌氧污泥床、稳定塘出水 COD 浓度分别约为 11700mg/L、3000mg/L、250mg/L、120mg/L，氨氮浓度分别约为 320mg/L、180mg/L、47mg/L、33mg/L。

5.3.11 厌氧水解处理工艺

5.3.11.1 工艺原理

厌氧水解工艺（HUSB）同两相厌氧处理工艺一样，也是对工艺流程的改进；不同之处在于厌氧水解工艺仅利用厌氧生物处理中前面的水解酸化阶段，而放弃了后面的产氢产乙酸阶段和产甲烷阶段。因此，水解工艺是一种预处理工艺，其后可以根据需要采用不同的生物处理工艺（包括厌氧的和好氧的）。水解工艺所采用的主要构筑物——水解池是在 UASB 反应器的基础上改进的，但不设三相分离器，因此水解池全称为水解上流式污泥床（HUSB）反应器。

对于含难生物降解有机污染物的工业污水，如印染废水、焦化废水等，有时在处理工艺流程中增加厌氧酸化水解池，目的是通过酸化细菌把大分子难降解有机物降解为小分子有机酸，提高污水的可生化性，提高全流程的处理效果。厌氧酸化水解池的设计尚未定型，可参照沉淀池的设计，主要要点是：有足够的水力停留时间；有一定的污泥层厚度；均匀配水，确保水与污泥有好的混合接触，以及好的传质效果。

5.3.11.2 工艺特点

（1）不需要密闭的池子、搅拌器和三相分离器，降低了造价并便于维护。

（2）水解、产酸阶段的产物主要为小分子的有机物，可生物降解性一般较好，故水解工艺可以改变原污水的可生化性，从而减少反应时间和处理的能耗。

（3）由于第一、二阶段反应迅速，故水解池体积小，与初次沉淀池相当，节省基建投资。由于水解池对固体有机物的降解，减少了污泥量，其功能与消化池一样。

（4）该工艺仅产生很少剩余活性污泥，实现污水、污泥一次处理，不需要中温消化池。

5.3.11.3 应用实例

将厌氧水解处理作为各种生化处理的预处理，可有效提高污水生化性能，降低后续生物处理的负荷，因而被广泛运用在难生物降解的化工、造纸、制药及有毒（含酚）、有机物浓度高（合成橡胶、啤酒废水）的工业废水处理中。表5-3中列出了一些厌氧水解工艺与各种好氧工艺组合起来用于处理等各种工业废水的例子。

表 5-3 厌氧水解工艺与其他工艺的组合

废水种类	水解设备类型	容积/m³	停留时间/h	填料种类	COD$_{Cr}$ 进水/mg·L⁻¹	COD$_{Cr}$ 出水/mg·L⁻¹	COD$_{Cr}$ 去除率/%	BOD$_5$ 进水/mg·L⁻¹	BOD$_5$ 出水/mg·L⁻¹	BOD$_5$ 去除率/%	出水BOD$_5$/COD$_{Cr}$	好氧阶段
合成橡胶	UBF	0.8	6.75	半软性填料	656	504	23.2	286	281	1.7	0.56	接触氧化池
生活与工业	UASB	170	4	半软性填料	457	304	33.5	189	145	23.2	0.477	稳定塘
肉类加工	UBF	370	7.5	弹性填料	803	332	58.7	389	74	80.9	0.223	生物吸附再生
啤酒	UASB	220	6	弹性填料	1729	1052	39.2	882	757	14.2	0.72	接触氧化与气浮
印染	UASB	350	10	软性填料	429	269	37.3	68	189	/	0.703	接触氧化
涤纶厂聚酯	UASB	0.8	6	半软性填料	1200	860	28.3	400	507	/	0.589	接触氧化池
造纸	UASB	4	3	半软性填料	541	1933	45	1374	845	38.5	0.437	曝气池

5.4　工业废水处理

随着工业的迅速发展，工业废水的数量迅猛增加。工业废水具有种类繁多、成分复杂、污染物浓度高、有毒有害、水质水量变化大等特点，因此工业废水对水体的污染比生活污水要严重得多，处理方法也更为复杂。本节主要关注生物处理法特别是厌氧生物处理法对工业废水的应用。

5.4.1　工业废水的分类

工业废水的分类方法通常有以下三种：

（1）按工业废水中所含主要污染物的化学性质分类，含无机污染物为主的为无机废水，含有机污染物为主的为有机废水。例如电镀废水和矿物加工过程的废水，是无机废水；食品和石油加工过程的废水，是有机废水。有机废水一般采用生物处理法，无机废水一般采用物化处理法。不过一般工业废水既含无机废水，也含有机废水。

（2）按工业企业的产品和加工对象分类，如冶金废水、造纸废水、炼焦煤气废水、金属酸洗废水、制药废水、纺织印染废水、制革废水、农药废水等。

（3）按废水中所含污染物的主要成分分类，如酸性废水、碱性废水、含氰废水、含铬废水、含镉废水、含汞废水、含酚废水、含醛废水、含油废水、含硫废水和放射性废水等。

实际上，一种工业可以排出几种不同性质的废水，而一种废水又会有不同的污染物和不同的污染效应。即便是一套生产装置排出的废水，也可能同时含有几种污染物。如炼油厂的蒸馏、裂化、焦化、叠合等装置的塔顶油品蒸气凝结水中，含有酚、油、硫化物。另外多种污染物质混合后可能会在自然光和氧气的作用下发生化学反应产生有毒物质，例如硫化钠和硫酸产生硫化氢、亚铁氰盐经光分解产生氰化等。

前两种分类法不涉及废水中所含污染物的主要成分，也不能表明废水的危害性。第三种分类法明确地指出废水中主要污染物的成分，便于考虑针对性处理方法。

5.4.2　工业废水的污染和基本处理方法

工业废水的基本处理包括物理处理法（例如调节、离心分离、沉淀、除油、过滤等）、化学处理法（例如中和、化学沉淀、氧化还原等）、物理化学处理法（例如混凝、气浮、吸附、离子交换、膜分离等）、生物处理法（包括好氧生物处理法和厌氧生物处理法）。

5.4.2.1 含无毒物质的有机和无机废水的污染

有些污染物本身无毒，但量大和浓度高时对水体会造成严重污染。例如排入水体的有机物（BOD、COD）超过允许量时，水体会出现厌氧腐败；无机物则会造成盐类浓度增高。此类无机废水主要包括循环冷却水，主要采用物理处理法和化学处理法进行处理；有机废水主要包括食品污水、纺织印染污水、制浆造纸污水、石油化工污水、制革污水、制药污水等，主要采取物化处理和生物处理结合的方法进行处理。

5.4.2.2 含有毒物质的有机和无机废水的污染

包括炼油厂、化工厂、炼焦煤气厂排出的含有酚、氰等急性有毒物质的废水，农药厂排出的含有机毒物的废水，电镀厂、电子加工厂排出的含有重金属等慢性有毒物质的废水，农药厂排出的农药废水等，以上废水对微生物、动物和人体均有严重影响。

A 含酚废水的处理

含酚废水主要来自焦化厂、煤气厂、石油化工厂、农药厂、绝缘材料厂等工业部门。含酚废水中主要含有酚基化合物，如苯酚、甲酚、二甲酚和硝基甲酚等。酚基化合物是一种原生质毒物，水中酚的质量浓度达到 0.1 ~ 0.2mg/L 时，鱼肉即有异味，不能食用；质量浓度增加到 1mg/L，会影响鱼类产卵；含酚 5 ~ 10mg/L，鱼类就会大量死亡。饮用水中含酚能影响人体健康，即使水中含酚质量浓度只有 0.002mg/L，用氯消毒也会产生氯酚和恶臭。通常将质量浓度为 1000mg/L 的含酚废水称为高浓度含酚废水，小于 1000mg/L 的含酚废水称为低浓度含酚废水。一般含酚废水须通过溶剂萃取法、蒸汽吹脱法、吸附法、封闭循环法等方法回收酚，将废水含酚质量浓度降低至 300mg/L 以下，再采用生物氧化、化学氧化、物理化学氧化等方法进行处理后。

B 含氰废水的处理

含氰废水主要来自电镀、煤气、焦化、冶金、金属加工、化纤、塑料、农药、化工等部门。含氰废水是一种毒性较大的工业废水，在水中不稳定，较易于分解。无机氰和有机氰化物皆为剧毒性物质，人食入可引起急性中毒。氰化物对人体致死量约为 0.18g，水体中氰化物对鱼致死的质量浓度为 0.04 ~ 0.1mg/L。含氰量高的废水应先采用酸化曝气-碱液吸收法、蒸汽解吸法等方法降低治理方法废水中的含氰量，再采用碱性氯化法、电解氧化法、加压水解法、生物化学法、生物法、硫酸亚铁法、空气吹脱法等方法进行处理。

C 含重金属废水

重金属废水主要来自矿山、冶炼、电解、电镀、农药、医药、油漆、颜料等企业排出的废水。废水中重金属的种类、含量及存在形态随不同生产企业而异。由于重金属不能分解破坏，而只能转移它们的存在位置和转变它们的物理和化学形态。含重金属废水的处理方法主要有两类，一是使废水中呈溶解状态的重金属转变成不溶的金属化合物或元素，经沉淀和上浮从废水中去除，如中和沉淀法、硫化物沉淀法、上浮分离法、电解沉淀（或上浮）法、隔膜电解法等；二是将废水中的重金属在不改变其化学形态的条件下进行浓缩和分离，如反渗透法、电渗析法、蒸发法和离子交换法等。

D 农药废水

农药品种繁多，废水水质复杂，其主要特点是：

（1）污染物浓度较高，化学需氧量（COD）甚至可达数万 mg/L；

（2）毒性大，废水中除含有农药和中间体外，还含有酚、砷、汞等有毒物质，以及许多生物难以降解的物质；

（3）有恶臭，对人的呼吸道和黏膜有刺激性；

（4）水质水量不稳定。

因此，农药废水对环境的污染非常严重。农药废水的处理方法主要有活性炭吸附法、湿式氧化法、溶剂萃取法、蒸馏法和活性污泥法等。

5.4.2.3 含不溶性悬浮物废水的污染

包括纸浆、纤维工业等产生纤维素，选煤、选矿等工业排出的微细粉尘，陶瓷、采石工业排出的灰浆等，此类污水进入水体后会悬浮在水中，隔绝光线和影响水体复氧。

5.4.2.4 含油废水的污染

例如冶炼厂排出的含石油的废水会隔绝光线和影响水体复氧。

5.4.2.5 酸性和碱性废水的污染

例如染料工厂排出的酸性和碱性废水会急剧改变水体的 pH 值。

5.4.2.6 含氮、磷等工业废水的污染

例如化肥厂排出的含氮、磷等物质的废水进入水体，会使水体产生富营养化。

5.4.3 工业废水的生物处理工艺

一般工业废水中的悬浮物主要通过物理、化学方法去除，但如果其中的 BOD、COD 含量高于排放水体的允许值，则必须采用生物处理法。好氧生物处理法工艺成熟、效率高且稳定，所以获得广泛的应用，但由于需要供氧，耗能较多，处理费用高。为了节能并回收沼气，常采用厌氧生物处理法去除 BOD 和 COD，不但可以节约能耗，而且还能回收甲烷。另外，以前只对高浓度有机废水处理效果较好，近年来厌氧工艺技术不断得到改进，对于低浓度有机废水也取得了比较好的处理效果，应用范围进一步扩大。

由于有机物废水中的难降解 COD 通过厌氧处理后转换为易降解 COD，因此

通常厌氧处理的 COD 去除率较高，而 BOD 则不一定高。因此在实际处理过程中，常采用厌氧处理和好氧处理相结合的方法来处理工业废水。

在工业废水中，仅有一部分适合于厌氧生物处理法，下面简要介绍此类工业废水的处理，然后给出涉及厌氧生物处理的应用实例。

5.4.3.1　农药废水的处理

应用实例：国内某农药厂废水量约为 400m³/d，经初步处理后废水 COD 浓度约为 800mg/L，BOD 浓度约为 360mg/L。

该厂采用的污水处理工艺如图 5-34 所示。

图 5-34　农药厂废水处理工艺流程

工艺特点如下：农药废水经臭氧氧化和水解酸化后，可生化性大大提高，再采用氧化沟进行处理；氧化沟采用低负荷运行，并定期投加一定量的粉末活性炭以改善活性污泥吸附、沉降性能。

运行参数如下：水解酸化池水力停留时间约 12h；氧化沟水力停留时间约 60h，污泥负荷 BOD_5 约为 0.05 ~ 0.1kg/(m³·d)，污泥浓度约为 3000mg/L，污泥龄约为 30 天。

处理效果如下：氧化沟出水 COD 浓度约为 120 ~ 150mg/L，BOD_5 浓度约为 30 ~ 40mg/L。

5.4.3.2　制药废水的处理

制药工业污水排放量较小，但是由于药品种类很多，生产工艺千差万别，因此排出的污水成分十分复杂，其主要特点是：污染因子复杂、含有大量的有机物和无机物、处理难度很大。制药工业污水中的主要污染物是 COD 和 BOD，其次是悬浮物、氨氮、油类和硝基苯等。

制药工业污水首先要经预处理，再采用焚烧法、深井曝气法、厌氧-好氧法等主体处理方法进行处理。

应用实例：国内某制药厂废水量约为 2500m³/d，污水水质如下：COD 浓度约为 21000mg/L，BOD_5 浓度约为 11000mg/L，SS 浓度约为 2400mg/L，pH 值约为 8，含油浓度约为 300mg/L。

该厂采用的污水处理工艺如图 5-35 所示。

图 5-35　制药厂废水处理工艺流程

工艺特点如下：

（1）厌氧处理系统采用两相厌氧工艺，水解酸化采用厌氧挡板式反应器，甲烷发酵采用厌氧复合床反应器，两相厌氧工艺提高了厌氧处理系统的处理效率和运行稳定性。

（2）好氧工艺采用 CASS，一方面适应污水量变化较大的特点；另一方面减少了污泥处理的费用。

主要设计和运行参数如下：厌氧复合床反应器容积负荷 COD 为 $5kg/(m^3 \cdot d)$，COD 去除率约为 85%；CASS 反应器容积负荷 COD 为 $0.25kg/(m^3 \cdot d)$，COD 去除率约为 75%。

5.4.3.3　食品工业废水的处理

食品工业原料广泛，制品种类繁多，废水水量、水质差异很大，但也有共同点，就是含有大量的有机物和悬浮性物质，无毒性，易腐败。由于食品工业所用的原料大多数为人体能消化吸收的有机物类物质，因此，食品工业污水的可生化性较好。常见的有肉类加工污水、油脂污水、乳品污水、酿酒污水、制糖污水和柠檬酸污水。

废水中主要污染物有：

（1）漂浮在废水中固体物质，如菜叶、果皮、碎肉、禽羽等；

（2）悬浮在废水中的物质，有油脂、蛋白质、淀粉、胶体物质等；

（3）溶解在废水中的酸、碱、盐、糖类等；

（4）原料夹带的泥沙及其他有机物等；

（5）致病菌毒等。

食品工业废水的特点是有机物质和悬浮物含量高、易腐败、一般无大的毒性，其危害主要是使水体富营养化，以致引起水生动物和鱼类死亡，促使水底沉积的有机物产生臭味，恶化水质，污染环境。

食品工业废水处理除按水质特点进行适当预处理（常见处理方法包括中和池、调节池、格栅、隔油池、气浮池等）外，一般均宜采用生物处理。如对出水水质要求很高或因废水中有机物含量很高，可采用两级曝气池或两级生物滤池，或多级生物转盘，或联合使用两种生物处理装置，也可采用厌氧-需氧串联的生物处理系统。

A　应用实例 1：酿酒厂污水的处理

国内某酿酒厂酒槽滤液废水量约为 $500m^3/d$，经初步处理后废水 COD 浓度约为 12000mg/L。

该厂采用的污水处理工艺如图 5-36 所示。

工艺特点如下：根据酒槽废水的特点，首先采用固液分离措施，降低滤液中的污染物浓度；滤液先进入厌氧调节池（水解池），通过沉淀和生物作用，可去

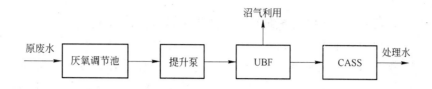

图 5-36 酿酒厂废水处理工艺流程

除部分有机物；然后通过"厌氧 + 好氧"工艺进行处理，废水即可达标排放。厌氧反应器采用 UBF，产生沼气可进行回收利用；好氧反应器采用 CASS，不用排出剩余污泥。整套工艺简便可靠。

运行参数如下：

（1）厌氧调节池容积 4000m³，水力停留时间约 8h，COD 去除率约 15%；

（2）UBF 反应器容积负荷率 COD 约为 6.0kg/（m³·d），控制温度为 30 ~ 35℃，COD 去除率约为 88%；

（3）CASS 反应器容积负荷率 COD 约为 1.5kg/（m³·d），COD 去除率约为 85%，曝气量约为 15m³/min（p = 49kPa），由鼓风机供应。

处理效果如下：厌氧调节池（水解池）、UBF 反应器、CASS 反应器出水 COD 浓度分别约为 10000mg/L、1200mg/L、300mg/L。

B 应用实例 2：柠檬酸污水的处理

国内某食品厂柠檬酸污水量约为 3000m³/d，污水水质如下：COD 浓度约为 22000 ~ 23000mg/L，pH 值约为 6 ~ 8。

该厂采用的污水处理工艺如图 5-37 所示。

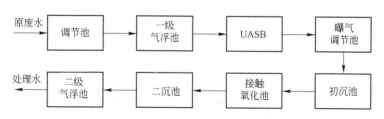

图 5-37 某食品厂废水处理工艺流程

工艺特点如下：柠檬酸污水浓度很高，并且容易生物降解。污水首先进入调节池，通过沉淀和生物作用，去除部分有机物；然后通过气浮池，尽可能降低水中的污染物；然后通过"厌氧 + 好氧"工艺进行处理；最后再次通过气浮池，降低出水中的色度。

运行参数如下：

（1）厌氧调节池容积 15000m³，水力停留时间约 58h，COD 去除率约

10% ~ 15%;

（2）UASB 反应器容积负荷率 COD 约为 3.0kg/（m³·d）；

（3）接触氧化池容积负荷率 COD 约为 1.2kg/（m³·d）。

处理效果如下：调节池、一级气浮池、UASB 反应器、曝气调节池、初沉池、接触氧化池、二沉池、二级气浮池出水 COD 浓度分别约为 21500mg/L、21000mg/L、3000mg/L、2500mg/L、2000mg/L、600mg/L、550mg/L、300mg/L。

5.4.3.4 造纸工业废水的处理

造纸废水主要来自造纸工业生产中的制浆和抄纸两个生产过程。制浆是把植物原料中的纤维分离出来，制成浆料，再经漂白；抄纸是把浆料稀释、成型、压榨、烘干，制成纸张。这两项工艺都排出大量废水：

（1）洗浆时排出废水呈黑褐色，称为黑水，黑水中污染物浓度很高，BOD甚至高达 5 ~ 40g/L，含有大量纤维、无机盐和色素；

（2）漂白工序排出的废水呈白色，称为白水，其中含有大量纤维和在生产过程中添加的填料和胶料。

造纸工业废水首先应通过各种方法充分利用废水中有用资源并降低废水中污染物的浓度，例如浮选法可回收白水中纤维性固体物质，回收率可达 95%；燃烧法可回收黑水中氢氧化钠、硫化钠、硫酸钠以及同有机物结合的其他钠盐；中和法调节废水 pH 值；混凝沉淀或浮选法可去除废水中悬浮固体；化学沉淀法可脱色；生物处理法可去除 BOD；此外，国内外也有采用反渗透、超滤、电渗析等处理方法的例子。

应用实例：国内某造纸厂每天排出的洗浆黑水约为 200t/h，水质情况如下：pH 值约为 11，COD 约为 21000mg/L，SS 约为 70mg/L，盐含量约为 8000 ~ 9000mg/L，色度约为 850 ~ 900。

该厂采用的污水处理工艺如图 5-38 所示。

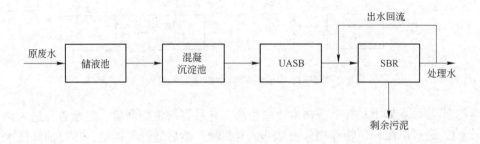

图 5-38 某造纸厂废水处理工艺流程

工艺特点如下：首先采用高效混凝净水剂，并以工业废盐酸为助凝剂，通过混凝沉淀分离黑水中的木素，沉淀下来的木素经脱水干燥可综合利用；沉淀池出水再通过 USAB 反应器和 SBR 反应器去除黑水中的有机物，出水可达标排放。

小贴士：木素

木素是一种天然的芳香族化合物，由于它的组成物质均为含有各种生物学稳定的复杂键型（如醚键或碳—碳键）的高分子化合物，故而在一般生物处理中难于降解。它的基本单元是苯基丙烷，其结构如图 5-39 所示。

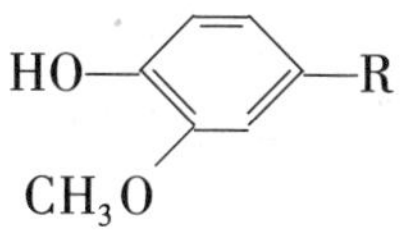

$$HO-\underset{CH_3O}{\bigcirc}-R$$

图 5-39　苯基丙烷结构示意图

木素在碱性溶液中一般是以可溶性钠盐形式存在，加酸时会变成不溶性的游离酚从溶液中析出，反应式如图 5-40 所示。

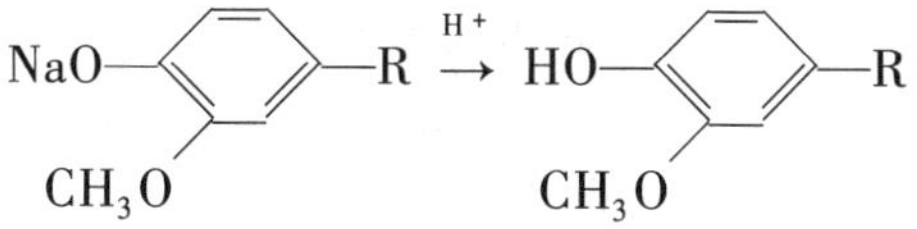

$$NaO-\underset{CH_3O}{\bigcirc}-R \xrightarrow{H^+} HO-\underset{CH_3O}{\bigcirc}-R$$

图 5-40　苯基丙烷析出反应式

利用木素的这一特性，在黑水中加入酸可脱除木素，这就是酸析原理。

运行参数如下：SBR 曝气时间约为 10h，污泥负荷 COD 约为 $0.5kg/(m^3 \cdot d)$。

处理效果如下：UASB 出水 COD 浓度约为 1500～2000mg/L，SBR 出水 COD 浓度约为 400～450mg/L，整套设备 COD 去除率约为 80%左右。

5.4.3.5　纺织印染工业废水的处理

纺织生产包括纺纱、织造、染整等工艺，印染生产包括漂炼、染色、印花、整理等工艺。纺织印染工业生产中的污水主要来源于印染工业。印染工业用水量大，通常每印染加工 1t 纺织品需耗水 100～200t，其中 80%～90%以印染废水方式排出。印染废水处理时可先按水质特点进行回收利用，例如采用蒸发法回收碱液，再进行无害化处理：

（1）物理处理法有沉淀法和吸附法等，沉淀法主要是去除废水中的悬浮物；吸附法主要是去除废水中溶解的污染物和脱色。

（2）化学处理法有中和法、混凝法和氧化法等，中和法在于调节废水中的酸碱度，还可降低废水的色度；混凝法在于去除废水中分散染料和胶体物质；氧化法在于氧化废水中还原性物质，使硫化染料和还原染料沉淀下来。

（3）生物处理法有活性污泥、生物转盘、生物转筒和生物接触氧化法等，为了提高出水水质，达到排放标准或回收要求，往往需要采用几种方法联合处理。

应用实例：国内某服装厂污水量约为 2500m³/d，污水水质如下：COD 浓度约为 600 ~ 800mg/L，BOD_5 浓度约为 150 ~ 300mg/L，SS 浓度约为 100 ~ 300mg/L，pH 值约为 6 ~ 8。

该厂采用的污水处理工艺如图 5-41 所示。

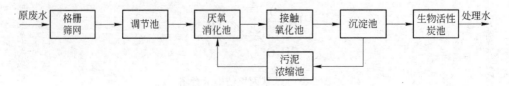

图 5-41　某服装厂废水处理工艺流程

工艺特点如下：为提高污水可生化性，在好氧处理法前增设了水解酸化调节池和厌氧消化池；为了提高厌氧段的污泥浓度，采用了污泥回流。

运行参数如下：水解酸化调节池水力停留时间约 8h；厌氧消化池水力停留时间约 8h，容积负荷率 COD 约为 5.0kg/（m³·d）；接触氧化池水力停留时间约 6h，容积负荷率 COD 约为 1.5kg/（m³·d）；沉淀池水力停留时间约 2h，表面负荷约 1m³/（m²·d）；生物活性炭接触时间 2h，反冲强度约 5 ~ 6L/（m²·s），反冲周期约 1 天。

处理效果如下：出水 COD 浓度约为 150mg/L，BOD_5 浓度约为 40mg/L，pH 值约为 7，色度约为 70 ~ 100，SS 约为 80mg/L。

5.4.3.6　化学工业废水的处理

化学工业废水主要来自石油化学工业、煤炭化学工业、酸碱工业、化肥工业、塑料工业、制药工业、染料工业、橡胶工业等排出的生产废水。化工废水处理首先进行综合利用和回收，然后再进行处理：

（1）一级处理主要分离水中的悬浮固体物、胶体物、浮油或重油等，可采用水质水量调节、自然沉淀、上浮和隔油等方法。

（2）二级处理主要是去除可用生物降解的有机溶解物和部分胶体物，减少废水中的生化需氧量和部分化学需氧量，通常采用生物法处理。

（3）经生物处理后的废水中，还残存相当数量的 COD，有时有较高的色、嗅、味，或因环境卫生标准要求高，则需采用三级处理方法进一步净化，三级处理主要是去除废水中难以生物降解的有机污染物和溶解性无机污染物，常用的方法有活性炭吸附法和臭氧氧化法，也可采用离子交换和膜分离技术等。

各种化学工业废水可根据不同的水质、水量和处理后外排水质的要求，选用不同的处理方法。

因为化学工业废水中最主要的一类就是含油废水，含油废水主要来源于石油、石油化工、钢铁、焦化、机械加工等工业部门。油类污染物质除重焦油的相对密度为 1.1 以上外，其余的相对密度都小于 1，因此油类物质在废水中通常以三种状态存在：

(1) 浮上油，油滴粒径大于 $100\mu m$，易于从废水中分离出来；

(2) 分散油，油滴粒径介于 $10\sim100\mu m$ 之间，悬浮于水中；

(3) 乳化油，油滴粒径小于 $10\mu m$，不易从废水中分离出来。

不同工业部门排出的废水中含油浓度差异很大，如炼油过程中产生废水的含油量约为 $150\sim1000mg/L$，焦化废水中焦油含量约为 $500\sim800mg/L$，煤气发生站排出废水中的焦油含量可达 $2000\sim3000mg/L$。因此，含油废水的治理应首先利用隔油池，回收浮油或重油，可去除 60% ~80% 的污染物质，将水中含油量降低至少 $100\sim200mg/L$ 再进行后续处理。在这个过程中，为减轻废水中乳化现象，方便废水的处理，通常采用气浮法和破乳法。

A 应用实例 1：含油废水的处理

国内某炼油厂废水量约为 $8000m^3/d$，污水含油浓度为 $5000\sim8000mg/L$，COD 为 $20000\sim45000mg/L$，BOD_5 为 $4000\sim6000mg/L$，pH 值为 $7.0\sim8.0$。

该厂采用的污水处理工艺如图 5-42 所示。

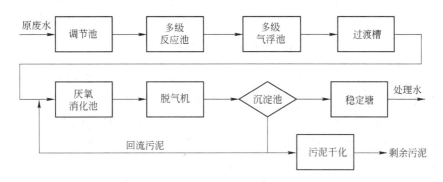

图 5-42 某炼油厂废水处理工艺流程

工艺特点如下：采用多级混凝气浮法破乳（注：又称为反乳化作用，指的是将液体中乳状液的分散相小液珠聚集成团，形成大液滴，最终使油水两相分层析出的过程），提高了污水的可生化性（BOD_5/COD，即有机物中的易生化处理部分比率提高到 50% 以上），并用生物法处理，使污水达标排放。含油污水经调节池撇浮油后进入反应池，反应池中加入了 0.1% 阴离子型聚丙烯酰胺等破乳剂，经充分混合形成了大絮体，流入气浮池进行泥水分离。由于进水浓度高，仅靠单级反应池和气浮池无法达到理想效果，故采用多级反应池和气浮池。生物处理主

要去除溶解性的 BOD_5。多级混凝气浮法的 COD 和油去除率分别达到 97% 和 99% 以上，整套工艺的 COD 和油去除率分别达到 99.7% 和 99.9% 以上。

运行参数如下：多级反应池和气浮池总停留时间约 80min；厌氧反应器 BOD_5 容积负荷 BOD 为 3.5kg/($m^3 \cdot d$)，水力停留时间（HRT）为 12h，反应温度为 27 ~ 31℃，污泥浓度为 12000 ~ 15000mg/L，污泥停留时间（SRT）为 3.6 ~ 6 天，沉淀池水力停留时间为 1.5 ~ 2.5h，表面负荷为 1.3m^2/($m^3 \cdot h$)，回流比为 3:1。

处理效果如下：沉淀池出水 COD 浓度约为 77.1 ~ 93.2mg/L，BOD_5 浓度约为 4.2 ~ 7.6mg/L，油浓度约为 5.5 ~ 9.1mg/L。

B　应用实例 2：化工污水的处理

国内某化工厂综合污水量约为 3000m^3/d，包括对苯二甲酸污水、聚酯污水、涤纶纺丝污水等，污水水质如下：COD 浓度约为 2000mg/L，BOD_5 浓度约为 1600mg/L，pH 值约为 5 ~ 7。

该厂采用的污水处理工艺如图 5-43 所示。

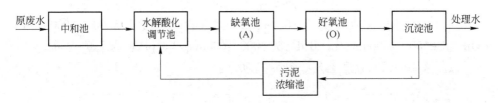

图 5-43　某化工厂废水处理工艺流程

工艺特点如下：主体工艺是 A/O 工艺，在曝气池中安装有软性纤维条例，并采用微孔曝气；为提高可生化性，主体工艺之前设置了水解酸化调节池。

运行参数如下：水解酸化调节池水力停留时间约 8h；缺氧池水力停留时间约 3h；好氧池水力停留时间约 1.5h，容积负荷 COD 为 2.2kg/($m^3 \cdot d$)；沉淀池水力停留时间约 2.5h。

处理效果如下：COD 去除率约为 85% ~ 90%，BOD_5 去除率约为 90% ~ 95%。

第6章 废水的深度处理

6.1 深度处理的目的与意义

废水深度处理是废水再生与回用技术的重要组成部分，在水资源紧缺成为世界性问题的今天，许多城市面临水资源短缺危机的情况下，人们对废水深度处理和利用有了越来越多的了解和关注。在缺水地区通过废水的深度处理制备再生水，一方面可以大幅度消减污染负荷，另一方面也可以开发城市非常规水资源，使再生水稳定地成为城市水源的重要组成部分，将远距离调水的费用用于再生水生产，可谓一举两得，事半功倍。在封闭性水域和缺水地区，此举是发展的必然选择，而在水资源丰富的地区，也可以通过深度处理保持水系的清洁和健康。

由于全球性水资源危机正威胁着人类的生存和发展，许多缺水国家和地区都已进行了废水再生利用的总体规划，将再生水作为新的城市水源。深度处理后的废水重新用于工业、市政杂用等，实现了水在自然界中的良性循环。废水资源水量稳定，易于获取，收集输送方便，具有较高的保证率。至少有70%的城市废水可以再生处理后安全利用，可以解决城市需水量的很大缺口，因此进行废水再生利用，实现污水资源化，对解决水资源危机具有重要的战略意义。

6.2 废水深度处理分类

6.2.1 去除悬浮物

经二级处理后的废水中，仍残留有微小的悬浮物，粒径范围大约在数毫米到 $10\mu m$ 左右，主要成分为生物絮凝体、未被凝聚的胶体颗粒等。此时，一半以上的 BOD 值来源于这些颗粒。为了提高二级处理出水的稳定度，需要去除这些颗粒。此外，去除悬浮物也是保证脱磷除氮效果的前提。

去除悬浮物的具体技术根据悬浮物状态和粒径确定，胶体状粒子可以采用混凝沉淀法去除，粒径 $1\mu m$ 至 $1mm$ 的颗粒，可用砂滤法去除，几百埃至 $10\mu m$ 的颗粒采用微滤机等设备去除，而 1000 埃以下的颗粒，应采用反渗透法去除。

6.2.2 去除溶解性有机物

生活废水中，溶解性有机物的主要成分包括蛋白质、碳水化合物和阴离子表面活性剂等。而在经过二级处理的废水中，溶解性有机物的主要成分为丹宁、木质素、黑腐酸等不易降解而难以使用生物处理技术去除的物质。在深度处理中，通常采用活性炭吸附、臭氧氧化等技术去除溶解性有机物。

6.2.2.1 活性炭吸附

活性炭在所有的吸附剂中是吸附能力最强的，其表面布满细微的小孔，通过这些半径小于2nm的小孔实现吸附功能。活性炭吸附力以物理吸附为主，可以去除溶解性有机物、表面活性剂、色度、重金属、余氯等。活性炭分为粉状和粒状两种，粉状的粒径约为0.05~0.15mm，粒状的则为0.20~5.0mm，在废水处理中使用粒状活性炭为多。

6.2.2.2 臭氧氧化

臭氧的分子式为O_3，常温常压下为无色气体，具有很强的氧化力，可以用于去除废水中的残余有机物、脱除色度、杀菌消毒等。臭氧的制备可以通过光化学反应、电解反应、放电反应等进行制备，使用最广泛的是放电反应，可以通过玻璃等诱电体放电，使空气中的氧在电极之间转换为臭氧。

6.2.3 去除溶解性无机盐类

6.2.3.1 反渗透

反渗透是膜分离技术中的一种，在废水处理领域主要用于以回用为目的的深度处理，或高盐废水生物处理的预处理。除了去除溶解性无机盐，反渗透技术还可以去除悬浮物、溶解性有机物等。反渗透的工作压力较大，运行能耗和成本较高。由于膜孔较小，去除的污染物质容易在膜面沉积，造成通过能力下降，因此当原水悬浮物含量较高时，可以考虑使用过滤、活性炭吸附等手段进行前处理，并及时冲洗膜面。

6.2.3.2 电渗析

电渗析处理工艺也是膜分离技术中的一种，在水处理领域主要用于脱盐和酸碱回用。当使用电渗析去除水中的无机盐类时，应进行前处理去除悬浮物，以免堵塞膜孔。电渗析工艺设备简单，操作方便，不需投加化学药剂，但电能消耗较大。

6.2.3.3 离子交换

离子交换技术适用于盐度在100~300mg/L的废水，更高盐度的废水也可以使用离子交换法，但需要进行频繁的再生处理，成本较高。

6.2.4 废水的消毒

城市废水经二级处理后，细菌含量已有大幅度的减少，但绝对值仍很高，也可能存在病原菌。因此，在深度处理阶段，应进行消毒处理。消毒的方法可以根据废水性质、处理后的用途等要求来综合确定，主要的方法是向水中投加消毒剂，包括液氯、臭氧、次氯酸钠、紫外线等。液氯在水中产生的次氯酸 HClO 和 ClO⁻ 是很强的消毒剂，可以有效杀灭细菌及病原体。效果可靠，价格便宜，设备简单，投量准确，但会形成对水生物有害的化合物，并可能产生致癌物质，一般大中型污水处理厂使用液氯消毒。液氯消毒的效果与水温、pH 值、接触时间、废水浊度、混合程度及干扰物质浓度有关。

6.2.5 脱磷除氮

氮、磷等元素是植物营养物质，会助长水体中藻类和水生生物的大量繁殖，引起水体富营养化，引起严重的生态环境问题。为了避免这些问题，应在深度处理中对废水进行脱磷除氮处理，控制氮、磷的排放量。

图 6-1　太湖的富营养化

废水脱氮有化学法和生物法两种，化学法包括吹脱脱氮、折点加氯和离子交换法等，主要用于工业废水治理。吹脱脱氮的效果稳定，操作简便，容易控制，但逸出的游离氮会造成二次污染，处理效果受温度影响也较大，需采取一定措施进行控制。

6.3 废水深度处理技术

6.3.1 吸附法

6.3.1.1 什么是吸附

吸附是指一种物质在某种力量的作用下，附着在另一种物质上的过程，是一种界面现象。吸附法处理废水是指利用多孔性的固体物质（即吸附剂），使废水中的一种或多种物质（即吸附质）吸附在吸附剂表面而去除的方法。吸附法多用于低浓度工业废水的处理。

吸附剂表面的吸附力可以分为静电引力、分子引力和化学键力三类。由此可以将吸附作用分为物理吸附、化学吸附和离子交换吸附三类。

6.3.1.2　影响吸附的因素

A　吸附剂的性质

吸附发生于吸附剂的表面，吸附剂的比表面积是吸附的基础，比表面积（单位重量的吸附剂具有的表面积）越大，吸附力越强，吸附容量越大。因此，在满足吸附质分子扩散条件的前提下，吸附剂的比表面积越大越好。

吸附剂的种类不同，吸附效果也不同，一般说来，极性分子吸附剂容易吸附极性分子型吸附质，反之亦同。吸附剂的颗粒大小将影响其吸附速度，孔径过大，表面积小，吸附能力差；孔径过小，尽管表面积大，但会影响吸附质扩散，并屏蔽直径较大的吸附质分子。

B　吸附质的性质

同一种吸附剂对不同的吸附质的吸附能力是不同的，吸附质在废水中的浓度对吸附有较大影响。一般来说，吸附质浓度越低越容易被吸附。吸附质极性的强弱也可以影响吸附，如硅胶和活性氧化铝是极性吸附剂，可以从废水中吸附极性分子。

C　温度、pH值、时间和流速

吸附属于放热过程，因此低温有利于吸附，高温有利于脱附。废水的pH值会对吸附质在废水中的存在形式产生影响，进而影响吸附效果。一般来说，pH值小于7的废水方可使用吸附法进行处理。吸附中必须保证吸附时间，才能充分发挥吸附剂的吸附能力。废水通过吸附剂的速度越大，所需的吸附剂层高度越大。

6.3.1.3　吸附剂简介

废水深度处理中常用的吸附剂有：活性炭、磺化煤、活化煤、沸石、焦炭、活性白土、硅藻土、腐殖酸、木炭、木屑、大孔吸附树脂等。其中活性炭的应用最为广泛。

活性炭是一种以含炭为主的物质为原料，经高温炭化和活化制备而成的疏水性吸附剂。其外观呈黑色，有粉状和粒状两种。其组成元素主要为碳，除此之外还含有少量氧、氢、硫等元素。在制造过程中，活性炭晶格间形成许多孔隙，从而产生吸附性能。

活性炭的特点：具有良好的吸附性能，化学性质稳定，可耐强酸、强碱，并经受高温、高压，不易破碎。活性炭吸附过程易于自动控制，适应性强，因此是一种应用前景极为广阔的废水深度处理技术，可以有效地去除臭度、色度、重金属、消毒副产物等。活性炭的吸附量取决于比表面积、孔隙的构造和分布情况等因素。

 **小贴士：**纤维活性炭

　　纤维活性炭是近年来开发的一种高效吸附物质，与普通活性炭相比具有纤维直径细、比表面积大、微孔结构发达、孔径小且分布窄、吸附容量大、洗脱速度快、再生容易等特点。纤维活性炭具有众多的官能团，对多种有机物和重金属离子等均具有较好的吸附效果。

6.3.1.4　吸附操作

废水处理中的吸附操作分为静态和动态两种。

A　静态吸附

静态吸附是指废水不流动的条件下所进行的吸附操作，属于间歇操作。在静态操作过程中，将一定量的吸附剂投入待处理的废水中，并进行搅拌使其充分反应，达到吸附平衡后，再用沉淀或过滤的方法将废水与吸附剂分开。一次吸附达不到要求时，还可以使用多次吸附。

B　动态吸附

动态吸附是指废水在流动的条件下所进行的吸附操作，属于连续操作。在动态操作过程中，将待处理的废水连续地通过吸附剂，使废水中的污染物得到吸附。

在废水处理中，常使用移动床（图6-2）、固定床（图6-3）和流化床等设备进行动态吸附，其中以固定床使用最为普遍，这种设备中，吸附剂是固定的，因此得名。吸附剂使用一段时间后，吸附效果变差，吸附质浓度逐渐升高，达到一定浓度后，应停止通水，将吸附剂采取再生处理。此种现象称为穿透，该时间点

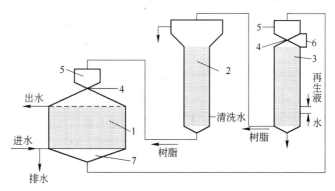

图6-2　三塔式移动床

1—交换塔；2—清洗塔；3—再生塔；4—浮球阀；5—贮树脂斗；

6—连通管；7—排树脂部分

称为穿透点。从吸附开始到穿透点的时间段
称为有效工作时间。

6.3.2 离子交换法

6.3.2.1 什么是离子交换

离子交换是通过离子交换剂中的离子和
废水中的有害离子互相交换而去除有害离子
的方法，属于特殊的吸附过程。

离子交换过程可以视为固相的交换剂与
液相的废水中离子之间的置换反应，一般都
是可逆的。离子在溶液中的扩散速度、离子
通过液膜的扩散速度以及离子在树脂颗粒内
部交换和扩散的速度都会影响离子交换过程
的快慢。当交换树脂的吸附达到一定的饱和
度时，同样需要再生，方可继续使用。

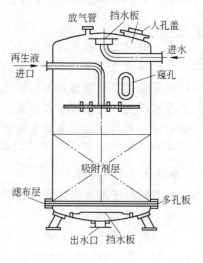

图 6-3 固定床

6.3.2.2 离子交换剂

离子交换剂按照材质不同分为有机和无机两类。无机离子交换剂包括天然沸
石和人工合成沸石，有机离子交换剂包括璜化煤和各种离子交换树脂。目前在废
水处理中最常使用的离子交换树脂，是一种人工合成的高分子化合物，由树脂母
体和活性基团两个部分组成。制作离子交换剂的树脂母体通常为有机化合物和交
联剂组成的高分子聚合物，活性基团由固定离子和活动离子组成，其中固定离子
由树脂母体的网状骨架连接而成，而起交换作用的是活动离子，与固定离子电荷
相等，电性相反，依靠静电引力结合在一起。

离子交换树脂具有交换容量高、交换速度快、机械强度高、形状可塑性高、
化学稳定性好等优点，只是成本较高。按照活性基团的不同，可将离子交换树脂
分为阳离子交换树脂、阴离子交换树脂、螯合树脂、氧化还原树脂及两性树脂
等，其中，阳、阴离子交换树脂还可根据活性基团酸性的强弱，分为强酸、强
碱、弱酸、弱碱等类别。按照树脂的类型和孔隙结构的不同，离子交换树脂可以
分为凝胶型和大孔型两种。目前使用的树脂多为凝胶型离子交换树脂。

6.3.2.3 离子交换树脂的再生

树脂再生可以恢复其交换能力，同时也可以回收被交换的有用之物。树脂的再
生原理是离子交换反应的逆向进行，通过将达到饱和状态的树脂放置于含有高浓度
原树脂上活动离子的溶液中，即可推动原置换反应逆向进行，从而达到置换的目的。

再生操作包括反冲、再生和正洗三个过程。在树脂中反向通入冲洗水和空气，以
松动树脂层，清洗树脂内的杂物和碎片，称为反冲。再生是指将再生剂以一定流速流

经树脂层。正洗则是指通入与交换时方向相同的水流,以洗去树脂中残余的再生剂和再生反应物。

对于不同性质的污水和不同类型的离子交换树脂,需采用不同的再生剂。用于阳离子交换树脂的再生剂有 HCl、H_2SO_4 等,用于阴离子交换树脂的再生剂有 NaOH、Na_2CO_3、$NaHCO_3$ 等。

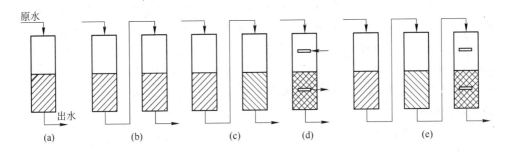

图 6-4　离子交换柱组合方式

(a) 单床;(b) 多床;(c) 复床;(d) 混合床;(e) 联合床

6.3.3　混凝沉淀法

6.3.3.1　什么是混凝沉淀

混凝沉淀法是处理废水中悬浮物的常用方法,大颗粒的悬浮物可以在重力的作用下直接沉淀,但微小悬浮物和胶体状粒子则需进行混凝方可进行沉淀。混凝过程是向废水中投加适当数量的混凝剂,在充分混合反应后,使在水中难以自行沉淀的胶体状悬浮颗粒或乳状污染物失稳,并在互相碰撞下聚集成较粗大的颗粒或絮状物,从而使污染物更易上浮或下沉而被去除。通过混凝沉淀可以较好地降低污水的色度和浊度。同时,混凝沉淀还将去除污水中的砷、汞等溶解性物质,也能够有效去除可导致水体富营养化的氮、磷等。1μm 到 1mm 颗粒采用沙滤法去除,粒径在几百埃到 10μm 的颗粒,采用微滤机等专用设备去除,而粒径在数埃或以下的颗粒,则应采用去除溶解性盐类的反渗透法去除。采用混凝法去除废水中的有机物,去除效果好,但投药量大,会产生大量高含水率的污泥,这种污泥很难脱水,给处理带来一定困难。

混凝的过程包含混合、反应两个环节,混合是指混凝剂与污水快速充分的混合,这个环节是保证反应正常进行的重要条件之一,除此之外,还需保证正确的速度梯度 G 和水力停留时间 HRT 等水力方面的条件。根据颗粒大小正确地选择混凝剂,是混凝沉淀技术成功与否的重要前提。

6.3.3.2　胶体的特征

胶体微粒最重要的特征是表面性能和动电现象。表面性能是指颗粒体积小,比表面积大，表面自由能很大，因此具有强烈的吸附能力和水化作用。动电现象则包括电泳与电渗，二者都是由于外加电位差的作用而引起的胶体溶液系统内固相与液相之间的相对移动。

胶体都带有电荷。胶体的中心是胶核，胶核表面吸附着一层带同向电荷的电子，即电位离子层。电位离子层决定了胶粒电荷的方向和大小。为了维持胶体离子的电中性，电位离子层外吸附了大量离子，与电位离子层的总电量相同，符号相反，称为反离子层，与电位离子层共同形成"双电层"。反离子层中紧靠电位离子的部分被吸引得较为牢固而随胶核一起运动，离电位离子较远的其他离子不随胶核一起运动，并有向外扩散的趋势。扩散层与吸附层之间的交界面称为滑动面。胶核与吸附层统称为胶粒，胶粒与扩散层组成胶团，胶粒和扩散层之间的电位差成为胶体的电动电位 ζ。

胶体虽然具有巨大的表面自由能，但它们在水中受到多种力的作用：由于胶体带电，带相同电荷的胶粒会产生静电斥力，ζ 电位越高，静电斥力越大；受水分子热运动的撞击，胶粒会在水中作不规则的布朗运动；胶粒之间还存在范德华引力。由于微粒之间存在斥力，并且胶粒周围由于水化而形成一层水化膜，阻止了胶粒间的接触，因此胶粒微粒在正常状态下保持分散的悬浮状态，很难聚集在一起。这种特性称为胶体的稳定性。

6.3.3.3　混凝剂

混凝过程的本质是压缩胶体的双电层，使其脱稳而凝聚在一起成为较大颗粒的过程。混凝剂则是有助于这个过程的药剂，包括无机盐类混凝剂和高分子混凝剂。目前应用最广泛的无机盐类混凝剂是铝盐混凝剂和铁盐混凝凝剂。高分子混凝剂则分为天然和人工两种，以人工高分子混凝剂应用较为广泛。当单纯使用混凝剂不能取得良好效果时，可以投加辅助药剂以提高混凝效果，这种辅助药剂称为助凝剂。无机助凝剂应用最广的有铝系和铁系金属盐，使用以后可以取得良好的混凝效果，但是容易产生较多的污泥。此外还有如聚合氯化铝、聚合硫酸铁等高分子混凝剂，混凝效果也很好。

6.3.3.4　影响混凝的要素

混凝的机理包括压缩双电层机理、吸附表面中和机理、吸附架桥机理、沉淀物网捕机理等四种。在污水处理中，这四种机理往往是同时或交叉发挥作用的。影响混凝的因素包括水温、水质、水力条件等因素。

A　水温

水解是吸热反应，水温高低会影响无机盐类混凝剂的水解，因而对混凝效果有明显的影响。水温低时水解反应慢，同时水的黏度增大，导致胶体的布朗运动减慢，不利于互相结合。因此一般说来，冬天的混凝剂投放量要大于夏天。而温度过高，会导致一些混凝剂的性状发生改变，同样降低混凝效果。

B pH 值

混凝过程中有一个最佳 pH 值，在该 pH 值下，混凝反应的速度最快，絮体的溶解度最小。pH 值不同，混凝产物不同，效果也不同。

C 悬浮物浓度

悬浮物浓度即浊度，浊度不同，所需的混凝剂用量不同，浊度过高或过低都不利于混凝效果。

D 水中共存的杂质

水中共存杂质的数量、种类、性质都会对混凝效果产生影响，有些杂质的存在可促进混凝过程，如无机金属盐（除硫、磷以外）可以压缩胶体粒子的扩散层厚度，促进胶体凝聚。对于含有大量有机物的废水，需要投加较多的混凝剂方有效果。氯、螯合物和水溶性高分子物质和表面活性物质都不利于混凝。

E 混凝剂的影响

应针对胶体和细小悬浮物的性质和浓度来选择混凝剂。如主要污染物呈胶体状态，应先投加无机混凝剂，如絮体细小，则还需投加高分子混凝剂或配合使用活性硅酸等助凝剂。此外，还需通过实验，确定最佳混凝剂和最佳投药量，并确定合适的投加顺序。

F 水力条件

水力条件中有两个重要因素：搅拌强度和搅拌时间。在混合阶段，混凝剂需与污水迅速均匀地混合，而到了反应阶段，既要创造足够的碰撞和吸附机会让絮体有足够的成长空间，又要防止刚生成的絮体被打碎，因此需要逐渐减小搅拌强度，并延长反应时间。

6.3.3.5 混凝沉淀过程和设备

混凝沉淀流程包括投药、混合、反应和沉淀分离四个部分。

A 投药

混凝剂的投加可以分为干法投加以及湿法投加两类。干法投加是指把药剂直接投放于需处理的废水之中，这种投加法劳动强度大，投加量难以控制，对搅拌机械设备要求高。湿法投加指先将混凝剂配成一定浓度的溶液，再投入需处理的废水中。这种投加法工艺容易控制，投药均匀性较好，可以采用剂量设备进行投加，使用较为方便。

B 混合

当混凝剂投入污水，发生水解并产生异电荷胶体，与水中的胶体和微小悬浮物接触而形成细小的絮凝体这一过程称为混合。混合中形成的小絮体称为矾花。混合过程一般在 $10 \sim 30s$ 即完成，在此过程中需要搅拌力，可以采用水力搅拌和机械搅拌两种。

C　反应

在混合反应设备内完成混合后，水中虽然已经有了大量细小矾花，但要达到可以自然沉降并被沉淀去除的颗粒大小还是远远不够的。而反应过程就是为了使细小的矾花进行凝聚，结成大絮体从而便于沉淀。反应过程需要有一定的搅拌强度和足够的反应时间。

D　沉淀分离

沉淀是污水处理中的重要工艺过程，应用十分广泛，过程简单易行，分离效果好。根据被沉淀颗粒的性质、浓度和凝聚性能，沉淀可以分为四种类型：自由沉淀、絮凝沉淀、拥挤沉淀和压缩沉淀。沉淀设备是沉淀池，有许多类型，按照水流方向不同，可以分为平流式、辐流式和竖流式三种。

6.3.4　过滤

过滤是一个包含多种作用的复杂过程。在过滤中，将悬浮粒子输送到滤料表面，使之与滤料接触产生附着作用，并不再移动，方能算作被滤料截留。所以，输送是过滤过程的前提。在层流条件下，粒子通过惯性作用、沉淀作用、扩散作用或直接截流作用输送到滤料表面。粒子直径越大，截留作用就越明显，对于粒径大于 $10\mu m$ 的粒子，主要受沉淀作用的影响，但对于微小粒子来说，扩散作用则占主要影响。

过滤过程分离悬浮颗粒涉及多种因素，其机理有三类，分别为迁移、附着和脱落。迁移是指悬浮颗粒因筛滤、拦截、惯性、沉淀、布朗运动或水力作用使其脱离流线而与滤料接触的过程。附着则是通过接触凝聚、静电引力、吸附或分子引力，使废水中的悬浮物和胶体杂质附着于滤料表面。脱落是使滤料与污染物之间分离的过程，普通的快滤池通常用水进行反冲洗，有时也使用压缩空气进行辅助表面清洗。反冲洗中，滤料会膨胀到一定高度，处于流化状态，其上的附着物在高速反冲洗水的冲刷而脱落。反冲洗的效果取决于冲洗强度和时间。

滤料分为颗粒材料和多孔材料两类。颗粒材料有石英砂、无烟煤、陶粒、大理石、纤维球、聚氯乙烯等，主要用于去除经混凝或生物处理后的低浓度悬浮物，但容易堵塞，选择滤料时要注意应选择粒径较大，较为耐腐蚀，机械强度较高而成本较低的。多孔材料主要用于过滤毛纺、化纤、造纸等工业废水中含有的纤维类杂物。

滤池内部的重点构造是滤料层、垫料层和排水系统。滤料层属于核心部分，其粒径、滤层高度和滤速是主要参数。垫料层的作用是承托滤料，防止滤料被水冲走，并且保证反冲洗水更均匀地分布于整个滤池。垫料层一般采用卵石或砾石，按颗粒大小分层铺设。排水系统的作用是均匀收集过滤后的废水，并均匀分配反冲洗水，排水系统分为大阻力排水系统和小阻力排水系统。

按照滤速大小，滤池可分为慢滤池、快滤池和高速滤池；按照水流过滤层的方向，滤池可分为上向流滤池、下向流滤池和双向流滤池；按照滤料种类的不同，滤池可以分为砂滤池、煤滤池、煤-砂滤池；按照滤料层数的不同可以分为单层、双层和多层滤池；按水流性质的不同又可以分为压力滤池和重力滤池；按出水和反冲洗水的进出方式可以分为普通快滤池、虹吸滤池（图6-5）和无阀滤池等。

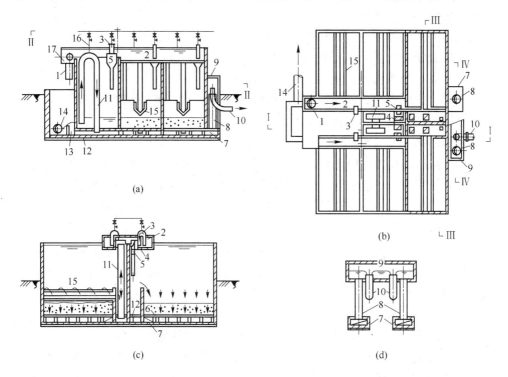

图 6-5　虹吸滤池典型构造

（a）Ⅰ—Ⅰ剖面；（b）Ⅱ—Ⅱ剖面；（c）Ⅲ—Ⅲ剖面；（d）Ⅳ—Ⅳ剖面

1—进水管；2—配水管；3—进水虹吸管；4—进水水封槽；5—进水斗；6—小阻力配水系统；7—清水连通渠；8—清水连通管；9—出水槽；10—出水管；11—排水虹吸管；12—排水渠；13—排水水封井；14—排水管；15—排水槽；16—抽气管；17—进水连通管

6.3.5　膜分离技术

6.3.5.1　膜分离技术简介

很早以前，人们就发现，一些薄膜具有选择性透过的功能，如膀胱膜、羊皮纸等可以分离水溶液中的某些溶解物质。这类可以起渗透作用的薄膜因为具有选择性，被称为半透膜。半透膜的渗析作用分为三种：依靠薄膜中孔道的大小分离不同大小的粒，依靠薄膜的离子结构分离不同的离子，或有选择地溶解分离某些物质。在废水中，常常使用离子交换膜来进行膜分离。

膜分离是指在某种推动力的推动下，利用特殊薄膜的选择性透过性能，达到分离水中的离子或分子以及某些微粒的目的。溶剂透过膜的过程称为渗透，溶质透过膜的过程称为渗析。近年来，膜分离技术发展迅速，用于污水处理、化工、生化、医药行业。

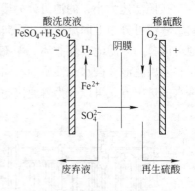

图 6-6　利用电极反应回收酸和铁的单膜装置

根据溶质或溶剂通过膜的动力不同，可以将膜分离法分为电渗析、反渗透、超滤、微膜法等，电渗析的推动力是电位差，反渗透和超滤的推动力为压力差，液膜的推动力则是反应促进和浓度差。其中以电渗析、反渗透和超滤应用最为广泛。

膜分离可以在常温中进行，其过程中分离与浓缩同时进行，不会发生相变，能源转化效率高，一般不需要投加其他药剂材料，装置简单、操作容易，又可利用的膜的选择性，将不同粒径的物质分开，适应性强，分离效率高。

6.3.5.2　电渗析

电渗析是指在直流电场中，以电位差为推动力，利用阴阳离子交换膜的选择透过性，阳膜只通过阳离子，阴膜只通过阴离子，从而将电解质从溶液中分离而出，实现浓缩和提纯。

电渗析法是一种成熟的膜分离技术，普遍用于苦咸水淡化、饮用水生产、浓缩海水制盐等，可以有效地将生产过程与产品分离过程进行有效融合。目前也将电渗析法用于工业污水处理，进入各室的水流可以是同一种或者不同种原水。我国自 20 世纪 50 年代引进电渗析法，目前已经接近世界先进水平。电渗析法的原理为，将阴离子交换膜和阳离子交换膜交错排列与阴阳极之间，在两极之间注满氯化钠水溶液，并接入直流电源，使带负电的 Cl^- 向阳极迁移，带正电的 Na^+ 向阴极迁移，迁移过程中受到离子交换膜的阻拦，从而在浓缩室积累，成为浓溶液，离子减少的水即为稀溶液，与电极板接触的隔室为极室。在工业废水的处理中，淡水可以排放或者重复利用，浓水可以用于回收有用物质。根据污水的成分和处理目的的不同，浓室与淡室可以通入不同成分的溶液。

电渗析器主要由膜堆、极区、夹紧装置等部分组成。电渗析使用的离子交换膜按照膜体结构分类有三种：异相膜、均相膜、半均相膜等；按活性基团可以分为阳离子交换膜、阴离子交换膜、两极膜、两性膜、表面涂层膜等。目前还有很多特种离子交换膜，对特定的离子具有特殊的选择透过性或排斥性。离子交换膜是电渗析设备的最重要部件，其性能对电渗析效果影响很大，优良的电渗析膜应具有较好的离子选择性，较高的交换容量，较小的电阻，较好的稳定性和强度。

电渗析原理如图 6-7 所示。

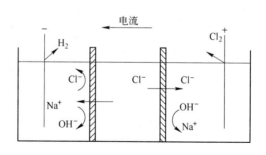

图 6-7 电渗析原理图

电渗析法用于废水深度处理较为多见，经过生化处理的废水需先经过滤和活性炭吸附处理，再进入电渗析设备，以防其中残留的悬浮物和有机物影响分离效果。对于不同的目的和要求，可以采取多种膜组合方式。此外，在某些情况下可以通过电极反应达到废水处理和有用物质回收的目的。电渗析法可以有效去除废水中的盐分，但无法去除非水溶性电解质的胶体和有机物等，铁、锰或高分子有机酸等物质则易于沉积在膜表面影响去除效果，因此需要经过预处理方可继续进行电渗析。

6.3.5.3 反渗透

在一张半透膜的两边分别放上淡水和某种溶液，此半透膜只能让水分子通过而会阻止其他的溶质分子，淡水自然将通过膜扩散到装有溶液的那一侧，使该侧液面上升，淡水液面下降。渗透是自发过程，水分子从化学势较高处流向化学势较低之处，与热量从高温处传递到低温处一样。渗透达到平衡时，两侧液面高差不再变化，其水位差称为渗透压。渗透压是区别溶液和淡水之间的重要特性，每种溶液都有渗透压，但只在渗透过程中方能表现出来。渗透压可以定义为阻止渗透过程进行而需外加的压力，或是使水不向溶液一侧扩散而必须外加的压力。反之，如果在溶液一侧加上大于渗透压的压力，则溶液中的水分子就会通过半透膜流向淡水，增加溶液的浓度，此过程称为反渗透，如图 6-8 所示。

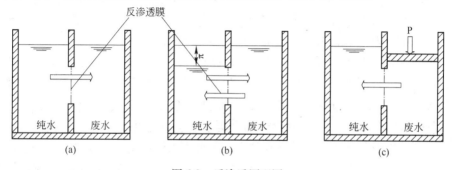

图 6-8 反渗透原理图

（a）渗透；（b）渗透平衡；（c）反渗透

可用于反渗透的膜有多种，如平板不对称膜、不对称平板复合膜、中空纤维不对称膜、中空纤维复合膜等。目前最常见的是平板不对称膜和中空纤维不对称膜。根据使用条件可以将反渗透膜分为高压、低压和超低压三种。反渗透膜的透水量取决于膜的厚度、孔隙率等物理性质和化学组成，以及水温、压差、溶液浓度和流速等操作条件。如果其他条件不变的情况下，透水量为膜两侧压力差的函数。

反渗透工艺包括预处理、膜分离、后续处理三个环节。为了使反渗透装置正常运行，避免废水对膜产生污染和化学损伤，必须对原水进行预处理，预处理的方式选择应根据原水的物理、化学和生物学特性及膜的特征来判断。

膜分离工艺是反渗透的核心环节，其组件组合方式有一级和多级之分，一级指一次加压的分离过程，多级指经过多次加压的分离过程。膜清洗工艺也是膜分离工艺的重要组成部分，分为物理清洗和化学清洗两类。物理清洗包括水力清洗、水气混合清洗、逆流清洗、海绵球清洗等；化学清洗则需使用清洗剂对膜面进行清洗，但清洗剂必须在不污染和损伤膜面的前提下进行选择。

6.3.5.4 超滤

超滤也称超过滤，其工作原理与反渗透类似，都是依靠压力和半透膜实现水中大分子物质和微粒的分离。反渗透的工作压力在 2~10MPa 范围，但超滤受渗透压的影响较小，可以在 0.1~0.5MPa 的低压下进行操作。

使用制备普通反渗透膜的材料，通过改变制膜液的组分和成膜工艺，即可制备超滤膜。目前最常用的超滤膜为醋酸纤维素膜和聚砜膜。

超滤在工业废水处理方面应用广泛，纸浆废水、含油废水、放射性废水、颜色废水等的处理及食品工业废水中淀粉及蛋白质的回收都可以使用超滤工艺。同时，超滤也可以用于饮用水的制备。

6.4 再生水的应用前景

近年来，世界各国特别是水资源短缺、缺水问题较为突出的国家，都开始转变水资源方面的战略目标，将单纯的水污染控制转变为全方位水环境的可持续发展，实现城市与水的有机平衡。对于水资源的开发利用，合理的基本次序是地表水、地下水、再生水、雨水、长距离跨流域调水和海水淡化。

再生水具有来源广泛、产量稳定的特点，作为城市淡水资源的重要组成部分，对废水进行深度处理和再生利用，将减少城市对新鲜水的需求量，消减排入水环境的污染负荷，减少对自然水文循环的扰动，是维持水系和水生态健康不可缺少的措施。2003 年，国务院召开的全国节水会议中指出，应大力提倡城市污水再生利用等非传统水资源的开发利用，并纳入水资源的统一管理和调配。国民经济和社会发展第十个五年计划纲要确定：重视水资源的可持续利用，坚持开展人工降雨、污水处理回用、海水淡化。

再生水可以应用于如下几个方面:

(1) 生态用水,排入河道、水库或回灌地下水,以起到补充水源,增加基流,防止海水倒灌的作用。

(2) 工业用水,工业用水根据用途不同,对水质的要求差别很大,处理费用也差异很大。理想的再生利用对象应该是用水量较大且对处理要求不高的部门,如间接冷却用水和工艺用水。间接冷却用水的碱度、硬度、氯化物等,废水的深度处理出水都可以满足,而且该类用水量大,除循环使用外,补充用水量可占到工业总取水量的一半左右。工艺用水包括洗涤、冲灰、除尘、直冷和锅炉给水,用水量占工业总用水量的20% ~40%,其中冲灰、除尘等用途对水质的要求较低。

(3) 市政杂用水,主要包括浇洒、绿化、景观、消防、洗车、冲洗道路、建筑施工等用水。

(4) 融雪用水,主要用于北方城市。

(5) 其他,经深度处理达到相关水质标准后,也可用于居民住宅的冲厕用水。

小贴士:国外废水再生利用的发展状况

1. 日本

日本国土狭小,人口众多,人均水资源占有量很低,人均年降雨量仅为世界水平的五分之一,水资源短缺严重。节约用水一直在日本受到全社会的关注,废水再生利用工程的研究和建设也开展得较早。日本最初的再生水深度处理设施建于 1976 年东京都多摩川流域下水道南多摩污水处理厂,到2003 年,日本已建成再生回用水厂 216 座,提供 $2 \times 10^8 \text{m}^3/\text{a}$ 的再生水,占全国废水处理总量的 1.6%。

据日本1996 年的统计数据,再生水主要回用于景观河道用水(防止湖泊和三大湾等封闭性水域的富营养化;保护城市水源水域的水质、维系水域水质等)、工业冷却、农业、建筑物杂用水、道路清洗等方面。

2. 美国

美国城市再生水利用工程主要分布于水资源短缺、地下水严重超采的加利福尼亚、得克萨斯和佛罗里达等州,其中以南加利福尼亚成绩最为显著。美国现已有 357 个城市回用污水,再生水作为一种合法的替代水源,已成为美国城市水资源的重要组成部分;再生水回厂站多达 500 余座,全国城市污水再生回用总量达 $14 \times 10^8 \text{m}^3/\text{a}$ 以上,回用用途包括灌溉用水、景观用水、工艺用水、工业冷却水以及回灌地下水和娱乐养鱼等,其中灌溉用水占总回用量的60%,工业用水占总用水量的30%,城市生活等其他方面的回用水量约10%。

美国对城市污水回用水质控制比较严格，制定了一系列的法律法规，规范城市污水回用工作的开展，对污水处理回用事业的发展起到了巨大的推动作用。1992 年，美国国家环保局（USEPA）编制了《水回用指南》（Manual-Guidelines of Water Reuse），书中对污水再生回用对象的种类、预处理方法、再生水的水质及其检测方法、回用时的注意事项等都做了详尽介绍。

佛罗里达的圣彼德斯堡在 20 世纪 70 年代初期，面临缺水带来的水危机，主动开始以再生水作为城市主要的灌溉用水。从 1975 年到 1987 年，圣彼德斯堡花费了超过 1 亿美元用于提高污水处理厂处理程度、扩建四个污水处理厂和建设超过 320km 的再生水管网，成为当时拥有最庞大的分质供水系统的城市。由于采用了饮用水和非饮用水两套分质供水系统，使得圣彼德斯堡在年需水量增长 10% 的情况下，从自然界的取水量无增加。

洛杉矶是美国缺水城市之一，为解决水资源供需矛盾制定了较为系统的污水再生回用中长期规划：到 2010 年，再生水量是其总污水量的 40%，再生水回用于灌溉、杂用水等方面；到 2050 年，再生水量为污水量的 70%，再生水回用于回灌补充地下水、阻止海水入侵、景观灌溉、工业、娱乐用水等方面；到 2090 年，再生水量将达到污水量的 80%，着重考虑回用于饮用水和补充地下水。

3. 以色列

以色列是一个长期缺水的国家，为解决水危机，在污水净化和回收利用方面做了大量的工作，是世界上污水回用率最高的国家之一。以色列要求城市的每一滴水至少应回收利用一次，再生水主要回用于灌溉、工业企业、市民冲厕、河流复苏等。

以色列再生水约有 42% 用于灌溉，30% 回灌地下（经过 1～2 年的土地处理，再抽出使用），其余回用于工业和城市杂用等方面。

以色列用于灌溉和回灌的水质并不高，在许多地方，将灌溉作为一种污水深度处理再生的方法。而对于工业用水和城市绿化用水，再生水水质标准则较为严格，以保障市民健康。

以色列建有 127 座回用水水库，其中地表水回用水水库 123 座，回用水库与其他水库联合调控，统一使用。

4. 新加坡

新加坡开展再生水工作较晚，但对再生水回用工作极为重视，目前建成勿洛、克兰芝、实里达、乌鲁班丹四座再生水水厂。

新加坡 100% 的用户污水都排入污水管网，输送到污水处理厂，经过二级处理后，由两个阶段的膜处理及紫外线消毒处理，成为再生水（新生水）。由于水质高，再生水除用作工业用水、城市杂用水外，还用作城市的补充水源。

　　为促进节水和再生水工作，新加坡政府规定：所有用水申请必须获得公共事务局认可，申请者必须提出节约用水计划，采取任何可行的水回用及替代水源利用（如海水及雨水）措施；用于花圃、运动场或高尔夫球场的喷洒设备，不得使用自来水；所有洗车场需设置水回用设备，不得完全使用自来水。

　　目前新加坡的城市绿化已全部采用杂用水，洗车场也只有最后一道洗净采用自来水。

第7章 污泥处理

7.1 污泥的分类与性质

7.1.1 污泥的分类

污水处理厂产生的污泥，按污泥处理工艺可以分为初沉污泥、剩余污泥、消化污泥和化学污泥，具体分类见图 7-1。

图 7-1 污泥的分类

（1）初沉污泥（Primary sludge，图 7-2）指一级处理过程中产生的污泥，即在初沉池中沉淀下来的污泥。含水率一般介于 96%～98% 之间。

（2）剩余污泥（Surplus sludge，图 7-3）指在生化处理工艺等二级处理过程中排放的污泥，含水率一般为 99.2% 以上。

图 7-2 初沉污泥

图 7-3 剩余污泥

（3）消化污泥（Digested sludge，图7-4）指初沉污泥或剩余污泥经消化处理后达到稳定化和无害化的污泥，其中的有机物大部分被消化分解，因而不易腐败，同时污泥中的寄生虫卵和病原微生物被杀灭。

（4）化学污泥（Chemical sludge，图7-5）是指絮凝沉淀和化学深度处理过程中产生的污泥，如石灰法除磷、酸碱废水中和以及电解法等产生的沉淀物。

图7-4　消化污泥　　　　　　　　　　图7-5　化学污泥

7.1.2　污泥的性质

污泥是一种以有机成分为主、组分复杂的混合物，其中包含有潜在利用价值的有机质、氮、磷、钾和各种微量元素，同时也含有大量的病原体、寄生虫（卵）、重金属和多种有毒有害有机污染物。

7.1.2.1　物理特性

污泥是一种含水率高、呈黑色或黑褐色的流体状物质，其物理特点是含水率高、脱水性差、易腐败、产生恶臭、比重较小、颗粒较细、外观上具有类似绒毛的分支与网状结构。污泥脱水后为黑色泥饼，自然风干后呈颗粒状，硬度大且不易粉碎。

A　污泥中水分的分布特性

根据污泥中水分与污泥颗粒的物理绑定位置，可以将其分为四种形态：间隙水、毛细水、吸附水和内部水（图7-6）。

（1）间隙水又叫自由水，没有与污泥颗粒直接绑定。一般要占污泥中总含水量的65%～85%，这部分水是污泥浓缩的主要对象，可以通过重力或机械力分离。

（2）毛细水，通过毛细力绑定在污泥絮状体中。浓缩作用不能将毛细水分离，分离毛细水需要有较高的机械作用力和能量，如真空过滤、压力过滤、离心分离和挤压可去除这部分水分。各类毛细水约占污泥中总含水量的15%～25%。

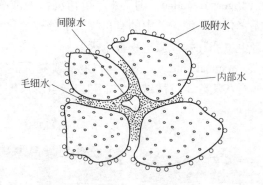

图 7-6 污泥中水分的分布形态

（3）吸附水，覆盖污泥颗粒的整个表面，通过表面张力作用吸附。

（4）内部水指包含在污泥中微生物细胞体内的水分，含量多少与污泥中微生物细胞体所占的比例有关。去除这部分水分必须破坏细胞膜，使细胞液渗出，由内部结合水变为外部液体。内部水一般只占污泥中总含水量的 10% 左右，只能通过热处理等过程去除。

B 污泥沉降特性

污泥沉降特性可用污泥容积指数（SVI）来评价，其值等于在 30min 内 1000mL 水样中所沉淀的污泥容积与混合液体积之比。

图 7-7 污泥容积指数测定

C 热值

污泥热值与污泥中所含有的有机物量有关，是污泥焚烧的重要参数。城市污泥中有机（干）固体的热值一般为 21～26kJ/kg。

7.1.2.2 化学特性

污泥的化学特性是考虑如何对其进行资源化利用的重要因素，其中，pH 值、碱度和有机酸是污泥厌氧消化的重要参数；重金属和有机污染物是污泥农用、填埋、焚烧的重要参数。表 7-1 是生污泥及熟污泥中典型的化学成分及含量。

表 7-1 生/熟污泥的典型化学组分及含量

污 泥 组 分	生污泥		熟污泥		变化范围
	变化范围	典型值	变化范围	典型值	
总干固体(TS)/%	2.0 ~ 8.0	5	6.0 ~ 12.0	10	0.83 ~ 1.16
挥发性固体（占总干固体%）	60 ~ 80	65	30 ~ 60	40	59 ~ 88
乙醚可溶物/mg·kg^{-1}	6 ~ 30	—	5 ~ 20	18	—
乙醚抽出物/mg·kg^{-1}	7 ~ 35	—	—	—	5 ~ 12
蛋白质（占总干固体）/%	20 ~ 30	25	15 ~ 20	18	32 ~ 41
氮(N,占总干固体)/%	1.5 ~ 4	2.5	1.6 ~ 6.0	3	2.4 ~ 5.0
磷(P_2O_5,占总干固体)/%	0.8 ~ 2.8	1.6	1.5 ~ 4.0	2.5	2.8 ~ 11.0
钾(K_2O,占总干固体)/%	0 ~ 1	0.4	0 ~ 3.0	1	0.5 ~ 0.7
纤维素（占总干固体）/%	8.0 ~ 15.0	10	8.0 ~ 15.0	10	—
铁（非硫化物）/%	2.0 ~ 4.0	2.5	3.0 ~ 8.0	4	—
硅(SiO_2,占总干固体)/%	15.0 ~ 20.0	—	10.0 ~ 20.0	—	—
碱度/mg·L^{-1}	500 ~ 1500	600	2500 ~ 3500	—	580 ~ 1100
有机酸/mg·L^{-1}	200 ~ 2000	500	100 ~ 600	3000	1100 ~ 1700
热值/kJ·kg^{-1}	10000 ~ 12500	11000	4000 ~ 6000	200	8000 ~ 10000
pH 值	5.0 ~ 8.0	6	6.5 ~ 7.5	7	6.5 ~ 8.0

A 丰富的植物营养成分

污泥中含有植物生长发育所需的氮、磷、钾及维持植物正常生长发育的多种微量元素（Ca、Mg、Cu、Zn、Fe 等）和能改良土壤结构的有机质（一般为 60% ~ 70%），因此能够改良土壤结构，增加土壤肥力，促进作物的生长。我国 16 个城市 29 个污水处理厂污泥中有机质及养分含量的统计表明，我国城市污泥的有机质含量最高达 696g/kg，平均值为 384g/kg；总氮、总磷、总钾的平均含量分别为 2711g/kg、1413g/kg 和 619g/kg。

B 多种重金属

城市污水处理厂污泥中的重金属来源多、种类繁、形态复杂，并且许多是环境毒性比较大的元素如 Cu、Pb、Zn、Ni、Cr、Hg、Cd 等，具有易迁移、易富集、危害大等特点，是限制污泥农业利用的主要因素。

污泥中的重金属主要来自污水，当污水进入污水处理厂时，里面含有各种形态、不同种类的重金属，经过物理、化学、生物等污水处理工艺，大部分重金属会从污水中分离出来，进入污泥。一般来说，来自生活污水污泥中的重金属含量较低，工业污泥中的重金属含量较高。表 7-2 为污泥中典型重金属含量。

表 7-2　污泥中典型重金属含量

金属元素	干污泥/mg·kg^{-1}	
	浓度范围	平均值
As	1.1~230	10
Cd	1~3.410	10
Cr	10~990000	500
Co	11.3~2490	30
Cu	84~17000	800
Fe	1000~154000	17000
Pb	13~26000	500
Mn	32~9870	260
Hg	0.6~56	6
Mo	0.1~214	4
Ni	2~5300	80
Se	1.7~17.2	5
Sn	2.6~329	14
Zn	101~49000	1700

C.　大量的有机物

城市污泥中的有机有害成分主要包括聚氯二苯基（PCBs）和聚氯二苯氧化物/氧芴（PCDD/PCDF）、多环芳烃和有机氯杀虫剂等。大量的有机颗粒物吸附富集在污泥中，导致许多污泥中有机污染物含量比当地土壤背景值高数倍、数十倍，甚至上千倍。

7.1.2.3　微生物特性

污泥中主要的病原体有细菌类、病毒和蠕虫卵，大部分由于被颗粒物吸附而富集到污泥中。在污泥的利用中，病原菌可通过各种途径传播，污染土壤、空气和水源，并通过皮肤接触、呼吸和食物链危及人畜健康，也能在一定程度上加速植物病害的传播。

小贴士：污泥的危害

污泥中有机物含量高，易腐烂，有强烈的臭味，并且含有寄生虫卵、病原微生物和铜、锌、铬、汞等重金属以及盐类、多氯联苯、二噁英、放射性核素等难降解的有毒有害物质。换句话说，污泥是污染物的浓缩体，如不加以妥善处理，任意排放，将会造成严重的环境污染。

7.2 污泥预处理

由于污泥具有高含水量及颗粒结构疏松等物理性质和不稳定的化学性质，导致处理难度较高且处理成本较大，因此在资源化利用或最终处置前，需要对其进行一系列预处理以改善其特性，预处理效果的好坏直接影响污泥的下一步处理处置。

7.2.1 污泥浓缩工艺

污泥浓缩的主要目的在于减少污泥的体积，降低后续构筑物或处理单元的压力。污泥的浓缩可分为重力浓缩、气浮浓缩和离心浓缩等，其中重力浓缩应用较为广泛。在选择浓缩方法时，除了各种方法本身的特点外，还应考虑污泥的性质、来源、整个污泥处理流程及最终处置方式等。

7.2.1.1 重力浓缩

重力浓缩主要用于浓缩剩余活性污泥或初沉污泥和剩余活性污泥的混合污泥。重力浓缩工艺中常用的处理设施为间歇式污泥浓缩池（图7-8）和连续式污泥浓缩池（图7-9）。

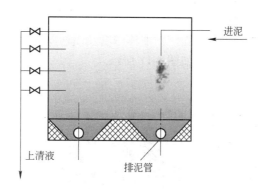

图 7-8 间歇式污泥浓缩池结构图

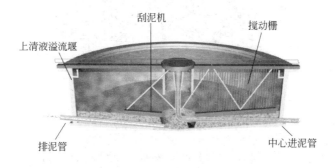

图 7-9 连续式污泥浓缩池结构图

7.2.1.2　气浮浓缩

对于处于膨胀状态的污泥，当其密度接近或小于$1g/cm^3$时，重力浓缩的效果较差。针对此类污泥，气浮浓缩成为污泥浓缩的主要手段。

气浮浓缩是依靠微小气泡与污泥颗粒产生黏附作用，使污泥颗粒的密度小于水而上浮，从而得到浓缩。气浮浓缩系统主要由加压溶气装置和气浮分离装置两部分组成（图7-10）。

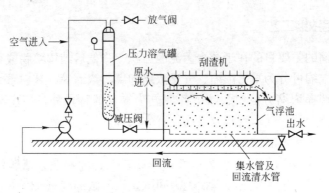

图7-10　气浮浓缩工艺图

7.2.1.3　离心浓缩

离心浓缩是利用污泥中的固体、液体密度及惯性差异，在离心力场所受到的离心力不同而被分离，其结构如图7-11所示。

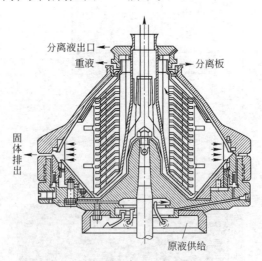

图7-11　碟片式污泥离心机

污泥离心浓缩工艺占地小，不会产生恶臭，但缺点是运行费用和机械维修费用高。

7.2.2 污泥调理工艺

污泥调理主要是指通过不同的物理和化学方法改变污泥的理化性质，调整污泥胶体粒子群排列状态，克服电性排斥作用和水合作用，减小其与水的亲和力，增强凝聚力，增大颗粒尺寸改善污泥的脱水性能，提高其脱水效果。

污泥调理工艺依据机制可分成以下三类：

（1）物理法，泛指通过外加能量或应力改变污泥性质的方法，如冷冻融化、机械能、加热、超声波、微波、高压及辐射处理等。

（2）化学法，以加入化学药剂的方式改变污泥的特性，如改变酸碱值、改变离子强度、添加无机金属盐类调理剂或絮凝剂或有机高分子絮凝剂、臭氧曝气、Fenton 试剂以及酶等添加剂。

（3）生物法，主要是指污泥的好氧或厌氧消化过程，在这些过程中好氧或厌氧菌群利用废弃污泥中的碳、氮、磷等成分为生长基质，以达到污泥减量与破坏污泥高孔隙结构的目的。

以上方法在实际中都有应用，但因化学调理方法操作简单、投资成本较低、调理效果较稳定，因此是目前比较合理的方法。

7.2.2.1 物理调理

传统物理调理主要包括加热调理和冷冻调理。加热调理可以破坏污泥细胞结构使污泥间隙水游离，改善污泥脱水性能，提高污泥可脱水程度。污泥的冷冻-融化调理是将污泥冷冻到 −20℃ 再行融解，以提高污泥沉淀性能和脱水性能的一种处理方式。该方法能充分、不可逆地破坏污泥絮体结构，使之变得更加紧密，使污泥结合水含量大大降低，并能减少脱水后污泥残留的水分。目前国内外对这两种技术也有一定的研究，但由于加热调理技术受经济条件限制，冷冻调理技术受气候条件限制，这两种技术的推广受到了极大的限制。

7.2.2.2 化学调理

化学调理是指通过添加适量的絮凝剂、助凝剂等化学药剂来改变悬浮溶液中胶体表面电荷或立体结构，克服粒子间的斥力，配以搅拌等外力使其相互碰撞，污泥颗粒絮凝成团而发生沉淀，达到去稳的效果。污泥胶体颗粒体积的增加大幅降低了比表面积，从而改变污泥表面与内部水分的分布状况，进而使污泥脱水性能得到有效改善。

化学药剂一般通过压缩双电层、吸附架桥和网捕三方面产生作用。所用的化学调理剂主要分为无机絮凝剂和有机絮凝剂两大类，其中，无机絮凝剂以 PAC（聚合氯化铝）较为常用，有机絮凝剂以 PAM（聚丙烯酰胺）较为常用，如图7-12所示。

(a)　　　　　　　　　　　　　(b)

图 7-12　絮凝剂

(a) PAC；(b) PAM

7.2.3　污泥脱水工艺

污泥脱水的方法主要有自然干化、机械脱水及热处理法。自然干化工艺占用面积大，卫生条件相对较差，易受天气状况的影响。与加热脱水相比，机械挤压的能量消耗相对较低，因此被广泛应用于污泥脱水中。

污泥脱水机械主要分过滤式和产生人工力场式两类。带式压滤机和板框压滤机采用过滤式脱水技术，离心脱水机是在人工力场的作用下，借助于固体和液体的密度差来使固液分离。

7.2.3.1　带式压滤机

带式压滤机由滤布和滚压筒组成，是利用滚压筒的压力和滤布的张力在滤布上榨去污泥中的水分（图 7-13）。采用带式压滤机时，只需加入少量高分子絮凝

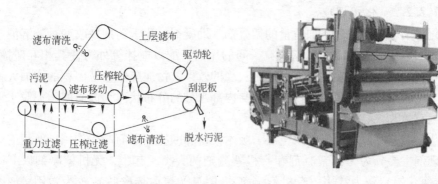

图 7-13　带式压滤机

剂,便可使污泥脱水后的含水率降到75%~80%左右,不增加泥饼重量,操作简单,运转稳定。

7.2.3.2 板框压滤机

板框压滤机的滤板和滤框平行交替排列,滤板和滤框中间布置滤布,用可动端把滤板和滤框压紧,这样在滤板与滤板之间形成了压滤室(图7-14)。压滤机工作时污泥从进液口流入,水通过滤板从滤液排出口流出,滤布上过滤出滤饼,将滤板和滤框松开就可剥落泥饼,其流程如图7-15所示。

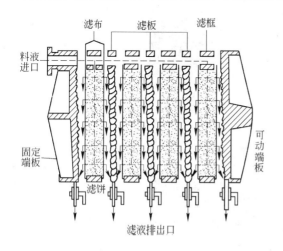

图7-14 板框压滤机

图7-15 板框压滤机的工作周期

板框压滤机的优点为滤材使用寿命长,滤饼的厚度可通过改变滤框的厚度来改变,且滤饼厚度均一,结构较简单,操作容易,运行稳定故障少,过滤面积选择范围灵活,且单位过滤面积占地较少,过滤推动力大,所得滤饼含水率低,对物料的适应性强,适用于各种污泥。其不足之处在于,滤框给料口容易堵塞,滤饼不易取出,不能连续运行,处理量小,滤布消耗大。因此,它适合于中小型污泥的脱水处理。

同济大学赵由才教授利用 Ca、Si、Mg、Al 氧化物的混合物调理剂对污泥进行调理后,采用特制的耐压弹性板框压滤机,可以使污泥含水率从80%下降到40%~45%以下(图7-16)。

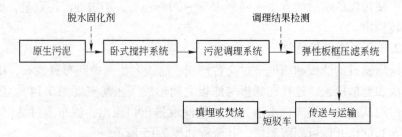

图 7-16 污泥调理固化压滤脱水工艺及产品

该技术通过固化剂对污泥进行调理，并采用污泥压滤出水调整污泥含水率至 85% 后泵送到特制的耐压弹性板框压滤机，就使污泥含水率从 80% 下降到 40% ~ 45% 以下。100t 脱水污泥（含水率 80%，下同）调理后的污泥从开始泵送至泥饼解脱，仅需 100 ~ 120min。压滤后的泥饼坚硬，可直接填埋或焚烧。使用的固化剂可使污泥中的细胞水释放，从而有利于压滤；其次，采用的耐压弹性板框压滤机，其板框内设弹性介质，在承受压力时可收缩，可快速使泥饼充分压榨脱水。本设计包括污泥进料系统、污泥调理系统、弹性板框压滤系统。

（1）污泥进料系统。污泥进料系统包括污泥储仓、匀料设备、皮带传输机等。污泥储仓待液压门控制卸泥流量，底部设匀料搅拌机保证处理均匀顺畅，污泥由皮带机送入搅拌系统。

（2）污泥调理系统。污泥调理系统的作用是将固化剂与污泥进行加水搅拌调理，目的一是加水调理至含水率到 85%（可用压滤出水回流使用）并均质化，以便泵送；二是为了保证后续压滤效果，需搅拌反应 15min，确保固化剂发挥调理效果。污泥调理系统包括调理搅拌主机、污泥螺杆泵、管道阀门、污泥备料仓等。经调理好的污泥泵入备料仓中储存，以备后续压滤系统的稳定运行。

（3）耐压弹性板框压滤系统。弹性板框压滤系统包括污泥螺杆泵、管道阀门、弹性板框压滤机、皮带输送机等。备料仓中调理好的污泥泵送入耐压弹性板框压滤机中，经压滤脱水后，干化污泥落至皮带传输机上，装车运出填埋或焚烧处理。

（4）压滤水输送系统。压滤水输送系统由集水槽、集水池、污水泵及管道阀门等组成。压滤机压滤出来的污水经压滤机下方的集水槽收集至集水池，部分泵送回流至调理搅拌机中，剩余部分排入排水管网或用槽罐车运往附近污水处理厂进行处理，有条件的情况下也可专门建设水处理设施。

（5）辅助车间。包括休息室、管理室、控制室、脱臭设备室等。

本项目的匀料系统采用先进的无衬板强制式单卧轴搅拌主机 JS6000，不用更换衬板，搅拌机底部专设的排料口使清理工作更为方便、快捷。特制耐磨合金叶片使叶片寿命大为提高。加长的搅拌臂及优化分布的搅拌叶片，使物料搅拌更为充分、均匀。

本项目的压滤系统核心设备采用 WNYZ400 自动耐压弹性板框压滤机，本机综合了国内外不同种类污泥脱水机型的特点，具有液压自动压紧、自动拉板、自动保压、自动集液、自动脱料、自动集料等功能。本机生产能力大，脱水效果好，泥饼含水率低。本机的液压站采用双电动拖动，运行安全可靠，操作维修方便，同时各道动作程序也均由操作电柜集中控制，可使整个脱水过程在全自动控制和远距离操作中进行。

本机最大的创新及优势在于采用弹性板框结构，使得滤室在充满污泥后，液压增压使滤板压缩从而为滤室的进一步压缩提供空间，将液压传递到污泥上，促使污泥快速脱水（图 7-17）。

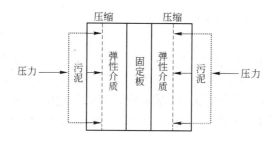

图 7-17 弹性板框工作原理示意图

其优势在于：

（1）与普通板框压滤机相比。普通板框压滤机的滤板整体为无弹性硬板，压缩靠紧后无法增压，滤室的压力几乎完全靠污泥泵的压力提供，然而泵的压力有限（0.4MPa 左右），无法提供足够大的压力，所以一般只能脱水至 80% 左右。

（2）与隔膜板框压滤机相比。隔膜板框压滤机在滤室充满污泥后，通过往滤板中冲入压力介质（空气、水或油）增压，压缩滤室体积，提高压力。但需另增一套油压装置，能耗较大，且保压时间较长（4~8h），导致生产效率低下。弹性板框无需另外的油压设备，完全靠弹性介质收缩来压迫滤室中的污泥，从而降低了能耗，提高了生产效率（保压 30~50min）。

（3）设备使用寿命长。板框中的弹性介质具有高压缩性，且经久耐用，可以有效地避免高压对滤板材料的破坏，且本机滤板采用金属材质，增加了使用寿命。

WNYZ400 单机性能参数：

滤室形式：厢式

进料方式：中间进料

排液方式：明流

压紧方式：液压

控制方式：PLC

过滤面积：200m^2

滤板尺寸：1600mm × 1600mm

滤板数量：92 块

滤室数：92 间

滤室厚度：30mm

滤室容积：6000L

过滤压力：≤0.6MPa

油缸压力：20MPa

压榨压力：≤4MPa

电机功率：7.5kW + 5.5kW

整机外形：114000mm × 3000mm × 2900mm

整机重量：60t

压滤系统的自动控制系统采用了 PLC 工控主机，具有友好的用户界面和良好的人机对话功能。可储存配比、产量等数据，并可输出打印统计报表，便于现场管理和监控。故障自动监测系统和报警系统，提高了整机自动化水平和整机可靠性。全密封、带空调的控制房，减轻了操作者的劳动强度，提高了操作人员的舒适度。

7.2.3.3　离心脱水机

污泥离心脱水机主要由转载和带空心转轴的螺旋输送器组成，污泥由空心转轴送入转筒后，在高速旋转产生的离心力作用下，立即被甩入转毂腔内。污泥颗粒比重较大，因而产生的离心力也较大，被甩贴在转毂内壁上，形成固体层；水密度小，产生的离心力也小，只在固体层内侧形成液体层。固体层的污泥在螺旋输送器的缓慢推动下，被输送到转载的锥端，经转载周围的出口连续排出，液体则由堰溢流排至转载外，汇集后排出脱水机（图7-18）。

图 7-18　污泥离心脱水机

7.3　污泥资源化技术

污泥资源化的定义是通过各种物理、化学和生物工艺，提取污泥有价组分，将其重组或转化成其他能量形式，获得再利用价值，并消除二次污染。确切来讲，污泥资源化的技术内涵应包括以下几方面：

（1）有用组分或潜在能量再利用；

（2）消除二次污染；

（3）所得产品获得市场认可。

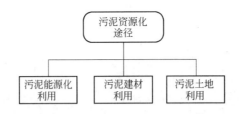

图 7-19　污泥资源化途径

7.3.1　污泥能源化利用

污泥是一种典型的生物质能源，类似于煤，其典型热值如表7-3所示。污泥的能源化利用即是从污泥中去除/转化有机部分，将其转化为能量或其他形式的能源。

表 7-3　污泥典型热值

污泥 种 类		1kg 干污泥燃烧热值/kJ
初沉污泥	生污泥	15000 ~ 18000
	经消化	7200
初沉污泥与生物膜污泥混合	生污泥	14000
	经消化	6700 ~ 8100
初沉污泥与活性污泥混合	新 鲜	17000
	经消化	7400
生污泥		14900 ~ 15200
剩余污泥		13300 ~ 24000

7.3.1.1　污泥焚烧

污泥焚烧是利用焚烧炉将脱水污泥加温干燥，通过高温氧化污泥中的有机物，使污泥变成灰渣。污泥焚烧是最彻底的处理方法，其焚烧后的残渣无菌、无臭，减少大量体积，使运输和最后处置大为简化，焚烧后产生的热量也可以充分利用。另外，污泥中所含有的重金属在高温下被氧化成稳定的氧化物，可以制造陶粒、瓷砖等建材，综合利用的话可以真正实现污泥的稳定化、无害化和资源化。

图 7-20　绍兴污泥焚烧发电厂

但是，污泥焚烧也存在一些不足之处：投资和运行费用较高、工程实施难度高、污泥中的有用成分未得到充分的利用、焚烧过程中会产生二次污染物，污泥焚烧的优缺点比较如图 7-21 所示。

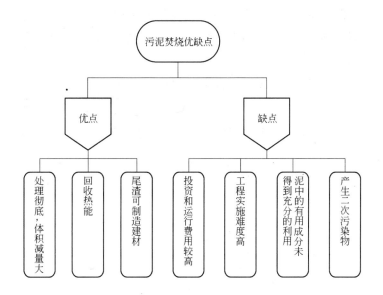

图 7-21 污泥焚烧优缺点比较

7.3.1.2 污泥低温热解油化法

污泥低温热解制油技术是在无氧条件下，通过加热污泥干燥至一定温度（＜500℃），由干馏和热分解作用使污泥转化为油、炭、不凝性气体和反应水等 4 种产物。热解是一个吸热过程，其典型工艺流程如图 7-22 所示。

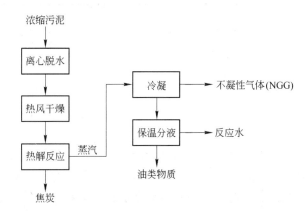

图 7-22 污泥低温热解制油典型工艺流程图

污泥热解后的主要组分包括：
（1）气体组分是不凝性气体，主要包括 H_2、CH_4、CO、CO_2 等；
（2）液体组分，主要是油类物质，包括乙酸、丙酮和甲醇；
（3）固体组分，主要是焦炭物质。

不凝性气体和焦炭可以用作燃料,油类物质可以用于化工产品的生产。气、液、固组分的比例由温度、停留时间、压力、波动、pH 值等因素决定。典型转化产品见表7-4。

表7-4 典型污泥热解转化产物

转化产物	生污泥		消化污泥		工业污泥	
	产量/%	占污泥能量的比例/%	产量/%	占污泥能量的比例/%	产量/%	占污泥能量的比例/%
油	30	60	20	50	15 ~ 40	50 ~ 60
炭	50	32	60	41	30 ~ 70	30 ~ 40
不凝性气体	10	5	10	6	7 ~ 10	3 ~ 5
反应水	10	3	10	3	10 ~ 15	2 ~ 4

7.3.1.3 污泥高温气化

污泥高温气化是在还原状态中,污泥中含碳组分转化为可燃气体的过程。气化是不完全空气燃烧,运行过程温度大于 900℃,整个过程中能量自我消耗,无需外加能源,不会产生 SO_2 和 NO_x。污泥气化后产生气体的主要成分是 CO、H_2、N_2、CO_2、CH_4 和 H_2S。表7-5 列出了污泥气化过程中产生气体的典型组分。

表7-5 污泥气化产生的典型气体组分

气 体 组 分	体积百分比/%
CO	6.28 ~ 10.77
H_2	8.89 ~ 11.17
CH_4	1.26 ~ 2.09
C_2H_6	0.15 ~ 0.27
C_2H_2	0.62 ~ 0.95

污泥气化过程分三步:第一,污泥中的水分被干化去除;第二,烘干污泥的热解裂解过程;第三,污泥热解产品(包括可压缩气体、不可压缩气体和焦炭)气化,转化成气体组分。

7.3.1.4 污泥制固体燃料

污泥中含有大量的有机物和一定的纤维木质素,具有一定的热值(表7-6),通过适当预处理后,完全可作为固体燃料的原料。污泥具有黏结性能,可以和粉煤以及其他添加剂混合制成污泥型煤(图7-23);也可以在污泥中掺入适量的引燃剂、催化剂、疏松剂和固硫剂等添加物配制成合成燃料,该合成燃料燃烧稳定，其热值和褐煤相当，燃烧释放的有害气体远低于焚烧过程。

表 7-6　城市污水处理厂污泥（干基）与其他燃料热值对比

燃 料 种 类	热值/kJ·kg^{-1}
褐　煤	24000
木　材	19000
焦　炭	31500
初沉池污泥	10715 ~ 18191. 6
二沉池污泥	13295 ~ 15248
混合污泥	12005 ~ 16956. 5

图 7-23　污泥型煤

7.3.1.5　污泥厌氧消化技术

厌氧消化是对有机污泥进行稳定处理的最常用的方法。污泥的厌氧消化，是指在厌氧条件下由多种（厌氧或兼性）微生物的共同作用，使污泥中有机物分

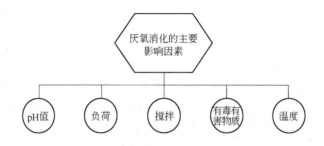

图 7-24　污泥厌氧消化产甲烷的主要影响因素

解并产生 CH_4 和 CO_2 的过程。由于厌氧消化过程兼有降解有机物和生产气体燃料的双重功能，因而得到了广泛的发展和应用。

厌氧消化过程是一个较为复杂的生物处理过程，目前国际上比较流行的是厌氧消化三阶段理论。该理论认为厌氧过程主要依靠三大主要类群的细菌（水解产酸菌、产氢产乙酸菌和产甲烷菌）共同完成，将厌氧发酵过程划分为三个连续的阶段，即水解酸化阶段、产氢产乙酸阶段和产甲烷阶段。

厌氧消化产生的甲烷能抵消污水处理厂所需要的一部分能量，并使污泥固体总量减少（通常厌氧消化使25%～50%的污泥固体被分解），减少了后续污泥处理的费用。消化污泥是一种很好的土壤调节剂，它含有一定量的灰分和有机物，能提高土壤的肥力和改善土壤的结构。消化过程尤其是高温消化过程（在50～60℃条件下），能杀死大部分致病菌。

尽管有如上的优点，厌氧消化也有缺点：投资大、运行易受环境条件的影响、消化污泥不易沉淀（污泥颗粒周围有甲烷及其他气体的气泡）、消化反应时间长等。

7.3.2 污泥建材化利用

国内外污泥建材化主要技术包括制砖、陶粒、水泥、生化纤维板、活性炭等技术。

7.3.2.1 污泥制砖

污泥制砖主要有两种方法，一种是用污泥焚烧灰制砖；另一种是使用干化污泥直接制砖。常规流程如图 7-25 所示。西方国家常采用污泥焚烧灰制砖，制坯时加入适量黏土与沙，最适宜的质量配比约为焚烧灰∶黏土∶硅沙＝100∶50∶15。我国则倾向采用干化污泥制砖，充分利用污泥中有机质的发热量，降低烧砖能耗。目前与污泥混合制砖的原料主要有黏土、页岩、煤矸石、粉煤灰、黄金尾矿、硬质钢渣、河沙、建筑垃圾等。污泥砖成品见图 7-26。

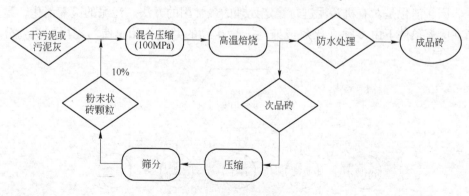

图 7-25 常规污泥制砖流程图

图 7-26 污泥砖

7.3.2.2 污泥制造陶粒

陶粒是在一定温度（一般是高温）下，原料发生化学反应释放气体，产生气孔和膨胀，冷却后形成轻质多孔、有一定强度的球形或类球形硅酸盐产品。陶粒及其制品是具有广阔发展前景的新型建材，其轻质、性能优、节能效果显著、用途广泛。

当前中国陶粒主要以黏土陶粒为主，而黏土原料的来源绝大部分取自于耕地，不符合可持续发展战略。因此以污水处理厂的污泥为主要原料，加以一定量的辅料、外加剂，经过脱碳和烧胀制成具有一定强度的轻质陶粒（图7-27），可以大量地消耗脱水污泥。

图 7-27 污泥陶粒成品

污泥制成的轻质陶粒一般可做路基材料、混凝土骨料或花卉覆盖材料使用，也可作为污水处理厂快速滤池的滤料。

7.3.2.3　污泥生产水泥

污泥的化学特性与水泥生产所用的原料基本相似，干化和研磨后添加适量石灰即可制成水泥。此外，水泥窑具有燃烧炉温高和处理物料量大等特点，利用水泥回转窑处理城市污泥，不仅具有焚烧法的减容、减量化特性，且燃烧后的残渣成为水泥熟料的一部分，不需要对焚烧灰进行填埋处置。污泥用于水泥生产的流程图如图 7-28 所示。

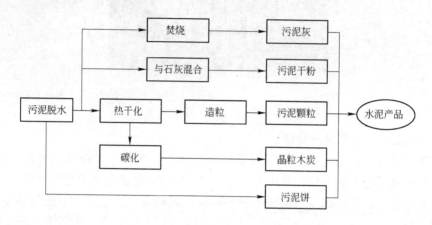

图 7-28　污泥用于水泥生产的流程图

目前污泥生产的水泥（图 7-29）主要用于地基的增强固化材料、素混凝土、道路铺装混凝土、大坝混凝土、重力式挡土墙、消波砌块或鱼礁等海洋混凝土制品、水泥刨花板及水泥竹纤维板等。

图 7-29　污泥基水泥

7.3.3　污泥土地利用

污泥的土地利用是将经过妥善处理至符合一定标准的污泥或其产品作为肥料或土壤改良材料，用于农田利用、园林绿化利用或土地改良等场合（图 7-30）。

城镇污水处理厂污泥处置泥质系列标准将污泥土地利用分为农用、园林绿化和土地改良三大类分别制定标准。《城镇污水处理厂污泥处置 园林绿化用泥质》（CJ 248—2007）于 2007 年 3 月 1 日颁布，同年 10 月 1 日起实施。《城镇污水处理厂污泥处置 土地改良用泥质》（CJ/T 291—2008）于 2008 年 8 月 1 日颁布，2009 年 1 月 1 日起实施。《城镇污水处理厂污泥处置农用泥质》（CJ/T 309—2009）则于 2009 年 4 月颁布，同年 10 月 1 日实施。该泥质系列标准对各泥质指标、施用周期、最大施用量、允许施用作物以及取样与监测等都作了明确规定。

图 7-30　污泥农用

7.4　污泥最终处置

污泥卫生填埋（sludge sanitary landfill）是采取防渗、铺平、压实、覆盖对预处理污泥进行处理和对气体、渗沥液、蝇虫等进行治理的污泥处理方法。根据我国目前的经济现状和未来的发展趋势，在今后相当长的时间里，卫生填埋仍然是我国污泥处理的最重要手段之一。这是由于卫生填埋场建设周期短，投资少，且可分期投入，管理方便，现场运行比较简单。

图 7-31　污泥填埋

7.4.1　污泥改性

污泥单独填埋或混合填埋是常用的最终处置方法。为保证污水处理厂出厂污泥填埋后的稳定，可选择镁盐或铝盐固化剂、矿化垃圾、生活垃圾焚烧炉渣、堆肥厂残渣、生活垃圾、建筑垃圾、粉煤灰、石灰、土等对其进行改性。改性材料与污泥混合比例要求见表7-8。

表7-7　污水处理厂污泥出厂条件要求

项　目	条件要求
含水率	<80%
臭　度	<5 级（6 级臭度强度法），5~7 天
杂　物	不含栅渣、浮渣和沉沙池沙砾

表7-8　改性材料与污泥推荐混合比例

序　号	改性材料	改性材料要求	推荐混合比例（改性剂：污泥）	养护时间
1	镁盐或铝盐固化剂		（5%~10%）：1	7 天养护
2	矿化垃圾	粒径小于4cm，含水率30%~40%	大于3：2	直接填埋
			大于1：2	7 天养护
3	生活垃圾焚烧炉渣	含水率低于20%	大于1：1	直接填埋
4	生活垃圾		大于1：8%	直接填埋
5	堆肥厂残渣	含水率低于20%	大于1：1	直接填埋
6	建筑垃圾	含水率低于20%；须经过破碎，过15mm筛去除大块杂物	大于1：1	直接填埋
7	石　灰		大于1：3	7 天养护
8	粉煤灰	含水率低于20%	大于1：1	直接填埋
9	土	含水率低于20%	大于1：1	直接填埋

经过改性和预处理的污泥，须满足《城镇污水处理厂污泥处置　混合填埋泥质》（CJ/T 249）、《生活垃圾填埋场污染控制标准》（GB 16889）和《城镇污水处理厂污泥处理处置及污染防治技术政策（试行）》的要求,同时满足表7-9的要求。

表7-9　改性和预处理污泥填埋准入条件

（一）感官指标

序　号	项　目	条　件
1	表　观	黄或褐色，似土壤
2	臭味	作业人员可接受

（二）作业指标		
3	强　度	履带式机械可行走
（三）定量指标		
4	含水率	<60%
5	无侧限抗压强度	$\geqslant 50 kN/m^2$
6	十字板抗剪强度	$\geqslant 25 kN/m^2$
7	渗透系数	$10^{-6} \sim 10^{-5} cm/s$
8	臭　度	<3 级（6 级臭度强度法）
9	蝇密度	<10 只/（笼·天）

7.4.2　污泥卫生填埋场

卫生填埋是大量消纳城市污水处理厂污泥（以下简称污泥）、快速改变城市环境卫生面貌的重要方法。即使采用干化-焚烧或厌氧发酵技术，也存在着设备维修、突发事件影响处理等不可预测的问题。同时，无论采用何种处理方法，其残渣仍然需要寻找出路。绝大部分污泥设备化处理设施，处理量是难于改变的，但卫生填埋的日填埋量却有很大的伸缩性。因此，本论文认为，与生活垃圾卫生填埋场一样，污泥卫生填埋场也是一座城市的基本市政工程设施。

污泥填埋在选择填埋场时要研究该处的水文地质条件和土壤条件，避免地下水受到污染。对填埋场的渗滤液应当收集并作适当处理，场地径流应妥善排放。同时，填埋场的管理非常重要，要定期监测填埋场附近的地下水、地面水、土壤中的有害物（如重金属）等。

污泥卫生填埋场选址、防渗、填埋气和渗滤液导排、封场等参照现行国家标准《生活垃圾填埋污染控制标准》（GB 16889—2008）、《生活垃圾卫生填埋场封场技术规范》（CJJ112）和其他相关标准执行。

污泥填埋分为单独填埋和混合填埋。在欧洲，脱水污泥与城市垃圾混合填埋比较多，而在美国多数采用单独填埋。污泥单独填埋可分为三种类型：沟填（trench）、平面填埋（area fill）、筑堤填埋（diked containment）。填埋方法的选择取决于填埋场地的特性和污泥含水率。

（1）沟填。沟填就是将污泥挖沟填埋，沟填要求填埋场地具有较厚的土层和较深的地下水位，以保证填埋开挖的深度，同时保留有足够多的缓冲区。沟填的需土量相对较少，开挖出来的土壤能够满足污泥日覆盖土的用量。

（2）平面填埋。平面式填埋是将污泥堆放在地表面上，再覆盖一层泥土，因不需要挖掘操作，此方法适合于地下水位较浅或土层较薄的场地。由于没有沟槽的支撑，操作机械在填埋表层操作，因此填埋物料必须具有足够的承载力和稳定性，对污泥单独进行填埋往往达不到上述要求，所以一般需要混入一定比例的泥土一并填埋。

（3）堤坝填埋。堤坝式填埋是指在填埋场地四周建有堤坝，或是利用天然地形（如山谷）对污泥进行填埋，污泥通常由堤坝或山顶向下卸入，因此堤坝上需具备一定的运输通道。

7.4.2　污泥填埋场中稳定化进程

填埋场可以看成是一个巨大的生物反应器，污泥被填埋后，在微生物以及其他物理、化学作用下，污泥逐渐被分解转化，产生渗滤液，释放出填埋气等，并最终达到稳定化，稳定化的污泥称为矿化污泥。

污泥的降解可分为四个阶段。污泥填埋后最初一段时间，大约 2~3 周左右，因水解酸化，此阶段污泥降解速度非常快。随着有机物水解酸化的产物积累，污泥进入降解速度极慢的振荡调整期。酸化产物被产氢产乙酸菌逐渐分解利用，产物只是形式发生变化，总量变化很小，微生物同时进行着种群的演替，污泥总体看上去降解率提高很慢。此阶段污泥的有机质和 BDM 剧烈振荡，表明了物质可生化性的快速转化。随着外界温度的回升，污泥进入持续时间较长、降解速度较快、降解幅度较大的阶段。

随着降解的产物积累，可降解物质减少，原来的微生物生长受抑制，适宜生长的微生物种群开始增殖，进入微生物种群演替与污泥降解同时进行的缓慢降解期。微生物增殖引起脂肪和蛋白质等菌体成分含量的回升，使污泥有机质回升到一个小峰值，之后又开始下降，表明微生物又开始快速降解有机质，但持续时间不长，又转以微生物的增殖为主。

由于降解产物的不断转化，适宜生长的微生物种群也在不断进行着更替。污泥有机质在这种波浪式起伏的数个增殖-降解过程中不断发生矿化。微生物的增殖速度较慢，降解比增殖快。随着可降解有机质的不断减少，调整期的历时越来越长，随后降解速度越来越慢，BDM 值趋于平稳，污泥逐渐进入腐熟期。

由于污泥的性质差别，各个时期持续时间长短不同。对于有机质含量很高的纯污泥，由于酸化产物积累严重，酸化抑制调整期就很长，生物污泥可达 100 天。在此后的 200 天内，污泥进入了持续时间较长、降解速度较快的阶段，自 316 天开始到 622 天的 306 天内，污泥进入增殖-降解交替为主的缓慢降解期，污泥逐渐进入腐熟期。

化学污泥开始几天降解幅度很小，很快进入增殖期，17 天起降解较快，但很快又进入 40 天的增殖期，之后是 25 天的快速降解，之后是 124 天的低温缓慢降解期，206 天后气温回升，降解开始加快，历时 156 天。之后进入低温缓慢降解期，温度回升后有增殖现象。整个实验期间，化学污泥的降解和微生物的增殖幅度都比较小。

生物污泥＋矿化垃圾填埋初期的快速降解期持续时间为 26 天时间，降解幅度比生物污泥的大。从 26 天开始进入历时较短（11 天）的快速调整期，适宜微生物增殖后紧接着 25 天内表现出有机质的快速降解，之后又开始为期 51 天的新种群优势微生物的增殖，紧接着又是为期 14 天的有机质的降解，但速度减慢。之后随着气温降低，微生物活动受到明显限制。当冬季过去，气温回升时，微生物的增殖开始明显，第 264～464 天，有机质矿化过程明显较快。被降解的相当一部分是前期增殖的死亡微生物，也就是这个阶段以微生物的内源代谢为主。污泥从 400 天后可降解度变化很小，开始进入缓慢降解期。

通过降解过程的分析，可以看出改性剂矿化垃圾的作用所在。它可以加快填埋初期污泥的降解，减轻污泥水解酸化产物的积累对产甲烷菌的抑制作用，缩短优势微生物增殖期。纯生物污泥的有机质含量高，酸化速度快，但纯污泥的渗透性很差，代谢产物不能及时流出，导致产物不断积累，pH 值下降，抑制了产甲烷菌的活动，因此出现了初期快速降解两周后即进入振荡调整期。

矿化垃圾等改性剂则可稀释污泥，污泥菌体有机质酸化产物可被矿化垃圾吸附，暂时贮存，等水解产物被微生物利用而浓度较低时，矿化垃圾内的污染物就可在浓度差的作用下扩散或解吸出来，继续被微生物利用，从而起到贮存调节缓释中间产物的作用。另外，矿化垃圾的渗透性好，雨水进入后产生的渗滤液流出去的多，污泥水解、微生物代谢产物可较快地流走，减轻产物积累程度。

污泥在填埋场中经过长期的降解后达到稳定化，形成矿化污泥。矿化污泥的开采和利用是污泥循环填埋技术的重要环节。因此，矿化污泥的形成时间的确定，成为稳定化预测的目的和重要内容。

以土壤中有机质含量上限 100mg/g，作为污泥中有机质降解的下限，根据实测数据，对测得的污泥有机质含量与时间的关系进行了拟合，得到污泥有机质与时间的定量化数学关系，并根据拟合关系式对有机质含量达到 100mg/g 所需时间进行了预测。常规的污泥厌氧消化处理后，消化污泥的有机质含量一般在 25%～30% 之间。试验所用的上海市白龙港污水净化厂污泥，有机质的含量（VM）一般为 40%～55%。检测中发现，当污泥的有机质降到 25%～30% 时，污泥呈浅褐色，质地松散，几乎没有臭味，此时污泥浸液 pH ≈ 7.0，COD < 10mg/L，NH_4^+-N < 15mg/L。因此当污泥有机质小于 25%，可以认定污泥已经基本稳定化。

以 BDM 来预测污泥的稳定化时间，按照污泥的 BDM 达到 4.76%（一般土壤的数值）预测，污泥达到完全稳定状态需 2.9～4.7 年。

参 考 文 献

[1] Silvano Monarcaa, Claudia Zani, Susan D. Richardsonc, et al. A new approach to evaluating the toxicity and genotoxicity of disinfected drinking water. Water Research 2004(38): 3809~3819.

[2] Tomoko Fukuharaa, Satoshi Iwasaki, Makoto Kawashimab. Adsorbability of estrone and 17b-estradiol in water onto activated carbon. Water Research 2006(40): 241~248.

[3] Gray N F. Water Technology: An Introduction for Environmental Scientists and Engineers. Butterworth Heinemann, 2005.

[4] Rittmann B E, McCarty P L. 环境生物技术: 原理与应用[M]. 北京: 清华大学出版社, 2002.

[5] Watanabe T, Motoyama H, Kuroda M. Denitrification and neutralization treatment by direct feeding of an acidic wastewater containing copper ion and high-strength nitrate to a bio-electrochemical reactor process. Water Research, 2001(35): 4102~4110.

[6] 董秉直, 曹达文, 陈艳. 饮用水膜深度处理技术[M]. 北京: 化学工业出版社, 2006.

[7] 高廷耀, 顾国维. 水污染控制工程[M]. 北京: 高等教育出版社, 2007.

[8] 顾夏声, 胡洪营, 文湘华, 王慧. 水处理生物学(第四版)[M]. 北京: 中国建筑工业出版社, 2006.

[9] 纪轩. 污水处理工必读[M]. 北京: 中国石化出版社, 2004.

[10] 井出哲夫. 水处理工程理论和应用[M]. 北京: 中国建筑工业出版社, 1986.

[11] 李贵宝, 郝红, 张燕. 我国水环境质量标准的发展[J]. 水利技术监督, 2003, 3: 15~17.

[12] 唐受印, 汪大翚. 废水处理工程[M]. 北京: 化学工业出版社, 1998.

[13] 王宝贞, 王琳. 水污染治理新技术——新工艺、新概念、新理论[M]. 北京: 科学出版社, 2004.

[14] 王燕飞. 水污染控制技术[M]. 北京: 化学工业出版社, 2008.

[15] 王又蓉. 污水处理问答[M]. 北京: 国防工业出版社, 2007.

[16] 王郁. 水污染控制工程[M]. 北京: 化学工业出版社, 2008.

[17] 韦革宏, 王卫卫. 微生物学[M]. 北京: 科学出版社, 2008.

[18] 谢冰, 徐亚同. 废水生物处理原理和方法[M]. 北京: 中国轻工业出版社, 2007.

[19] 有机废水及高浓度废水处理工艺技术与处理设备生产大全[M]. 北京: 国家知识产权出版社, 2011.

[20] 张林生. 水的深度处理与回用技术(第二版)[M]. 北京: 化学工业出版社, 2009.

[21] 张自杰. 林荣忱, 金儒霖. 排水工程[M]. 北京: 中国建筑工业出版社, 2003.

[22] 张自杰, 环境工程手册——水污染防治卷[M]. 北京: 高等教育出版社, 1996.

[23] 周群英, 高廷耀. 环境工程微生物学[M]. 北京: 高等教育出版社, 2007.

[24] 李兵, 张承龙, 赵由才. 污泥处理与资源化丛书——污泥表征与预处理技术[M]. 北京: 冶金工业出版社, 2010.

[25] 许玉东, 陈荔英, 赵由才. 污泥处理与资源化丛书——污泥管理与控制政策[M]. 北京: 冶金工业出版社, 2010.

［26］朱英，张华，赵由才．污泥处理与资源化丛书——污泥循环卫生填埋技术［M］．北京：冶金工业出版社，2010.

［27］王罗春，李雄，赵由才．污泥处理与资源化丛书——污泥干化与焚烧技术［M］．北京：冶金工业出版社，2010.

［28］李鸿江，顾莹莹，赵由才．污泥处理与资源化利用丛书——污泥资源化利用技术［M］．北京：冶金工业出版社，2010.

［29］王星，赵天涛，赵由才．污泥处理与资源化利用丛书——污泥生物处理技术［M］．北京：冶金工业出版社，2010.

［30］曹伟华，孙晓杰，赵由才．污泥处理与资源化利用丛书——污泥处理与资源化应用实例［M］．北京：冶金工业出版社，2010.

冶金工业出版社部分图书推荐

"十二五"国家重点图书——
《环境保护知识丛书》

日常生活中的环境保护——我们的防护小策略	孙晓杰	赵由才	主编
认识环境影响评价——起跑线上的保障	杨淑芳	张健君 赵由才	主编
温室效应——沮丧？彷徨？希望？	赵天涛	张丽杰 赵由才	主编
可持续发展——低碳之路	崔亚伟	梁启斌 赵由才	主编
环境污染物毒害及防护——保护自己、优待环境	李广科	云 洋 赵由才	主编
能源利用与环境保护——能源结构的思考	刘 涛	顾莹莹 赵由才	主编
走进工程环境监理——天蓝水清之路	马建立	李良玉 赵由才	主编
饮用水安全与我们的生活——保护生命之源	张瑞娜	曾 彤 赵由才	主编
噪声与电磁辐射——隐形的危害	王罗春	周 振 赵由才	主编
大气与室内污染防治——共享一片蓝天	刘 清	招国栋 赵由才	主编
废水是如何变清的——倾听地球的脉搏	顾莹莹	李鸿江 赵由才	主编
土壤污染退化与防治——粮食安全，民之大幸	孙英杰	宋 菁 赵由才	主编
海洋与环境——大海母亲的予与求	孙英杰	黄 尧 赵由才	主编
生活垃圾——前世今生	唐 平	潘新潮 赵由才	主编